# 稻油轮作高产高效栽培关键技术研究

◎彭玉林　张振乾　刘文祥　主编

中国农业科学技术出版社

**图书在版编目（CIP）数据**

稻油轮作高产高效栽培关键技术研究 / 彭玉林，张振乾，刘文祥主编．--北京：中国农业科学技术出版社，2022.11

ISBN 978-7-5116-6025-1

Ⅰ.①稻… Ⅱ.①彭…②张…③刘… Ⅲ.①水稻-水旱轮作-高产栽培-栽培技术-研究②油菜-水旱轮作-高产栽培-栽培技术-研究 Ⅳ.①S511.047②S634.34

中国版本图书馆 CIP 数据核字（2022）第 220435 号

**责任编辑** 穆玉红 李美琪
**责任校对** 王 彦
**责任印制** 姜义伟 王思文

**出 版 者** 中国农业科学技术出版社
北京市中关村南大街 12 号 邮编：100081
**电 话** （010）82106626（编辑室） （010）82109702（发行部）
（010）82106626（读者服务部）
**网 址** https://castp.caas.cn
**经 销 者** 各地新华书店
**印 刷 者** 北京建宏印刷有限公司
**开 本** 170 mm×240 mm 1/16
**印 张** 15.25
**字 数** 280 千字
**版 次** 2022 年 11 月第 1 版 2022 年 11 月第 1 次印刷
**定 价** 69.00 元

## 《稻油轮作高产高效栽培关键技术研究》

## 编著人员


**主　编：**

彭玉林　湖南杂交水稻研究中心

张振乾　湖南农业大学

刘文祥　湖南省农业信息与工程研究所

**副主编：**

刘　芳　湖南文理学院

叶能辉　湖南农业大学

孙海彦　中国热带农业科学院热带生物技术研究所

孟　栓　湖南农业大学

王　悦　湖南农业大学

张永鑫　温州市农业科学研究院

**参编人员：**

张家清　湖南省种子质量检测中心

程　潜　中国农业科学院麻类作物研究所

彭多姿　湖南农业大学

张　琪　湖南农业大学

赵培栋　湖南农业大学

栾明宝　中国农业科学院麻类作物研究所

刘　俊　常德市农林科学研究院

陈平平　湖南农业大学

成　平　湖南省农业信息与工程研究所

李　纲　永州职业技术学院

高友丽　湖南省种子质量检测中心

陈光尧　袁隆平农业高科技股份有限公司

孙玉洁　袁隆平农业高科技股份有限公司

戴　悦　湖南农业大学

严　薇　湖南农业大学

彭佳元　湖南农业大学

甘晴琴　湖南农业大学

**主　审：**

陈光辉

# 序　言

“湖广熟，天下足”，湖南、湖北及两广等稻作区自古以来就是中国的粮仓，对保障国家粮油供给具有十分重要的作用。该稻作区长期以来形成的稻—油、稻—稻—油种植模式深受广大农民欢迎，因此，南方稻区也成为我国水稻和油菜主产区。

近年来，由于生产成本不断攀升、粮油作物生产比较效益较低等原因，农民从事稻油生产的积极性下降，对国家的粮油安全带来不利影响。为了进一步提高稻油生产效益，提升农民从事粮油作物生产的积极性，保障国家粮食安全，该书对我国南方稻作区稻油轮作模式高产高效生产的品种选择、田间管理及副产物综合利用等关键技术进行了总结与归纳。书本内容充实，写作系统深入，逻辑性、实用性和可操作性强，是国内首部紧密结合稻油轮作高产高效栽培生产实际的著作，对从事稻油生产领域工作的教学、科研及农技推广人员有较好的参考价值。

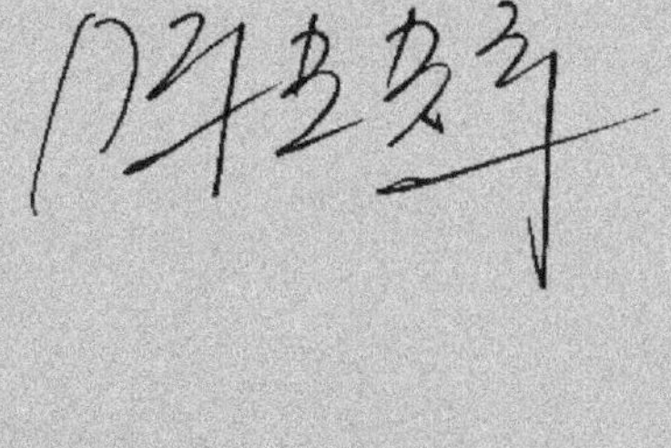

# 目　录

第一章　绪　论……1
第一节　轮作及其国内外发展概况……1
一、轮作概念……1
二、国内外轮作发展情况……1
三、当前中国实施轮作的相关政策举措……7
四、耕地轮作的监督机制……9
第二节　中国实施耕地轮作的意义及其影响因素……11
一、耕地轮作的重要意义……11
二、轮作休耕的现实背景……11
三、耕地轮作是保证持久粮食安全的重要手段……13
四、气候对轮作的影响……14
第三节　稻油轮作的重要性、存在问题与解决途径……18
一、稻油轮作的战略意义……18
二、轮作对土壤的影响……22
三、稻油轮作限制因素及解决途径……23
参考文献……26
第二章　田间管理措施对稻油生产的影响……34
第一节　不同种植密度对稻油生产的影响……34
一、稻油轮作模式下不同种植密度对油菜生产的影响……34
二、稻油轮作模式下不同种植密度对水稻生长的影响……38

第二节　不同类型化肥及用量对稻油生产的影响……41
一、氮肥对稻油生产的影响……41
二、磷肥对稻油生产的影响……43
三、钾肥对稻油生产的影响……47
四、水分管理对稻油的影响……52
五、其他田间处理措施对稻油的影响……53
第三节　机械化生产对稻油生产的影响……60
一、机械化生产对水稻的影响……60
二、油菜种植收获的机械化……65
第四节　新型管理措施对稻油生产的影响……70
一、减肥减药……70
二、绿色栽培……74
参考文献……76
**第三章　调控措施对稻油轮作模式下作物生长的影响……82**
第一节　微肥对稻油生产的影响……82
一、微肥对稻油产量和品质的影响……82
二、微肥对稻油生理生化特性的影响……87
第二节　植物激素对稻油生产的影响……94
一、对稻油产量和品质的影响……95
二、对稻油生理生化特性的影响……99
第三节　营养调节剂对稻油生产的影响……104
一、营养调节剂对稻油产量和品质的影响……104
二、营养调节剂对稻油生理生化特性的影响……104
第四节　生物菌肥对稻油生产的影响……108
一、生物菌肥对稻油产量和品质的影响……109
二、生物菌肥对稻油生理生化特性的影响……111
参考文献……115

**第四章　稻油轮作对土壤养分变化的影响**……120
第一节　稻油轮作对土壤养分的影响……120
一、耕作模式与土壤养分……120
二、稻油轮作与土壤养分……121
第二节　稻油轮作对土壤微生物的影响……128
一、土壤微生物概述……128
二、轮作模式对微生物的影响……130
三、轮作年限对土壤微生物的影响……136
第三节　稻油轮作对土壤理化性质的影响……137
一、耕作模式对土壤理化性质的影响……137
二、轮作对土壤物理性质的影响……138
三、轮作对土壤化学性质的影响……141
四、土壤理化性质与连作障碍……143
五、保护性耕作对于土壤理化性质的影响……144
参考文献……145
**第五章　不同轮作模式对作物产量和品质的影响**……148
第一节　稻油轮作模式对稻油产量品质的影响……148
一、稻油轮作模式下稻油高产高效栽培技术……148
二、稻油轮作制中栽培方式对油菜产量和经济效益的影响……152
三、稻油轮作模式下机插秧水稻群体特征及产量形成机制……155
四、稻油轮作制秸秆还田对稻油产量品质的影响……158
第二节　稻稻油轮作模式对稻油产量品质的影响……167
一、稻稻油三熟制下双季稻高产品种特征……167
二、稻稻油三熟制下早熟高产油菜品种特征……171
三、稻稻油三熟制对稻油产量的影响……179
四、不同轮作模式下直播早熟油菜的产量形成特点……180
第三节　新型轮作模式高产高效栽培……183

一、冬季种植油菜绿肥对水稻产量的影响……183
二、超级稻油菜模式高产高效栽培……185
参考文献……189
**第六章　稻油轮作模式下副产物开发处理**……194
第一节　稻油轮作模式下秸秆还田……194
一、秸秆还田对土壤的影响……194
二、秸秆还田的效益分析……202
第二节　稻油轮作模式下油菜饲用……207
一、饲料油菜及其发展情况……207
二、饲料油菜的选育……208
三、饲用油菜……209
四、菜饼饲用……214
第三节　稻油轮作模式下油菜肥用……216
一、绿肥油菜品种选育……216
二、薹肥两用油菜……217
三、绿肥油菜……218
四、观赏油菜肥用……224
第四节　稻油轮作模式下油菜薹用……224
一、薹用油菜品种选育……224
二、油菜薹用……228
参考文献……230

# 第一章　绪　论

## 第一节　轮作及其国内外发展概况

### 一、轮作概念

轮作（crop rotation）指在同一田块上有顺序地在季节间和年度间轮换种植不同作物或复种组合的种植方式，是用地养地相结合的一种生物学措施。轮作有年间进行的单一作物的轮作，如一年一熟的大豆→小麦→玉米三年轮作；在一年多熟条件下既有年间的轮作，也有年内的换茬，如南方的绿肥—水稻—水稻→油菜—水稻→小麦—水稻—水稻轮作，这种轮作有不同的复种方式组成，也称为复种轮作。轮作的命名决定于该轮作中的主要作物构成，被命名的作物群应占轮作区的1/3以上。常见的有禾谷类轮作、禾豆轮作、粮食和经济作物轮作，水旱轮作、草田轮作等[1]。

### 二、国内外轮作发展情况

#### （一）中国轮作发展情况

1. 古代轮作情况

中国早在西汉时就实行休闲轮作。北魏《齐民要术》中有“谷田必须岁易”“麻欲得良田，不用故墟”“凡谷田，绿豆、小豆底为上，麻、黍、故麻次之，芜菁、大豆为下”等记载，已指出了作物轮作的必要性，并记述了当时的轮作顺序。长期以来中国旱地多采用以禾谷类为主或禾谷类作物、经济作物与豆类作物的轮换，或与绿肥作物的轮换，有的水稻田实行与旱作物轮换种植的水旱轮作[2]。

公元581年至中华人民共和国成立之前的1 300余年间，精耕细作的传统农业形成了以复种轮作为主导的耕作制度。期间以南方水田精耕细作技术体系的形成和成熟为节点，可划分为 2 个阶段：一是公元 581 年至 1368 年（隋唐、五代、宋、辽、金、元时期），随着南方水田精耕细作技术的成熟，更为高效的水旱轮作、稻麦两熟的复种制建立起来[3]；二是公元 1368 年至中华人民共和国成立，成熟完备的精耕细作技术体系为传统农业带来了持久的生命力，耕地面积进一步扩大，复种指数提高，多熟种植得到推广，土地利用率达到了传统农业的最高水平[2]。

中国古代轮作大致包括 3 种类型[4]：①豆类作物与禾谷类作物轮作。北魏《齐民要术》确立了豆类作物与禾谷类作物轮作体系，可见中国古代对豆类作物的肥田作用有相当深刻的认识，豆类与禾谷类轮作是用地和养地结合的重要措施之一。②粮食作物与绿肥作物轮作。魏晋南北朝时期黄河中下游地区相当普遍，明清时期南方粮食作物与绿肥作物轮作有了新的发展，栽培的绿肥作物种类多样。③水旱轮作。始于东汉，宋代南方的水旱轮作得到很大的普及，主要是一年两熟的麦稻、油菜水稻、豆稻等轮作方式。明清时期水旱轮作有了进一步发展，稻麦等轮作方式更加多样。西汉《氾胜之书》已有两年三熟的记载。唐代冬小麦种植面积扩大，两年三熟复种制形成。长江流域虽然水热条件远远优于黄河流域，但在北方人口南迁之前，保持着一年一熟的农作制。随着人口增长，南方地区开始了以水稻为核心的复种制。唐代在云南实行了稻麦一年二熟；北宋时期江南有些地区已经实行了稻麦一年二熟，南宋时期稻麦一年二熟制得到全面推广，大大提高了江南一带的土地生产力，为全国经济重心南移奠定了经济基础。明代在湖南一带出现了绿肥、稻、豆等一年多熟制；清代福建、安徽等地有了麦—稻—稻一年三熟制[2]。

2. 中华人民共和国成立后轮作发展情况

中华人民共和国成立以来，通过全国范围内开展的以扩大复种为核心的农业技术改革，推动了复种规模的扩大，实现了作物播种面积增加、产量提高，促进了农村经济发展[5]。在北方，一年一熟和二年三熟为当时华北地区种植制度的主体。在积温不充裕的地方多采用套作发展一年二熟，在水肥条件较差的土地上，以春玉米、冬小麦、大豆二年三熟或春作物一年一熟居多。南方水田区，20 世纪 50 年代初期，以单季稻和稻麦一年二熟为主，期间的主要熟制改革由单季稻改为双季稻，60 年代由南向北推进到长江流域，到 70 年代长江中游与华南地区在稻麦一年二熟和双季稻基础上，又发展了双季稻一年三熟；70 年代广东省五华县创造了三季稻加一季冬作或绿肥的一年四熟制；80 年代初，长江以南的水田以双季稻一年二熟或双季稻一年三熟为主，播种面积约占水稻播种面积的 2/3[2]。中国大陆地区主要轮作系统分布如表 1-1 所示[6]。

**表 1-1 中国大陆地区主要轮作系统分布**

| 区域 | 主要省份 | 多熟轮作体系 | 比例（%） |
|---|---|---|---|
| 东北部/北部地区 | 黑龙江，内蒙古，吉林，辽宁，新疆和甘肃北部 | 两熟种植为主：水稻/蔬菜，油菜/蔬菜，蔬菜/玉米，玉米/大豆，马铃薯/大豆，水稻/油菜，油菜/玉米，蔬菜/蔬菜/蔬菜 | 23.61 |
| 华北平原/中部/西部 | 北京，河北，河南，宁夏，青海，陕西，山东，天津，山西，西藏，新疆和甘肃南 部 | 一熟或两熟种植为主：冬小麦/油菜，冬小麦—玉米，冬小麦/水稻，冬小麦/蔬菜，水稻/油菜，油菜/玉米，蔬菜/玉米，水稻/蔬菜，蔬菜/蔬菜/蔬菜，玉米/大豆，冬小麦/大豆，大豆/牧草，冬小麦/马铃薯，水稻/燕麦，马铃薯/大豆，冬小麦/棉花，燕麦/大豆，水稻/大豆 | 22.11 |
| 西南地区 | 贵州，四川，云南 | 两熟或三熟种植为主：水稻/水稻/苜蓿，马铃薯/蔬菜/蔬菜，冬小麦/油菜，冬小麦/玉米，冬小麦/水稻，冬小麦/蔬菜，水稻/油菜，油菜/蔬菜，蔬菜/玉米，水稻/蔬菜，蔬菜/蔬菜/蔬菜，玉米/大豆，冬小麦/大豆，大豆/牧草，冬小麦/马铃薯，水稻/燕麦，马铃薯/大豆，燕麦/大豆，马铃薯/玉米，油菜/大豆，水稻/水稻，马铃薯/马铃薯 | 7.88 |
| 长江中下游地区 | 安徽，湖北，湖南，江苏，江西，上海，浙江 | 两熟或三熟种植为主：水稻/水稻/苜蓿，水稻/水稻/冬小麦，马铃薯/蔬菜/蔬菜，冬小麦/油菜，冬小麦/玉米，冬小麦/水稻，冬小麦/蔬菜，水稻/油菜，油菜/玉米，蔬菜/玉米，水稻/蔬菜，蔬菜/蔬菜/蔬菜，玉米/大豆，冬小麦/大豆，大豆/牧草，冬小麦/马铃薯，水稻/燕麦，马铃薯/大豆，燕麦/大豆，马铃薯/玉米，油菜/大豆，油菜/棉花，水稻/大豆，水稻/水稻 | 14.30 |
| 华南地区 | 福建，广东，广西，海南 | 两熟或三熟种植为主：水稻/水稻/苜蓿，水稻/水稻/油菜，水稻/水稻/蔬菜，水稻/水稻，马铃薯/蔬菜/蔬菜，冬小麦/油菜，冬小麦/玉米，冬小麦/水稻，冬小麦/蔬菜，水稻/油菜，油菜/玉米，蔬菜/玉米，水稻/蔬菜，蔬菜/蔬菜/蔬菜，玉米/大豆，冬小麦/大豆，大豆/牧草，冬小麦/马铃薯，水稻/燕麦，马铃薯/大豆，燕麦/大豆，水稻/大豆，马铃薯/马铃薯，玉米/玉米 | 3.8 |

注：比例指各区轮作系统面积占总播种面积的比例。

## （二）国外轮作发展情况及对中国农业发展的启示

1. 国外轮作发展概况

欧洲各国在 8 世纪以前盛行一年麦类、一年休闲的二圃式轮作。中世纪后发展三圃式轮作，即把地分为 3 区，每区按照冬谷类→春谷类→休闲的顺序轮换，3 区中每年有 1 区休闲，2 区种冬、春谷类。由于畜牧业的发展，18 世纪开始推行草田轮作。如英国的诺尔福克式轮作制（又称四圃式轮作）把耕地分为 4 区，依次轮种红三叶草、小麦（或黑麦）、饲用芜菁或甜菜、二棱大麦（或加播红三叶草），4 年为一个轮作周期。以后多种形式的大田作物和豆科牧草（或豆科与禾本科牧草混播）轮作，逐渐在欧洲、美洲和澳大利亚等地准行[1]。

美国的轮作休耕历史可追溯到 1985 年，纽约州制定的《休伊特法案》拟成为退耕还林的重要溯源。1985 年，美国国会通过《食品安全保障法案》，正式确立土地休耕计划，并于 1986 年开始实施一项全国性的农业生态建设项目，通过农民自愿参与和政府补贴，实现 10～15 年的休耕还林还草等长期性植被修复工程，达到改善土壤质量、水质和恢复当地野生动植物的生态环境，后来又扩展到水质改善提高土壤生产力等多个方面[7]。

欧盟在 1992 年开始进行土地休耕制度，主要包括轮作和完全休耕，也就是通过完善的补贴来保证农民的收入。日本轮作休耕的最初目的是调控农业产能，维持水稻价格不下跌，2000 年以来，一方面倾向于保护农业生态环境，另一方面试图通过轮作休耕奖补举措，降低生产经营主体的耕作意愿，推动农地集中和经营规模扩大[8-9]。

2. 国外耕地轮作休耕的实践对中国的政策启示

（1）因地制宜地制订休耕计划

美国现行的休耕政策以环境效益为标准来具体分析确定休耕政策，在生态环境脆弱敏感区，政府给出高额补贴，农民自愿申请即可获得批准。在生态环境自我修复能力好的区域，轮作休耕充分采用竞争机制，农民向政府提出休耕轮作申请，政府根据农民或农场主的请求与其补贴水平、资源环境效益成本和相关政策标准进行综合评估，决定休耕地块，确定休耕地块后，以补贴和奖励相结合的手段落实补偿，以土地年租金为依据核算补贴，以休耕后是否种植环境修复或养地作物为依据核算奖励[10-12]。

德国在休耕政策制定中充分关注国际市场粮食行情，根据自身粮食安全和国际市场行情确定休耕任务，2009 年以前德国以农户的耕地面积大小和年产量为依据推行强制休耕，2009 年以后逐步弱化了强制休耕，提供高额补贴促使农户自愿休耕，以当年农作物市场价格为依据。休耕轮作政策的基层执行单位是县农业管理部门，轮作休耕法制体系和保障体系健全，奖惩措施明确[13-14]。

日本休耕轮作的推进以村庄为单位开展，整体休耕轮作任务达到后，在村庄内部进行分配。在补偿机制方面，为了增加主要农产品的竞争力，日本补偿更倾向于农业公司，农业合作社是日本休耕轮作任务的基层执行机构，其具有一定的政府背景，既是政府增加补偿计划的执行机构，也是农户意愿的上传机构[15-16]。

我国耕地类型及农作物种植制度多样，不同区域不同类型的耕地受损度和敏感度不尽相同，粮食主产区与非主产区耕地资源禀赋以及所面临的粮食生产任务差异悬殊[17-18]，这都在不同程度上影响了各省份各区域的休耕规模分配。因此，我国的休耕轮作只能分类型逐步推进，因地制宜地制定符合当地自然和社会经济环境的休耕轮作政策。

（2）发挥科学评估、调控与市场机制的作用

美国轮作休耕集成土壤普查资料、耕地地理信息资料和社会经济资料建立了环境效益指数评估体系[11-12]，用来评估轮作休耕的生态效益，同时也建立了土壤侵蚀和土壤相对生产率等定量评估体系。德国土壤普查资料、耕地地理信息资料和社会经济资料齐全，遥感监测能力强，建成了多种准确高效的评估系统，加拿大也建立了类似于美国的评估系统，注重根据全球粮食产量和市场情况调整轮作休耕指标[13-16]。日本农户分散经营模式，其监测评估体系注重遥感技术和传统调查统计相结合。我国应积极着手完善土壤资料数据库、耕地地理信息资料和社会经济资料数据库，重视遥感技术在监测评估中的作用，及早建立科学的政策落实监督和生态评估体系，提高休耕项目的实施效果[10]。

科学评估休耕轮作政策实施效果是农业经营管理的重要环节，美国 20 世纪 90 年代成立“政府会计准则委员会”（GASB），负责政府工作绩效的第三方评估[19]。20 世纪 90 年代末期，日本民间第三方评估机构兴起，日本农业政策及政策实施效果评估有大量的民间评估机构参与[16]。目前，第三方评估作为科学管理与市场机制相结合的产物，已成为现代农业管理的必要手段和科学决策的重要依据，受到各国政府科技管理部门的高度重视，同时如何确保轮作休耕试点任务落到实处，有效规避道德风险成为亟待解决的问题。

美国、德国、加拿大、日本等国将遥感技术作为休耕轮作和其他农业政策实施的主要监测手段。我国也应该充分依靠以遥感技术为基础的农业经营管理机制创新，构建天空地立体式数字农业网络实现监管：①科学布置农田监测网点，及时跟踪耕地等地和土壤肥力变化；②通过遥感技术，实时跟踪试点地块种植作物的变化，掌握轮作休耕任务落实情况；③将休耕轮作与农村承包地确权登记颁证工作相结合，建立休耕轮作区域地理信息数据库，精准确定轮作休耕地块的面积和空间信息，为休耕轮作工作的管理奠定良好的基础[10]。

（3）重视基层实施机构的建设，合理确定补偿标准和付费形式

轮作休耕是一项长期性常规工作，美国和加拿大轮作休耕政策主要依靠中介组织推进和实施项目运作，德国和日本主要依靠政府基层组织[16,19]。政府基层组织和相关中介机构具备相关专业知识和经验，还比较了解特定区域具体情况，能够形成一个和农户有效沟通的持久互动机制。我国轮作休耕也应重视基层实施机构的作用，积极建设和充实基层技术力量和人员。在项目设计时，不仅要从技术角度考虑，而且必须考虑到未来农民生产生活可能遇到的障碍和约束。只有这样，才能获得农户对项目的支持，有助于项目的持续开展[10]。

另外，轮作休耕项目的有效运作在很大程度上取决于支付机制的合理有效，而支付机制的合理性又主要取决于补偿标准的科学核定。美国政府提供通过详细核算的土地租金补贴，和具体的轮作休耕项目，补贴发放采取“一竿子插到底”的方式向农民直接发放[12]。德国对达到休耕比例的农民进行直接补贴，奖惩机制完善[14]。加拿大政府则根据当地土地相对生产率和租金价格确定补贴标准，补贴标准由政府和农场主或农户商定[20]。在日本，补贴标准进行精细化核算并与市场机制联动[15-16]。

我国开展耕地轮作休耕制度兼顾技术模式和利益补偿，正在逐步建立利益补偿机制。落实以绿色生态为导向的农业补贴制度，逐步完善轮作休耕补贴机制。合理补偿以不影响农民收入为前提，合理测算补偿标准，对承担休耕任务农户的原有种植作物收益和土地管护投入给予必要补偿，使得农户轮作休耕以后种植收益不减少。根据年际间不同作物种植收益变化，对轮作休耕补偿标准进行动态调整是我国目前轮作休耕补贴的基本原则[10]。

（4）注重以轮作休耕为契机推进农业理念和技术模式创新

美国将轮作休耕和实施精准农业密切结合。根据土地的具体条件将耕地划分为若干操作单元，对每个操作单元的土壤和各项作物进行精准的管理，

并且通过优化，最大限度地减少使用农药、化肥等外部农业投入，充分利用水、种子等资源，保护农业生态环境，获取高产量、高经济效益[11,12,19]。德国在开展轮作休耕，压减粮食产量的同时积极鼓励甜菜、油菜、玉米、马铃薯种植，并对这些农作物进行定向培育，从中制取甲烷、乙醇等绿色能源，在推行轮作休耕政策中还有效结合了以3S技术为基础的精准管理和以减少外部农业投入为目的的生态措施[13-14]。

日本人口密度大、土地资源匮乏，山区面积占土地总面积的40%，由于自然条件的限制，山区的农业明显落后于平原地区。因此，日本通过轮作休耕，压缩传统水稻种植，大力发展蔬菜、花卉、水果种植，潜心发展环保型可持续农业模式，通过制定、实施各种农业补贴政策，形成了符合自身特点的循环农业发展模式，以科技为基础支持循环农业的可持续发展，进一步提高农业的综合生产力、稳定性和持续性[15-16]。

我国通过开展耕地轮作休耕制度试点，引导地方转变生产理念，农民改变种植习惯，从过去的注重数量为主，转向数量、质量并重，实现增产增效相统一、生产生态相协调。推行轮作种植，改变连年种植同一作物的状况，在地下水漏斗区、重金属污染区、生态严重退化区，引导农民实行季节性或全年性休耕，减轻资源环境压力。依靠科技进步，促进耕作制度改进和技术模式创新，实现资源与技术、生产与生态协调。优化作物茬口，在东北一熟区将玉米连年种植改为玉米与大豆等其他作物轮作，减轻重迎茬障碍。在华北两熟区实行“一季休耕、一季雨养”，将两茬减为一茬，降低资源利用强度。在西南西北等地逐步建立茬口衔接合理、用地养地结合、资源高效利用的耕作模式与集成绿色模式。分区域、分品种探索形成绿色高效的技术模式，推进替代品种与生态条件相适应、农机与农艺相融合。改变过去拼要素投入的粗放发展模式，以节本降耗增效为目标，探索最优的投入产出效益模式。

## 三、当前中国实施轮作的相关政策举措

在近现代，美国、日本和中国的台湾地区，基于土地退化、粮食过剩、环境保护等各种原因，均建立起较为科学完善的休耕制度[21]。

土地不仅是最基本的生态环境要素，而且是人们基本生活的来源和保障，是不可再生的自然资源。中国的耕地面积仅占世界耕地面积的7%左右，但粮食总产量却位列各国之首。为了加强耕地保护，提高地力，中国采取了一系列的重要措施，逐步推广耕地休耕轮作制度也是其重要方面。2015

年《中共中央关于制定国民经济和社会发展十三五规划的建议》提出，探索实行耕地轮作休耕制度试点，并在《国民经济和社会发展第十三个五年规划纲要》中进一步明确，重点在地下水漏斗区、重金属污染区、生态严重退化地区探索实行耕地轮作休耕制度试点。其后，试点探索也纳入 2016 年国务院印发的《土壤污染防治行动计划》《全国农业现代化规划（2016—2020 年）》及 2016 年中央一号文件《关于落实发展新理念加快农业现代化实现全面小康目标的若干意见》、2017 年中央一号文件《关于深入推进农业供给侧结构性改革加快培育农业农村发展新动能的若干意见》等文件或规划之中。期间，2016 年 6 月 24 日，农业部（2018 年正式更名为“农业农村部”）等 10 部门联合印发《探索实行耕地轮作休耕制度试点方案》，在部分地区探索实行耕地轮作休耕制度试点。为确保粮食安全，耕地轮作休耕制度试点坚持轮作为主、休耕为辅[22-23]。

2016 年轮作休耕试点面积 616 万亩*，主要在内蒙古、辽宁、吉林、黑龙江、河北、湖南、贵州、云南、甘肃 9 个省（区）实施。2017 年轮作休耕试点面积 1 200 万亩，试点省份不变。2016 年 9 月 30 日，农业部下发农业部办公厅关于印发《轮作休耕试点区域耕地质量监测方案》的通知。

2017 年，耕地轮作休耕制度试点规模扩大，轮作面积扩大到 1 000万亩，休耕面积扩大到 200 万亩。轮作试点的重点在东北冷凉区、北方农牧交错区。在试点区域，要推行绿色、可持续的理念，转变生产方式和耕作方式，集成推广节水、节肥、节药技术，推行标准化生产，开展土壤改良、地力培肥，并逐步完善轮作休耕补贴机制。

2018 年，中央财政拨付资金 50.9 亿元，支持有关省区开展耕地轮作休耕制度试点工作，比 2017 年增加 25.3 亿元，增长 98.8%。财政部会同农业农村部在总结试点经验基础上，对 2018 年耕地轮作休耕制度试点工作进行了部署：一是将中央财政补助的试点规模扩大到 2 400万亩，比 2017 年翻一番。其中，轮作面积 2 000万亩、休耕面积 400 万亩。同时，安排相关地区自行开展试点面积 600 万亩，2018 年总计耕地轮作休耕制度试点规模达到 3 000万亩。二是将中央财政补助的试点区域由 9 省区扩大到 12 省区，即在现有轮作试点区域基础上，鼓励长江流域小麦稻谷低质低效区开展稻油、稻菜、稻肥轮作；在现有休耕试点区域基础上，新增塔里木河流域地下水超采区开展冬小麦休耕，黑龙江寒地井灌稻地下水超采区开展水稻休耕。

---

* 1 亩≈667 $m^2$，1 $hm^2$ = 15 亩，全书同。

2019 年，实施耕地轮作休耕制度试点面积 3 000万亩。其中，轮作试点面积 2 500万亩，主要在东北冷凉区、北方农牧交错区、黄淮海地区和长江流域的大豆、花生、油菜产区实施；休耕试点面积 500 万亩，主要在地下水超采区、重金属污染区、西南石漠化区、西北生态严重退化地区实施。

2020 年，实施轮作休耕试点面积 3 000万亩以上，以轮作为主、休耕为辅，扩大轮作、减少休耕。稳定东北地区玉米—大豆为主的轮作面积，重点扩大长江流域和黄淮海地区水稻—油菜、玉米—大豆或花生等轮作规模，适当扩大西北地区小麦—薯类或豆类、玉米—豆类等轮作规模。逐步退出地方积极性不高、试点效果一般、三年试点到期的休耕任务。

2021 年，农业农村部会同财政部继续推进这项工作，实施规模扩大到 266.7 万 $hm^2$，比 2020 年增加 66.7 万 $hm^2$。重点是在东北地区推行薯类、杂粮杂豆与玉米的轮作模式，扩大玉米种植面积；在长江流域推行稻油、稻稻油的种植模式，巩固双季稻面积的同时，大力发展冬油菜，提升我国的油料供给保障能力。耕地轮作休耕制度试点实施 5 年来，中央财政累计安排资金超过 200 亿元，实施面积超过 666.7 万 $hm^2$，重点取得 3 方面成效：一是项目区内，华北地下水漏斗区、西北西南生态严重退化地区退化的生态逐步得到改善、湖南重金属污染区污染的耕地逐步得到治理。二是坚持目标导向和问题导向，探索农产品供给的动态调节机制。针对市场供给形势和市场需求，可以通过设置合理的轮作模式来调减供给偏多的农产品，然后增加供给偏紧的农产品。三是产业结构趋于优化，作物产量增加。通过作物间的轮作倒茬和季节性休耕，给下茬作物提供了良好的地力基础和充足的生长发育时间，提高了产量，改善了品质。

## 四、耕地轮作的监督机制

我国现阶段耕地保护的社会监督机制是在政府的主导下通过强制性或引导性制度形成的，带有高度的“行政色彩”，社会监督主体具有单一性、纵向性和松散性的特点。因此，应当改变政府主导的局面，减少社会监督对政府的依赖程度，引导多元化主体参与到监督工作中来，形成多主体、多层次的监督格局[24]。

### （一）耕地轮作休耕多主体协同监督存在的问题

1. 多主体协同监督机制可能会存在职能分工不明确、难以协调

由于各主体协同监督时需要进行不同部门之间的衔接和配合，而现阶段

又没有相关的、成熟的法律制度与之相适应，所以在不同部门进行协同和衔接的时候可能分工并不会很明确，可能会造成问题的处理具有多重标准且不能及时解决，还增加了监督的成本。

2. 多主体协同监督机制导致缺乏核心监督主体，各自为政，降低监督效能

由于协同监督机制涉及的主体比较多，又不成体系，缺少集中统筹的核心监督主体，因此在监督机制运行过程中出现缺乏沟通和协调而导致相互推诿或重复监督等问题，结果就是休耕监督过程中出现监督缺位、错位以及交叉等情况，这不仅会使得问题难以得到解决，而且还会增加监督成本。因此在轮作休耕多主体协同监督机制中，要确立一个核心的监督主体或机构，增强监督合力。

### （二）对策建议

1. 加大惩处力度，创新监督方式

适当增加对农户违反休耕行为的惩处力度，从而可以减小农户破坏休耕行为的概率，进而减少地方政府监督成本；同时地方政府应该探索创新出多样化的监督方式，降低监督成本，如采用遥感监督等方式。

2. 落实问责制，加大政绩奖惩

实行相应的“地长制”，将轮作休耕的各项指标纳入地方政府干部的政绩考核，制定相应的“地长问责制”，并加大政绩的奖惩差，促使地方政府全力作为，切实落实好耕地轮作休耕政策。

3. 建立健全监督问责的法律制度

出台司法监察部门严格监督考核地方政府休耕政绩的办法或条例、公众监督检举轮作休耕的政策执行情况方面的规定或条例，媒体实时曝光公布休耕政策运行情况的管理规定或条例、财政审计部门监督休耕专项资金的使用效率的试行办法等系列法律制度。各项条例或规定应该明确界定各监督主体的权责，使得各监督主体分工明确，避免出现“漏监”或“重复监督”的现象。

4. 建立统一的监督委员会

由行政内外各个监督主体选举代表成立“休耕协同监督委员会”，作为休耕监督的核心机构，对各休耕监督主体进行集中指挥和协调，让各主体不仅能够各司其职，又可以相互配合协同监督，最终使我国耕地轮作休耕形成行政监督与社会监督相辅相成的多主体协同监督格局。

# 第二节 中国实施耕地轮作的意义及其影响因素

## 一、耕地轮作的重要意义

农业部2014年发布的《全国耕地质量等级公报》显示，在我国现有耕地中，一级到三级的高产耕地面积仅占到耕地总面积的27.3%，换句话说，中低产田耕地面积在耕地总面积中的占比超过70%；因过度使用化肥，耕地退化面积在耕地总面积中的占比超过40%。

粮食价格与农民收益及耕地利用密切相关，尽管粮食价格支持政策在一定程度上保障了农民的收益，但会带来价格扭曲、财政负担过重、耕地被过度开发利用等负面效应。为配合粮食价格改革、弥补粮食价格支持政策的局限以及促进农民收入持续增长，有必要实行耕地轮作休耕制度。科学合理地实行耕地轮作休耕制度，需要提高对粮食价格与耕地轮作休耕关系的认识，依据粮食价格变化情况确定不同粮食品种耕地轮作休耕的优先次序，依据粮食价格来合理确定休耕补贴标准，提高农民种粮积极性[25]。

## 二、轮作休耕的现实背景

中华人民共和国成立以来，中国人口快速增长，对粮食的需求随之迅猛增加。一方面，通过农业技术的进步增加粮食产量；另一方面，通过提高复种指数，提高耕地的利用强度，增加粮食产量。粮食产量持续增加的背后是农业资源环境的透支，实行轮作休耕是应对耕地利用新问题的必然选择[26]。

### （一）国内外粮食供给总体宽裕，但粮食安全始终是“悬顶之剑”

作为人口大国，保证口粮自给是必须的，但中国粮食结构不优，粮食库存持续增加；同时，近年来全球粮食供应充足，国际市场粮价低迷。因此，利用现阶段国内外粮食市场供给宽裕的时机，合理调减粮食种植面积，在部分地区实行耕地轮作休耕，既有利于耕地休养生息和农业可持续发展，又有利于平衡粮食供求矛盾，稳定农民收入，减轻财政压力[27-28]。中国目前人均粮食消费仅388 kg左右，还处于较低水平，按联合国人口基金会提出的小康水平（人均400 kg）、中等水平（人均450 kg）、富裕水平（人均 500 kg），届时粮食需求分别达 $6.0\times10^8$ t、$6.75\times10^8$ t 和 $7.50\times10^8$ t。因此，要达到《中国粮食问题白皮书》提出的实现 95%粮食自给率也难度极大。同时，中国耕地资源总量和人均耕地水平持续下降的势头在一定时期内难以逆转，土地资源整体质量欠佳，后备耕地资源少、质量差，开发难度较大，耕地资源区域分布不均衡，农民种粮积极性不高等问题仍然存在[29]。可见，在粮食安全问题上不容许有丝毫懈怠，轮作休耕必须审慎推进。

### （二）耕地资源长期过度利用，资源环境“亮起红灯”

据统计，中国水土流失面积已达 $1.5\times10^8$ $hm^2$，约占中国国土面积的 1/6，每年流失土壤 $50\times10^8$ t。土壤中流失的氮、磷、钾肥估计达 $4\,000\times10^4$ t，与中国当前一年的化肥施用量相当[29-30]，其中以黄土高原区、南方红壤区、东北黑土区和西南石漠化区最为严重[31]，水土流失导致耕地质量严重退化。国土资源部 2014 年统计数据表明，近 30 年来，中国地下水开采量以每年 $25\times10^8$ $m^3$ 的速度递增，全国已形成大型地下水降落漏斗 100 多个，面积达 $1\,500\times10^4$ $hm^2$，超采区面积 $6\,200\times10^4$ $hm^2$。据环保部调查，全国约 $1\,000\times10^4$ $hm^2$ 耕地受到“三废”为害，其中遭受大工业“三废”污染的耕地达 $400\times10^4$ $hm^2$，污水灌溉耕地 $216\times10^4$ $hm^2$，受乡镇企业污染的耕地 $187\times10^4$ $hm^2$。此外，土地受重金属污染现象也较为严重，全国受镉（Cd）污染的土壤 $1.33\times10^4$ $hm^2$，汞（Hg）污染的土壤 $3.2\times10^4$ $hm^2$，氟（F）污染的土壤 $66.7\times10^4$ $hm^2$[32]。全国受农药严重污染的耕地面积超过 $1\,333\times10^4$ $hm^2$，占全国耕地总面积的 1/10 以上，大多数集中在经济发达地区[33]，同时也是中国的粮食主产区。上述各类问题的积累、叠加，威胁着中国的生态环境、土地质量、粮食安全，必须引起高度重视。

### （三）农村劳动力大量析出，耕地保护与利用面临“十字路口”

改革开放以来，大量农村劳动力转移为农业调结构、扩规模、合理配置各类生产要素创造了契机，同时也改变了长期以来过于精耕细作、持续高强度的耕地利用模式，如湖南、江西、广西、广东等地许多农村的农民已不愿意种双季稻而改种一季稻。但问题是农村主要劳动力转移后，谁在种地，谁来种地?[34]调查显示，中国依然有 2/3 的农户分散经营，劳动力以留守老人和家庭妇女为主力，呈现“70 后”不愿种地、“80 后”不会种地、“90 后”不提种地的困境。由此也造成大量耕地处于粗放、低效、撂荒的状态，精耕细作的种地与养地模式已经难以维系，反而呈现种植结构单一化、连作化的趋势。由此来看，在农村人地关系发生重要变化的背景下，如何促进耕地地力的有效恢复并加以高效利用，以实现耕地保护、粮食安全、食品安全和生态修复，是耕地保护或农业发展政策需要做出的抉择[26]。

## 三、耕地轮作是保证持久粮食安全的重要手段

耕地轮作之所以在维持农业生态安全和农产品国际竞争力两个相互联系的粮食安全因素上起着根基性作用，是由耕地轮作自身的生物学和经济特征所决定。不同作物轮作能更好地利用不同作物对环境、水分和养分等生态因素需求的差异性，这样通过不同作物之间的时序和空间配置，能改善土壤结构，平衡土壤养分，提高土壤肥力，减少病害虫和杂草，还可以增加土壤储水量，提高水分利用率，从而提高作物产量，因此被世界各国广泛采用。作物轮种提高了土壤肥力，抑制了土壤退化，并减少了病害虫和杂草的产生，减少了化肥和农药的使用，也就减少了农业面源污染，进而保证了粮食供给的持久安全[35-37]。

耕地轮作能够实现与否也是影响农产品国际竞争力的一个关键因素。农产品的国际竞争力取决于两个因素：品质与价格，而轮作能同时实现两种轮作作物品质的提高、单产的增加和成本的降低。由于连年种植一种作物，对土壤养分的需求也常年不变，这样会使土壤养分失衡，为了弥补该种作物所需的养分，必须不断增加化肥的使用，造成化肥的边际效用逐年下降，为了维持同样产量，只能施用更多的肥料，从而提高了单位产出的成本[26]。

在美国玉米带，玉米种植面积只占40%左右，还有30%的大豆面积和豆科牧草，基本上形成了数十年来全部实行玉米—大豆轮作制，大豆不但不施肥，而且每公顷大豆还可固氮60~80 kg[38]，经济效益和生态效益十分显著。由于轮作休耕等土壤保护措施在欧美国家的实施，使欧美国家粮食产量的70%~80%都是靠基础地力，而在我国耕地基础地力对粮食产量贡献率仅为50%左右[39]。在主要大宗农产品的成本比较中，中国玉米和大豆的成本高于美国的幅度最大，每50千克中国稻谷、小麦、玉米、大豆和花生的成本高于美国的程度分别为：47.73%、14.75%、112.05%、103.32%和63.07%[40]。保持轮作还能实现在较好的土地上同时种植两种竞争作物的耕作制度，这样对提高两种竞争作物的单产都有积极作用。目前我国水稻、玉米和大豆的平均单产分别为美国的75.4%、51.8%和55.7%[41]，如在黑龙

江南部、吉林中部和辽宁北部等地轮种大豆的话，大豆单产也会达到 200 kg 左右，与目前美国的大豆单产 214 kg 差距不大，从而降低了玉米和大豆的生产成本与价格。

## 四、气候对轮作的影响

### （一）有关轮作系统内作物发育期变化

1. 品种不变，生育期变化

若品种不发生改变，在气候变暖、逐日热量增多的条件下，作物所需完成某一生育阶段的天数减少，对应生育进程加快，生育期缩短。吕硕[42]基于 1961—2010 年东北地区气象数据，发现在不同年代玉米品种的各生育阶段内，平均气温及平均最高气温均表现显著上升趋势，但相应生育阶段内的 ≥10 ℃积温并没有显著增加，说明在不改变品种条件下，玉米各生育阶段的天数减少，生长发育加快。王培娟等[43]于 2011 年通过固定春玉米品种‘久龙 8 号’，以哈尔滨 5 月 2 日播种为对照，在锦州进行分期播种试验，设置 4 月 20 日、4 月 30 日、5 月 10 日 3 个播期，结果表明在气候变暖情景下，春玉米的生育期明显缩短 12～20 d 不等。高辉明[44]通过分析 2001—2010 年《中国冬小麦新品种动态—国家冬小麦品种区域试验汇总报告》的北部冬麦区水池组的试验数据，发现在固定品种为‘京东 8 号’条件下，区域试验点内小麦平均生育期由 2001 年的 253 d 减为 2009 年的 247 d，减幅为 0.75 d/a。其中，营养生长阶段由 2001 年的 215 d 缩至 2009 年的 205 d；生殖生长阶段则由 2001 年的 38 d 延至 2009 年的 42 d。

2. 实际生产情况

在实际生产中，由于农户不断选用新品种及改进管理措施，作物生育进程变化则表现得更加复杂。在一熟作物轮作区内，水稻、玉米均表现出播期提前，成熟期推后，整个生育期延长[45]。以春玉米为例，王玉莹等[46]通过分析 2002—2009 年东北地区 10 个春玉米品种区域试验数据资料，发现东北春玉米区域试验品种由‘四单 19’→‘吉单 261’→‘先玉 335’依次更替，对应所需的活动积温由 2 500 ℃/d增至 2 700 ℃/d，相应的生育期长度由 2002 年的 120.9 d 延至 2009 年的 133.9 d，且品种生育期的延长主要表现为生殖生长期延长，以‘四单 19’和‘本玉 9’为例，发现二者的营养生长期分别由 2002 年的 66.95 d 和 67.25 d 缩至 2005 年的 61.8 d 和 62.7 d；对应花粒期则由 2002 年的 54.5 d 和 57.35 d 延至 2005 年的 58.65 d 和

60.65 d。

3. 多熟轮作区情况

在多熟轮作区内，双季轮作的前茬作物大多表现为生育期缩短，而后茬作物生育期延长。比如华北地区的麦—玉轮作体系，肖登攀等[47]通过分析1981—2009年华北平原16个农业气象观测站的冬小麦观测资料发现，30年间大部分地区冬小麦的播期及成熟期均表现出延迟趋势，变幅分别为0.01~0.48 d/a和0.03~0.29 d/a；最终导致冬小麦全生育期缩短，减幅为0.04~0.91 d/a。孟林等[48]则基于华北地区1981—2009年36个农业气象站的观测资料，发现夏玉米整个生育期表现出变幅为0.27 d/a的增加趋势，但在不同地区生育进程存在明显差异；山东省夏玉米播期每年推迟0.14 d，河南省则表现为每年提前0.17 d；但大部分地区夏玉米成熟期均出现延迟，变幅为0.42~0.48 d/a。对于稻—麦轮作系统的研究表明，相较20世纪90年代，21世纪00年代整个江淮地区小麦播期平均推迟2 d，成熟期平均提前2 d，生育期平均缩短4 d；水稻播期平均提前2 d，成熟期平均提前1 d，全生育期平均延长1 d[49]。

## （二）极端气候影响

极端气候，尤其是热量与降水资源的变化，会导致轮作系统内部所遭遇的气象灾害规律发生变化，从而增加轮作系统高产稳产及可持续发展的风险，具体表现在以下3个方面：①传统意义上的低温灾害事件减少；②种植界限变动的敏感区内新的低温灾害事件增多；③极端高温事件增加。

1. 低温灾害事件减少

日平均温度及平均最低温度的升高，使不同轮作系统下的低温灾害事件发生频率和强度均呈减少趋势。在以一熟为主的东北轮作区内，张梦婷等[50]基于1961—2010年东北地区65个气象站点数据，评估了东北地区春玉米冷害发生情况，结果表明东北地区春玉米各级冷害发生频率总体呈下降趋势；其中1981—2010年不同等级冷害的发生范围明显缩小，对应轻度、中度、重度冷害的站次比分别由20世纪60年代的11.23%、8.00%、16.70%降至21世纪初的0.8%、0、0.2%。余会康等[51]采用1961—2010年地面气温0.5 ℃×0.5 ℃格点数据，根据东北地区水稻延迟型冷害行业标准，分析发现东北地区水稻延迟型轻、中、重度冷害的发生年份、区域和频率均呈减少趋势，到2 000 s，延迟型冷害发生频率降至5年或10年一遇。在以一年两熟为主的华北轮作区，钱永兰等[52]基于1961—2010年气象数据及华北地区冬小麦不同发育阶段低温灾害的界限温度，反演冬小麦低温灾害特征，指出近50年华北地区冬小麦生长季内低温灾害总体呈递减趋势，全生育期的低温灾害天数由20世纪60年代的平均50 d以上降至21世纪前10年的不足40 d，对应低温灾害指数由0.6降至0.4。

2. 种植界限变动的敏感区内新的低温灾害事件增多

尽管热量条件的改善，降低了传统轮作系统内部低温灾害的发生，但是种植界限北移后，新的种植区域内低温冷害风险却有所增加。王晓煜等[53]基于气象行业标准中水稻冷害指标和东北地区1961—2010年的气象数据，发现与1961—1980年相比，在种植界限变动区1981—2010年水稻严重延迟型冷害出现的频率增加，约高出5.93%。赵俊芳等[54]则采用相同的指标分析了东北玉米品种布局变化与低温冷害的关系，结果表明在1961—2007年，由于晚熟品种从吉林镇赉县向北已经延伸至黑龙江省甘南县，从而导致对应的最大严重冷害出现频率则从12%增至21%；中熟品种从黑龙江嘉荫县向北延伸至呼玛县，相应的最大严重冷害频率则从18%增至27%。李勇等[55]基于中国种植制度分区标准和农业气候指标，分析1950—2007年热带作物种植区寒害风险，发现1981—2007年在80%气候保证率下，热带作物界限变动区内的寒害风险相比1950—1980年增加了3倍，尤其是重度以上的寒害风险显著上升。

3. 极端高温事件增加

轮作系统内极端高温气象灾害事件的发生频率和强度也受到一定程度的影响。尹小刚等[56]基于历史统计数据分析了1961—2010年东北春玉米种植区内玉米生育期内高温风险的时空分布特征，结果表明近50年春玉米全生育期内日最高温度大于30 ℃积温（AT）和日最高温度大于30 ℃天数（AD）均呈增加趋势，使东北农作区玉米生产的高温风险明显增加。冯灵芝[57]以高温日数（HSD）作为水稻高温热害的衡量指标，分析水稻高温热害风险，指出1961—2010年水稻高温敏感期HSD呈增加趋势，变幅为0.001 d/a，尤其在1980年后增加趋势明显。姚凤梅等[58]分析了长江流域稻区1981—2000年水稻开花期间高温事件变化特征，发现20世纪90年代与80年代相比，江西和湖南以北大部分地区大于35 ℃高温的频率增加0.1~0.55次/a，浙江地区频率增加0.3~2.3次/a；且湖南以北大部和江西以西大部表现出>35 ℃高温强度增加趋势。在华北地区麦—玉轮作系统内，石晓丽等[59]以极热天数和极端生长度日作为极端高温衡量指标，发现1980—2008年黄淮海地区冬小麦生长季内极端高温呈现加剧趋势，且空间分布上为自东向西逐渐加重；其中河南省平顶山市和郏县极热天数增幅最大，超过0.25 d/a；河南省中部和西部的3个连片区域极端生长积温增加趋势最显著，大于0.5 ℃/(d·a)。另外由于黄淮海区域内暖干化趋势加强，也增加了该区内麦—玉轮作系统种植风险与产量波动的不确定性[60]。

### （三）气候变化对轮作系统效益变化

1. 轮作系统产量提高

轮作系统种植界限及系统内作物布局的变化，为中国（除港澳台地区）区域粮食产量生产带来新契机。一方面，由于种植界限北移，轮作系统的可种植面积扩大，土地利用率提高；另一方面，由于轮作系统内部作物、品种布局的更换，提高了单位土地面积的周年光温利用率。此外，气候变化也会影响轮作系统内作物的产量构成，从而使轮作系统周年效益发生改变。因种植北界移动带来相应轮作系统面积增加，使得土地利用率和区域产量提高的地区，主要体现在北方以水稻、玉米及小麦为主的一熟作物种植区。农业统计资料表明，近50年来（1949—2007年）东北地区黑龙江、吉林、辽宁、内蒙古四省（区）的水稻种植面积迅速扩大；截至2007年，东北区的水稻总产已达到1949年的47.6倍[61]。

2. 轮作系统周年效益发生变化

原有轮作系统内不同熟制之间轮作模式以及作物布局的更换也使轮作系统周年效益发生变化。李勇[62]利用ORYZA2000模拟水稻产量发现，1981—2010年若在长江中下游地区一年三熟敏感带内将中稻改种双季稻，与1950—1980年相比则能够使该区域的平均潜在产量提高6.98×10$^3$ kg/hm$^2$。俄有浩等[63]通过现场走访和相关部门调查发现，若将西北粮食产区内由春小麦改种冬小麦，则作物产量可提高10%~20%，而且由于冬小麦冬季覆盖，还能减少土壤腐蚀，有利于农业生态环境的可持续发展。

3. 轮作系统的周年产量改变

气候变化还可通过直接影响轮作系统内单季作物的产量来改变轮作系统的周年产量。研究表明，在不更换品种、维持原有作物管理措施条件下，历史气候变化会造成作物单产下降，从而使轮作系统周年产量下降。对于一熟区轮作系统，以东北地区水稻为例，汤开磊[64]利用调试和检验过的ORYZA2000模型，结合气象站点数据，研究发现1961—2007年东北单季稻区98%的站点光温生产潜力呈下降趋势，变幅为－0.2%/a［－28.7 kg/(hm$^2$·a)］。对于两熟区轮作系统，刘建刚[65]以黄淮海地区麦—玉轮作系统为研究对象，基于1961—2012年气象数据，利用DSSAT模型的研究结果表明，1961—2012年冬小麦及夏玉米的潜在产量均呈下降趋势，减幅分别为13 kg/($hm^2$·a) 和30 kg/($hm^2$·a)。

然而，在实际生产过程中，由于品种及耕作管理措施的调整等，导致轮作系统内作物产量维持不变或有增加趋势，最终提高轮作系统周年产量。吕硕等[66]基于东北地区1961—2010年气象数据，利用验证后的APSIM-Maize模型，分析东北地区不同年代育成的春玉米品种的产量潜力，发现20世纪60—90年代和2000年后的品种平均产量潜力分别为$7.88\times10^3$kg/$hm^2$、$1.15\times10^4$kg/$hm^2$、$1.21\times10^4$kg/$hm^2$、$1.34\times10^4$kg/$hm^2$、$1.41\times10^4$kg/$hm^2$，随着品种的不断更替，春玉米的产量潜力呈增加趋势，且新品种对产量的贡献率高达46.1%~79.0%。

在多熟轮作区，李克南[67]根据1981—2010年华北地区县级统计数据及相应的气象数据，结合APSIM模型，分析表明1981—2010年麦—玉轮作系统的实际产量显著增加，变幅为215 kg/$hm^2$；而增幅主要源于冬小麦品种收获指数和每穗粒数增加，夏玉米品种百粒重和每平方米穗数提高，以及生育期的延长。孙倩等[68]则利用河南省农业气象站196个冬小麦品种的观测数据和气象数据发现，1981—2010年由于品种更替，导致冬小麦生长发育所需积温增加，从而促进单产提高。

## 第三节　稻油轮作的重要性、存在问题与解决途径

### 一、稻油轮作的战略意义

#### （一）保障粮油自给

我国油料自给率较低（表1-2、表1-3和表1-4），中国粮油学会首席专家、中国粮油学会油脂分会名誉会长王瑞元先生发表了《2019年我国粮油产销等有关情况》，据国家统计局、国家粮油信息中心等机构资料，汇总了我国油脂油料加工生产及贸易方面的数据。中国食用油年度（2018—2019）总消费量3 978万t，人均食用油消费量28.4 kg，相当于每人年均消费约6桶油。食用植物油2019年消费3 338万t，其中豆油占45.3%，菜籽油占17.9%，棕榈油占14.9%，花生油占9.3%。

**表 1-2　2019 年中国主要油料作物产油情况**

| | 作物总产量（万 t） | 榨油量（万 t） | 出油率（%） | 产油量（万 t） | 在自产油中比例（%） | 在总消费量中比例（%） | 总消费量（万 t） | 自给率（%） |
|---|---|---|---|---|---|---|---|---|
| 花生油 | 1 760 | 800 | 35. 0 | 280. 0 | 23. 2 | 7. 8 | 310. 4 | 90. 2 |
| 大豆油 | 1 810 | 450 | 16. 5 | 74. 3 | 6. 1 | 38. 0 | 1 512. 1 | 4. 9 |
| 菜籽油 | 1 353 | 1 200 | 34. 0 | 408. 0 | 33. 9 | 15. 0 | 597. 5 | 68. 3 |
| 棕榈油 | — | — | — | — | — | 12. 5 | 497. 4 | 0 |
| 棉籽油 | 1 060 | 900 | 13. 0 | 117. 0 | 9. 7 | — | — | — |
| 葵花籽油 | 328 | 80 | 25. 0 | 20. 0 | 1. 7 | — | — | — |
| 茶油 | 265 | 240 | 25. 0 | 60. 0 | 4. 9 | 1. 5 | 60. 0 | 100. 0 |
| 亚麻籽油 | 45 | 35 | 30. 0 | 10. 5 | 0. 8 | — | — | — |
| 芝麻油 | 45 | 20 | 40. 0 | 8. 0 | 0. 6 | — | — | 100. 0 |
| 玉米油 | — | — | — | 130. 0 | 10. 8 | — | — | 100. 0 |
| 稻米油 | — | — | — | 90. 0 | 7. 4 | — | — | 100. 0 |
| 其他 | — | — | — | 5. 0 | 0. 4 | — | — | — |
| 合计 | — | — | — | 1 202. 8 | — | — | — | — |

**表 1-3　2019 年我国主要油料作物进口状况**

| 油料作物 | 进口量（万 t） |
|---|---|
| 大豆 | 8 851. 0 |
| 菜籽 | 274. 0 |
| 芝麻 | 81. 5 |
| 花生 | 42. 7 |
| 葵花籽 | 30. 2 |
| 棉籽 | 6. 0 |

**表 1-4　2019 年我国主要食用油进口状况**

| 油脂 | 进口量（万 t） |
|---|---|
| 棕榈油 | 755. 0 |
| 菜籽油 | 161. 5 |
| 葵花籽油 | 122. 9 |
| 豆油 | 82. 6 |

（续表）

| 油脂 | 进口量（万 t） |
| --- | --- |
| 花生油 | 19.4 |
| 椰子油 | 17.2 |
| 橄榄油 | 5.4 |
| 亚麻籽油 | 5.1 |

据中国社会科学院农村发展研究所的调查报告，早在2010年，中国粮食的供求格局已大致形成：粮食供给有余的主要是东北区（黑龙江、吉林、辽宁）、冀鲁豫区（河北、河南、山东），长江区（安徽、湖北、湖南、江西）和西北区（甘肃、内蒙古、宁夏、山西、陕西、新疆）供给平衡略有余，供给不足的主要有东南区（福建、广东、海南、江苏、上海、浙江）、京津区（北京、天津）、青藏区（青海、西藏）和西南区（广西、贵州、四川、云南、重庆）。粮食外调的最主要省份是黑龙江和吉林，另外，内蒙古的粮食生产正在崛起，河南的粮食大省地位则在下降。

北方粮食生产已全面超越南方，面积和产量分别占全国的54.79%和53.44%，这导致历史上曾经的“南粮北运”，如今已经变成“北粮南运”，长三角、珠三角等高度城镇化、工业化、人口大量涌入的地方，需要大量调入来自东北等地的粮食。中国农业的最大现实是要用占世界不足9%的耕地，养活世界近1/5的人。

近几年受到中美贸易争端、新冠肺炎疫情和非洲蝗虫等一系列因素影响，导致大豆进口减少，食用油自给率下降，2022年食用油价格普遍上涨，菜籽进口价格大幅提升，自给率不断下降，2019年国内食用植物油总消费量3 338万t，自给率仅36.03%，且国内植物油产量呈持续下降趋势，食用植物油的战略安全受到严重威胁，在南方地区发展稻油轮作，提高种植效益，确保粮油安全成为刻不容缓的发展战略。

油菜是湖南第一大油料作物，其种植面积及产量均位居前列，2020年种植面积 $1.326\times10^6$ $hm^2$，位居全国首位，占总种植面积的19.6%；产量228.74万t，位居全国第三，占总产量的16.28%，平均亩产较低，有较大的发展空间。湖南的耕地轮作主要表现在稻油轮作上，稻麦轮作比例极少，几乎可以忽略，其稻油轮作程度略好些，大约为35%，稻稻连作大约占50%。具体见表1-5[69]。

**表 1-5 2015 年湖南省耕作制度** 单位：$hm^2$

| 耕作模式 | 麦—稻—稻 | 油—稻—稻 | 稻—稻 | 麦—稻 | 油—稻 | 肥—稻 | 冬闲—稻 |
|---|---|---|---|---|---|---|---|
| 种植面积 | 560 | 415 150 | 1 591 500 | 10 530 | 745 580 | 191 260 | 131 610 |

数据来源：2015 年湖南农村统计年鉴，湖南省统计局。

## （二）提高种植效益，促进“三农”建设

张帆[70]开展了13年的长期冬季作物—双季稻轮作种植定位试验发现：马铃薯—双季稻模式年总光能利用率显著高于其他模式；马铃薯—双季稻模式轮作周年光能生产效率比黑麦草—双季稻、紫云英—双季稻、油菜—双季稻模式分别显著提高了 0.16 g/MJ、0.18 g/MJ、0.21 g/MJ（$P<0.05$），轮作周年积温生产效率比黑麦草—双季稻、紫云英—双季稻、油菜—双季稻模式分别显著提高了 1.24 kg/($hm^2$·℃·d)、1.36 kg/($hm^2$·℃·d)、1.52 kg/($hm^2$·℃·d)（$P<0.05$）。各模式轮作周年 P 养分干物质生产效率差异不显著（$P>0.05$）；各轮作模式周年 N 养分干物质生产效率大小依次为马铃薯—双季稻（73.23）>冬闲—双季稻（69.84）>油菜—双季稻（68.30）>黑麦草—双季稻（65.47）>紫云英—双季稻（60.99）；各轮作模式周年 K 养分干物质生产效率大小依次为紫云英—双季稻（70.63）>冬闲—双季稻（66.10）>油菜—双季稻（57.58）>黑麦草—双季稻（56.37）>马铃薯—双季稻（47.91）。各轮作模式的早、晚稻 NPK 偏生产力差异不显著（$P>0.05$），晚稻 NPK 收获指数差异显著（$P<0.05$）。各轮作模式经济效益大小依次为马铃薯—双季稻>油菜—双季稻>黑麦草—双季稻>紫云英—双季稻>冬闲—双季稻。马铃薯—双季稻模式为高投入高产出型，黑麦草—双季稻和油菜—双季稻模式为低投入中产出型，紫云英—双季稻模式为低投入低产出型。

## （三）提高复种指数，促进粮油生产

我国水稻种植分布在长江流域、东北平原和东南沿海等区域，其中长江流域是最大的水稻生产区田。中国农村统计年鉴数据显示，长江流域水稻播种面积及总产量均占全国总量的 2/3 左右[71]。增加稻田复种指数和科学施肥是提高稻田生产力的重要措施[72]，水旱轮作是增加稻田复种指数的基本方法[73]。根据旱地作物的不同，水旱轮作的主要种植方式包括油菜—水稻、小麦—水稻、绿肥—水稻等[74]。水旱轮作体系的典型特点是作物系统的水

旱交替导致了土壤系统在不同作物间的干湿变化，直接影响着土壤养分的迁移、形态转化和积累，进而决定着养分资源的吸收利用，构成独特的土壤肥力和生态环境[75-76]。由于集约化程度高，在功能上无论是物质循环还是能量转化强度都高于旱地和湿地[77]。

## 二、轮作对土壤的影响

### （一）提高土壤养分

1. 土壤肥力

王兰等[78]以“冬闲—早稻—晚稻”模式连作为对照处理 A，设计了 4 种稻田水旱复种轮作模式［马铃薯—玉米‖大豆—晚稻→蔬菜—花生‖玉米—晚稻→绿肥—早稻—晚稻（B），蔬菜—花生‖玉米—晚稻→紫云英—早稻—晚稻→油菜—花生—晚稻（C），绿肥—早稻—晚稻→油菜—花生—晚稻→马铃薯—玉米‖大豆—晚稻（D），油菜—花生—晚稻→马铃薯—玉米‖大豆—晚稻→蔬菜—花生‖玉米—晚稻（E）］。通过 2014—2016 年连续 3 年的田间定位试验，结果表明：水旱复种轮作模式更具有产量优势，晚稻产量均高于冬闲连作模式；与冬闲连作对照相比，其他模式的土壤有机质含量、速效养分含量均有所提高，同时更加有利于固定有机碳；稻田水旱复种轮作模式是一种增产、改善土壤肥力的种植模式；处理 C 和处理 E 表现较好。

2. 对土壤氨挥发的影响

水旱轮作水稻季对土壤含水量的巨大影响导致其氨挥发与旱地轮作有着显著的差异。所有轮作模式中，施氮肥量的提高均能显著提高土壤氨挥发速率和积累量，氨挥发均主要发生在施肥或追肥后 2 周以内。水旱轮作的土壤氨挥发积累量显著高于旱地轮作，其中水稻季氨挥发积累量占施氮量的 1.5%~30.0%，而旱季土壤氨挥发积累量占施氮量的 1%~10%。因此要因地制宜选用轮作模式，在冬季种植作物的情况下，优先减少夏季作物的氨挥发量，便能显著提高氮肥利用率并减少环境污染[79]。

### （二）土壤修复

油菜中重金属主要积蓄于粕饼中，毛油中重金属含量极低[80]，Cd 浓度低于 0.1mg/kg=EC（卫生限量标准）[81]，Cd 高暴露量仅占 JECFA 推荐的暂定每月耐受摄入量（PTMI）的 1%，不存在消费风险，可放心食用[82]。

Huang 等[83]在油菜—水稻轮作后的 2016—2018 年，在此时期内使用熟石灰［Ca（OH)$_2$>95%］和海泡石（$SiO_2$>50%，MgO>20%）进行大田试验发现，休耕并进行海泡石处理使糙米 Cd 含量降低 47.44%~49.03%，稻—油轮作后进行海泡石处理使土壤 Cd 含量降低 9.54%~42.66%。

### （三）土壤微生物

在轮作制度中，不同作物的残体性质和还田量不同，因此对土壤肥力影响较大。轮作可以提高土壤微生物量氮、土壤酶活性等[84]。轮作不仅可以提高土壤微生物数量、土壤酶活性，还能够显著提高微生物群落结构多样性和固氮功能基因丰度[85]。王璟等[86]以长期稻—稻连作土壤为对照比较，在连续 30 年轮作和连作的大田（湖南安仁试验基地）进行试验，应用荧光定量 PCR 技术，对两类土壤中的枯草芽孢杆菌的数量进行检测。结果表明，稻—稻—油菜轮作提高了土壤枯草芽孢杆菌的数量，使土壤中对作物生长有益的特定功能微生物数量增加，有利于改善土壤生态环境。

### （四）农田碳排放的影响

甲烷（$CH_4$）和氧化亚氮（$N_2O$）是仅次于二氧化碳的重要温室气体，对地球系统能量收支和气候变化有重要的影响[87]。大气中有 50%~65%的 $CH_4$排放由人为活动产生[88]，其中稻田 $CH_4$年排放量占全球 $CH_4$总排放的 7%~17%[88]，稻田排放的 $N_2O$ 约占我国农田氮肥直接排放 $N_2O$ 总量的 7%~11%[89]。双季稻田、一季中（晚）稻田、油菜地和休闲地温室气体排放强度以稻—稻—油菜最高，稻—油和稻—冬闲处理较低，南方稻区选择杂交晚稻—油菜的种植模式有利于温室气体减排[90]。

## 三、稻油轮作限制因素及解决途径

长江流域也是我国油菜主产区，该区油菜种植面积占全国油菜面积的 80%左右。油菜与水稻实行复种轮作便于利用土地，合理安排作物布局，发展粮食和油料生产[91]，水稻—油菜轮作体系仍然存在氮素投入高、利用率低、损失严重等问题[92]。

### （一）水稻—油菜轮作体系氮肥增产增效主要限制因子

1. 耕层土壤有机碳、氮含量低

土壤有机质和土壤全氮是反映土壤肥力的重要指标[93]。土壤全氮由有机氮和无机氮组成，在一定程度上可以代表土壤的供氮水平。土壤全氮含量相对稳定，但也处于动态变化之中，近20年来无显著变化[94]。长江流域水旱轮作区耕层土壤有机质和全氮含量低，在长期水稻—油菜轮作种植下不能连续提供足量的养分[95]。

2. 秸秆还田增碳与温室气体增排的矛盾突出

水稻—油菜轮作体系油菜季土壤氮残留较多[96]，干湿交替导致累积氮的大量损失[97]。秸秆还田可显著降低油菜收获后的土壤硝态氮残留，提高作物产量和含氮量，增强土壤微生物氮素固持能力，有效降低土壤氮素流失风险[20]。秸秆还田增加排放的$CH_4$，所导致的全球增温潜势平均为土壤固碳减排潜势的2.18倍，而在湖南和江西等亚热带双季稻区的结果显示这个比值达到了3.50~5.24[98]。

3. 氮肥施用不合理

长江流域油菜生产中的氮肥用量过度和不足的现象均非常普遍；而且氮肥品种（养分形态）、施肥方式、施用时期等也存在一些问题，如施用最普遍的氮肥品种是尿素和复合肥，硼肥的施用比例较低；施肥方式多采用撒施；氮与磷、钾养分比例不协调；普遍追肥1次，氮肥的基施比例不合理等，限制了产业的发展[99]。氮肥运筹不合理（前重后轻）、中期晒田（氮素损失加剧）、高产水稻品种的推广应用（耐肥性强）等也是导致水稻氮肥利用率低的重要原因[100]。

## （二）稻油轮作限制因素的解决途径

1. 水稻—油菜轮作体系氮肥增产增效综合调控与展望

集成单项调控途径建立长江流域水稻—油菜轮作体系氮肥增产增效综合调控模式，其核心内容为“两扩两调一减”（图1-1）。即：秸秆还田有机扩库、深耕扩容；周年养分运筹和作物专用缓、控释肥料调控、高产高效栽培技术调控；减少水稻—油菜轮作体系氮素盈余。水稻—油菜轮作体系氮肥增产增效综合调控模式在湖北、湖南、安徽、江西、江苏等区域应用，与习惯用量施肥处理相比，水稻可平均增产7.8%，减少1~2次施肥，省工0.3个/亩，氮肥的农学效率提高8.8，氮肥利用率增加7.5个百分点；油菜平均增产3.9%，每亩减少追肥用工量0.5个，增收节支67.5元/亩，氮肥利用率提高到48%。

2. 水稻—油菜轮作绿色高效机械化栽培

全面推广水稻—油菜轮作绿色高效机械化栽培模式，可以确保轮作制度

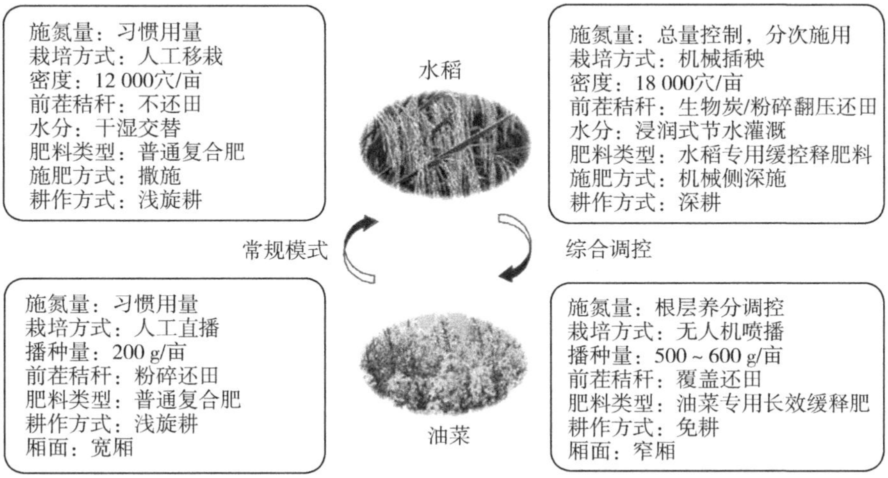


**图 1-1 长江流域水稻—油菜轮作体系氮肥增产增效综合调控模式核心技术**

得到全方位落实，对周围生态环境起到良好改善效果，进一步提升耕地质量。随着水稻—油菜轮作绿色高效机械化栽培模式推广范围的不断扩大，广大农户要根据植株的具体生长情况，主动和技术推广人员沟通，制订出科学的管控对策。

此外，采用水稻—油菜轮作绿色高效机械化栽培模式，可以实现农业全面增收。随着土地资源的不断减少，水稻—油菜轮作绿色高效机械化栽培模式的应用效果越来越突出，不仅能够显著提升土地资源的综合利用效率，而且能够实现增产增收，减少农业资源的损耗与浪费。从环保角度来分析，此种栽培技术的科学运用与大面积推广能够确保农业耕地得到更好保护，提升农业经济效益，对我国农业经济的绿色、可持续发展起到一定促进作用[101]。

3. 大力发展副产物综合利用

对湖南省而言，在平原地区尽量避免一年种植三季作物以抑制对平原地区的过度耕种，鼓励以双季稻为主体的种植模式，第一季常年种植水稻，第二季采取水稻与油菜或者青饲料隔年轮作，第二季或者每隔 3～5 年种植一次绿肥；在丘陵地区鼓励一年两季的稻油、稻青饲料和稻肥轮作。在湖南省鼓励青饲料种植可以高效率地供给其生猪养殖大省对饲料的需求[69]。

秸秆深翻还田可打破犁底层，并快速提升深层土壤有机质含量，改善土壤容重、水分和结构状况等物理性质[102-103]。秸秆作为一种有机肥添加到土壤中，改变了原有土壤微生物对有机营养物质的摄取和土壤有机物的矿化过程，影响着土壤微生物多样性和群落结构，比如提高了与土壤氮素循环相关的氨氧化细菌、固氮菌和硝化细菌丰度和与有机质周转相关的微生物丰度。秸秆不同还田方式影响着秸秆养分释放规律和微生物功能多样性[104-105]，比如秸秆翻耕、免耕和旋耕还田均可显著提高 0~15 cm 土壤 β-1，4-葡萄糖苷酶、β-1，4-N-乙酰葡糖氨糖苷酶和酸性磷酸酶活性，而翻耕还田可显著提高深层土壤 β-1，4-N-乙酰葡糖氨糖苷酶活性[105]。

## 参考文献


[1] 李天. 农学概论：第 3 版［M］. 北京：中国农业出版社，2002.

[2] 杨庆媛，陈展图，信桂新，等. 中国耕作制度的历史演变及当前轮作休耕制度的思考［J］. 西部论坛，2018，28（2）：1-8.

[3] 李根蟠. 中国古代农业［M］. 北京：商务印书馆，2005.

[4] 曹敏建. 耕作学［M］. 北京：中国农业出版社，2013.

[5] 郑兆山. 建立我国土地休耕制度的必要性及其保障措施［J］. 中国农业银行武汉培训学院学报，2002（1）：77-79.

[6] 刘欢，熊伟，李迎春，等. 气候变化对中国轮作系统影响的研究进展［J］. 中国农业气象，2017，38（10）：613-631.

[7] 各国轮作休耕制度有何借鉴. 国土资源，2017 年 1 月，58-59.

[8] ONO K，MANO M，HAN G H，et al.. Environmental controls on fallow carbon dioxide flux in a single－crop rice paddy，Japan. land Degradation&Development，2015，26（4）：331-339.

[9] 刘璨，贺胜年. 日本农田休耕项目：从控制粮食到保护生态环境［N］. 中国绿色时报，2010-08-18（3）.

[10] 朱国锋，李秀成，石耀荣，等. 国内外耕地轮作休耕的实践比较及政策启示［J］. 中国农业资源与区划，2018，39（6）：35-41，92.

[11] DEIBERT E J，FRENCH E，HOAG B. Water storage and use by spring wheat under conventional tillage and no till in continuous and alternate crop－fal－low systems in the northern Great Plains（USA）［J］. Journal of Soil&Water Conservation，1986，41（1）：

53–58.
[12] 王艳. 美国农业补贴政策演进及其对中国的借鉴 [D]. 北京：中国农业科学院，2011.
[13] 刘璨. 欧盟休耕计划保护了乡村的自然环境 [N]. 中国绿色时报，2009-01-05 (3).
[14] JUNGEHUELSING J, LOTZ J. Five years of fallow systems in Germany [R]. AID–Informationen fuer die Agrarberatung (Germany), 1993.
[15] ONO K, MANO M, HAN G H, et al.. Environmental controls on fallow carbon dioxide flux in a single–crop rice paddy, Japan. land Degradation &Development, 2015, 26 (4): 331–339.
[16] 刘璨，贺胜年. 日本农田休耕项目：从控制粮食到保护生态环境 [J]. 中国绿色时报，2010–08–18 (3).
[17] 于法稳. 基于资源视角的农业供给侧结构性改革的路径研究 [J]. 中国农业资源与区划，2017，38 (6): 16–44.
[18] 赵其国，滕应，黄国勤. 中国探索实行耕地轮作休耕制度试点问题的战略思考 [J]. 生态环境学报，2017，26 (1): 1–5.
[19] 向青，尹润生. 美国环保休耕计划的做法与经验 [J]. 林业研究，2006 (1): 73–78.
[20] KARAMANOS R E, SELLES F, JAMES D C, et al.. Nitrogen management of fallow crops in Canadian prairie soils [J]. Canadian Journal of Plant Science, 2012, 92 (7): 1389–1401.
[21] 卓乐，曾福生. 发达国家及中国台湾地区休耕制度对中国大陆实施休耕制度的启示 [J]. 世界农业，2016，9: 80–85.
[22] 张慧芳. 我国轮作休耕制度试点述评及对地方的启示 [J]. 浙江农业科学，2018，59 (6): 881–883，885.
[23] 肖唯文，赫越. 基于耕地保护的休耕轮作研究进展 [J]. 河北企业，2017，8: 112–113.
[24] 谢花林，翟群力，卢华. 我国耕地轮作休耕制度运行中的监督机制探讨 [J]. 农林经济管理学报，2018，17 (4): 455–462.
[25] 魏君英，何蒲明. 基于粮食价格的耕地轮作休耕问题研究 [J]. 价格月刊，2017，8: 27–32.
[26] 杨庆媛，陈展图，信桂新，等. 中国耕作制度的历史演变及当前

轮作休耕制度的思考［J］. 西部论坛，2018，28（2）：1-8.
［27］ 刘红. 我国粮食进口与粮食安全问题研究［J］. 价格月刊，2015（2）：54-57.
［18］ 陈波，王雅鹏，黎东升. 粮食安全：隐患在哪里［J］. 新疆农垦经济，2004（4）：1-4.
［29］ 曲格平. 关注中国生态安全［M］. 北京：中国环境科学出版社，2004.
［30］ 江振蓝. 水土流失时空过程及其生态安全效应研究［D］. 杭州：浙江大学，2013.
［31］ 张长印. 水土流失生态补偿［M］. 北京：中国大地出版社，2008.
［32］ 王静，林春野，陈瑜琦，等. 中国村镇耕地污染现状、原因及对策分析［J］. 中国土地科学，2012，26（2）：25-30，43.
［33］ 新华社. 约 1. 5 亿亩耕地受污染，多集中在经济较发达地［N］.（2006 - 11 - 09）［2017 - 11 - 22］. 人民网，http：//finance. People. com. cn/nc/GB/61154/5017733. html.
［34］ 赵永平，常钦，马跃峰. 地，究竟该咋种？（关注“谁来种地”）［N］. 人民日报，2015-05-29（9）.
［35］ 杨晓琳. 华北平原不同轮作模式节水减排效果评价［J］. 北京：中国农业大学，2015.
［36］ 官春云. 湖南省油菜种植面积下降令人忧［J］. 湖南农业，2007，1：4.
［37］ 周桂玉，张晓平，范如芹，等. 黑土实施免耕对玉米和大豆产量及经济效益的影响［J］. 吉林农业大学学报，2015，6：260-267.
［38］ 张彬. 吉林省松辽平原玉米带生态补偿问题研究［D］. 长春：吉林农业大学，2016.
［39］ 崔奇峰，蒋和平，吴颖萱. 我国粮食“十一连增”背后的问题及对策建议［J］. 农村经济，2016，2：3-7.
［40］ 罗必良. 农业供给侧改革的关键、难点与方向［J］. 农村经济，2017，1：1-10.
［41］ 聂英. 中国粮食安全的耕地贡献分析［J］. 经济学家，2015，1：83-93.

[42] 吕硕. 气候变化对吉林梨树春玉米产量影响及品种适应研究［D］. 北京：中国农业大学，2016.
[43] 王培娟，梁宏，白月明，等. 基于分期播种的气候变暖对东北春玉米生长发育与产量的影响研究［J］. 中国农学通报，2014，30（18）：71-78.
[44] 高辉明. 北方冬麦区小麦适应气候变化的品种演化规律的研究［D］. 杨凌：西北农林科技大学，2013.
[45] 李正国，杨鹏，唐华俊，等. 气候变化背景下东北三省主要作物典型物候期变化趋势分析［J］. 中国农业科学，2011，44（20）：4180-4189.
[46] 王玉莹，张正斌，杨引福，等. 2002—2009 年东北早熟春玉米生育期及产量变化［J］. 中国农业科学，2012，45（24）：4959-4966.
[47] 肖登攀，陶福禄. 过去 30 年气候变化对华北平原冬小麦物候的影响研究［J］. 中国生态农业学报，2012，20（11）：1539-1545.
[48] 孟林，刘新建，邬定荣，等. 华北平原夏玉米主要生育期对气候变化的响应［J］. 中国农业气象，2015，36（4）：375-382.
[49] 黄爱军，陈长青，类成霞，等. 江淮地区农业气候资源演变特征及作物生产应对措施［J］. 南京农业大学学报，2011，34（5）：7-12.
[50] 张梦婷，刘志娟，杨晓光，等. 气候变化背景下中国主要作物农业气象灾害时空分布特征 I：东北春玉米延迟型冷害［J］. 中国农业气象，2016，37（5）：599-610.
[51] 余会康，郭建平. 气候变化下东北水稻冷害时空分布变化［J］. 中国生态农业学报，2014，22（5）：594-601.
[52] 钱永兰，王建林，郑昌玲，等. 近 50 年华北地区冬小麦低温灾害的时空演变特征［J］. 生态学杂志，2014，33（12）：3245-3253.
[53] 王晓煜，杨晓光，吕硕，等. 全球气候变暖对中国种植制度可能影响Ⅻ：气候变暖对黑龙江寒地水稻安全种植区域和冷害风险的影响［J］. 中国农业科学，2016，49（10）：1859-1871.
[54] 赵俊芳，杨晓光，刘志娟. 气候变暖对东北三省春玉米严重低温

冷害及种植布局的影响［J］. 生态学报，2009，29（12）：6544-6551.

［55］ 李勇，杨晓光，王文峰，等. 全球气候变暖对中国种植制度可能影响Ⅴ：气候变暖对中国热带作物种植北界和寒害风险的影响分析［J］. 中国农业科学，2010，43（12）：2477-2484.

［56］ 尹小刚，王猛，孔箐锌，等. 东北地区高温对玉米生产的影响及对策［J］. 应用生态学报，2015，26（1）：186-198.

［57］ 冯灵芝. 气候变化背景下水稻高温热害风险及其对产量的可能影响［D］. 北京：中国农业科学院，2015.

［58］ 姚凤梅，张佳华. 1981—2000 年水稻生长季相对极端高温事件及其气候风险的变化［J］. 自然灾害学报，2009，18（4）：37-42.

［59］ 石晓丽，史文娇. 极端高温对黄淮海平原冬小麦产量的影响［J］. 生态与农村环境学报，2016，32（2）：259-269.

［60］ 王占彪. 气候变化背景下华北麦—玉两熟生产的风险评价及低碳策略［D］. 北京：中国农业大学，2015.

［61］ 孙岩松. 我国东北水稻种植快速发展的原因分析和思考［J］. 中国稻米，2008（5）：9-11.

［62］ 李勇. 气候变化对长江中下游一年三熟敏感带单双季稻的影响［D］. 北京：中国农业大学，2012.

［63］ 俄有浩，霍治国，马玉平. 北方春小麦种植区小麦种植结构变化的气候依据与冻害风险［J］. 自然灾害学报，2015，24（5）：149-159.

［64］ 汤开磊. 中国水稻光温生产潜力时空演变特征模拟分析［D］. 南京：南京农业大学，2013.

［65］ 刘建刚. 黄淮海农作区冬小麦—夏玉米产量差及其限制因素解析［D］. 北京：中国农业大学，2015.

［66］ 吕硕，杨晓光，赵锦，等. 气候变化和品种更替对东北地区春玉米产量潜力的影响［J］. 农业工程学报，2013，29（18）：179-190.

［67］ 李克南. 华北地区冬小麦—夏玉米作物生产体系产量差特征解析［D］. 北京：中国农业大学，2014.

［68］ 孙倩，黄耀，姬兴杰，等. 气候变化背景下河南省冬小麦品种更

新特征［J］. 气候变化研究进展，2014，10（4）：282-288.
［69］倪学志，于晓媛. 耕地轮作、农业种植结构与我国持久粮食安全［J］. 经济问题探索，2018，7：78-88.
［70］张帆. 冬季作物—双季稻轮作模式资源利用效率及经济效益比较研究［J］. 农业资源与环境学报，2021，38（1）：87-95.
［71］国家统计局. 中国农村统计年鉴 2019［M］. 北京：中国统计出版社，2019.
［72］陈洪俊. 稻田水旱轮作系统生产力、生态环境效应及可持续性评价［D］. 南昌：江西农业大学，2015.
［73］石孝均. 水旱轮作体系中的养分循环特征［D］. 北京：中国农业大学，2003.
［74］周超亚. 南方耕作制度［M］. 北京：中国农业出版社，1996.
［75］TIMSINA J，CONNOR D J. Productivity and management of rice-wheat cropping systems：issues and challenges［J］. Field crops research，2001，69（2）：93-132.
［76］范明生，江荣风，张福锁，等. 水旱轮作系统作物养分管理策略［J］. 应用生态学报，2008，19（2）：424-432.
［77］徐宁，黄国勤. 稻田复种轮作系统能流物流特征研究［J］. 中国生态农业学报，2014，22（12）：1491-1497.
［78］王兰，黄国勤，孙丹平，等. 稻田水旱复种轮作对作物产量及土壤养分的影响［J］. 生态学杂志，2018，37（11）：3284-3290.
［79］雷名爵，卜容燕，鲁剑巍. 轮作模式对土壤氨挥发的影响研究进展［J］. 南方农业，2020，14（34）：62-63，82.
［80］黎红亮，杨洋，陈志鹏，等. 花生和油菜对重金属的积累及其成品油的安全性［J］. 环境工程学报，2015，9（5）：2488-2494.
［81］YANG Y，LI H L，PENG L，et al.. Assessment of Pb and Cd in seed oils and meals and methodology of their extraction［J］. Food Chemistry，2016，197.
［82］武琳霞，丁小霞，李培武，等. 我国油菜镉污染及菜籽油质量安全性评估［J］. 农产品质量与安全，2016（1）：41-46.
［83］HUANG S H，RAO G S，ASHRAF U，et al.. Application of inorganic passivators reduced Cd contents in brown rice in oilseed rape-rice rotation under Cd contaminated soil［J］. Chemosphere，

2020，259.
[84] 谷岩，邱强，王振民，等. 连作大豆根际微生物群落结构及土壤酶活性［J］. 中国农业科学，2012，45（19）：3955-3964.
[85] 牛倩云，韩彦莎，徐丽霞，等. 作物轮作对谷田土壤理化性质及谷子根际土壤细菌群落的影响［J］. 农业环境科学学报，2018，37（12）：2802-2809.
[86] 王璟，杨敬林，廖健程，等. 稻—稻—油菜轮作对土壤枯草芽孢杆菌数量的影响研究［J］. 江西农业大学学报，2019，41（1）：43-49.
[87] GHOSH S，MAJUMDAR D，JAIN M C. Methane and nitrous oxide emissions from an irrigated rice of North India［J］. Chemosphere，2003，51（3）：181-195.
[88] STOCKER T F，QIN D，PLATTNER G K，et al.. Climate change 2013：the physical science basis［M］. New York：Cambridge University Press，2013：507-509.
[89] ZOU J W，HUANG Y，ZHENG X H，et al.. Quantifying direct $N_2O$ emissions in paddy fields during rice growing season in mainland China：dependence on water regime［J］. Atmospheric Environment，2007，41（37）：8030-8042.
[90] 陈友德，赵杨，高杜娟，等. 稻油不同轮作模式对农田甲烷和氧化亚氮排放的影响. 环境科学，2020，41（10）：4701-4710.
[91] 王汉中. 以新需求为导向的油菜产业发展战略［J］. 中国油料作物学报，2018，40（5）：613-617.
[92] 李小坤，任涛，鲁剑巍. 长江流域水稻—油菜轮作体系氮肥增产增效综合调控［J］. 华中农业大学学报，2021，3：68-75.
[93] 李菊梅，王朝辉，李生秀. 有机质、全氮和可矿化氮在反映土壤供氮能力方面的意义［J］. 土壤学报，2003，40（2）：232-238.
[94] 任涛，郭丽璇，张丽梅，等. 我国冬油菜典型种植区域土壤养分现状分析［J］. 中国农业科学，2020，53（8）：1606-1616.
[95] YADAV R L，DWOVEDI B S，PRASAD K，et al.. Yield trends，and changes in soil organic-C' and available NPK in a long-term rice-wheat system under integrated use of manures and fertilisers

[J]. Field crops research, 2000, 68 (3): 219-246.

[96] 卜容燕. 稻油和棉油轮作模式下油菜季土壤氮素供应差异及其机制研究 [D]. 武汉: 华中农业大学, 2017.

[97] FAN M S, LU S H, JIANG R F, et al.. Nitrogen input, $^{15}$N balance and mineral N dynamics in a rice-wheat rotation in south west China [J]. Nutrient cycling in agroecosystems, 2007, 79 (3): 255-261.

[98] 逮非, 王效科, 韩冰, 等. 稻田秸秆还田土壤固碳与甲烷增排 [J]. 应用生态学报, 2010, 21 (1): 99-108.

[99] 徐华丽. 长江流域油菜施肥状况调查及配方施肥效果研究 [J]. 武汉: 华中农业大学, 2012.

[100] 李鹏飞. 控释尿素对双季稻产量、氮素损失及氮肥利用率的影响 [D]. 武汉: 华中农业大学, 2018.

[101] 王俊明. “稻—油” 轮作绿色高效机械化栽培模式分析 [J]. 南方农业, 2021, 15 (9): 24-25.

[102] 窦森. 玉米秸秆 “富集深还” 与土壤亚表层培肥 [J]. 植物营养与肥料学报, 2017, 23 (6): 1670-1675.

[103] 韩上, 武际, 李敏, 等. 深耕结合秸秆还田提高作物产量并改善耕层薄化土壤理化性质 [J]. 植物营养与肥料学报, 2020, 26 (2): 276-284.

[104] 韦安培, 丁文超, 胡恒宇, 等. 耕作方式及秸秆还田对土壤性质、微生物碳源代谢及小麦产量的影响 [J]. 干旱地区农业研究, 2019, 37 (6): 145-152.

[105] 隋鹏祥, 张心昱, 温学发, 等. 耕作方式和秸秆还田对棕壤土壤养分和酶活性的影响 [J]. 生态学杂志, 2016, 35 (8): 2038-2045.

# 第二章　田间管理措施对稻油生产的影响

## 第一节　不同种植密度对稻油生产的影响

作物的种植密度和配置方式在很大程度上影响着作物群体结构，进而影响到作物群体的光能利用和干物质生产。种植密度决定群体的大小，而植株配置方式则决定群体的均匀性。合理的密植不仅能够充分发挥土壤的效能，还能最大限度地提高产量。通过调节影响油菜产量的各个因素来综合提高油菜的最终产量。

### 一、稻油轮作模式下不同种植密度对油菜生产的影响

#### （一）种植密度对油菜光合生理特性的影响

从表 2-1 可以看出，油菜的各个光合气体交换参数对密度的响应变化差异较大。净光合速率、气孔导度、蒸腾速率随密度的变化所表现出的变化趋势是一致的，都表现出先增加后下降的趋势，且以 D2 为分界。在 D1 的密度处理下，3 个参数随着种植密度的增加而提高，但是当密度超过 D2 后 3 个参数又随着种植密度的增加而表现出下降的趋势。在一定的密度范围内，可以说油菜的光合能力是与密度呈正相关。胞间 $CO_2$ 浓度随着密度的增加表现出增高的趋势，可能是由于密度增加后，油菜群体的 $CO_2$ 释放量增加以及个体的光合能力降低综合作用的结果。水分利用效率和气孔限制值则与胞间 $CO_2$ 浓度相反，随着密度的增高而表现出减少的趋势[1]。

**表 2-1　不同密度下油菜光合气体交换参数的比较**

| 密度 | 净光合速率 [μmol/($m^2$·s)] | 气孔导度 [mmol/($m^2$·s)] | 蒸腾速率 [mmol/($m^2$·s)] | 胞间 $CO_2$浓度 (μmol/mL) | 水分利用效率 (μmol/mmoL) | 气孔限制值 |
|---|---|---|---|---|---|---|
| D1 | 20.08 a | 0.372 a | 3.216 a | 274.32 a | 6.311 a | 0.321 a |
| D2 | 20.86 b | 0.407 b | 3.562 b | 280.38 b | 5.859 b | 0.308 b |
| D3 | 19.32 c | 0.378 a | 3.486 c | 282.75 b | 5.551 c | 0.301 b |
| D4 | 18.25 d | 0.362 c | 3.221 a | 287.63 c | 5.175 d | 0.286 c |
| D5 | 16.59 e | 0.334 d | 3.025 d | 288.38 d | 4.859 e | 0.276 d |

注：D1，10 万株/$hm^2$；D2，20 万株/$hm^2$；D3，30 万株/$hm^2$；D4，40 万株/$hm^2$；D5，50 万株/$hm^2$。

对表 2-2 的数据进行分析可知，两个油菜品种在油菜开花期绿叶数随种植密度的增加呈现出下降的趋势；高秆油菜 V2 的叶面积枝数随密度的增加表现出上升的趋势，半矮秆油菜则表现出先升高后下降的趋势并且在 D2 密度下最高。通过对灌浆期数据的比较分析可以看出，两个油菜品种的角果皮面积指数随种植密度的升高均表现出上升的趋势。在低密度处理下（D1），半矮秆油菜的角果皮面积指数显著高于高秆油菜，但在较高密度处理下（D2、D3），半矮秆油菜的角果皮面积指数显著低于高秆油菜。两个油菜品种的角果层厚度随种植密度的升高而表现出下降的趋势，在低密度处理下（D1），高秆油菜的角果层厚度低于半矮秆油菜；在高密度处理 D2 与 D3 密度下，半矮秆油菜的角果层厚度要明显高于高秆油菜[2]。

**表 2-2　种植密度对不同株高油菜冠层结构的影响**

| 密度 | 品种 | 开花期 | | 灌浆期 | |
|---|---|---|---|---|---|
| | | 绿叶数 | 叶面积指数 | 角果皮面积指数 | 角果层厚度 (cm) |
| D1 | V1 | 20.15±2.49 bc | 4.68±0.31 d | 5.88±0.71 c | 131.67±4.47 a |
| D2 | V1 | 19.29±2.31 cd | 7.19±0.23 a | 5.95±0.52 bc | 94.44±11.54 d |
| D3 | V1 | 17.11±1.15 d | 6.55±0.31 ab | 6.35±0.91 b | 91.67±11.69 d |
| D1 | V2 | 23.08±4.19 a | 5.69±0.54 c | 4.51±0.63 d | 117.06±15.40 b |
| D2 | V2 | 22.40±2.13 ab | 6.37±0.18 bc | 7.43±0.63 a | 110.67±15.40 bc |
| D3 | V2 | 22.40±2.13 ab | 6.67±0.50 ab | 7.84±0.72 a | 107.39±11.04 c |

注：同列数据后无相同小写字母表示差异显著（$P<0.05$）。

种植密度（D）：15 万株/$hm^2$（行距 0.33 m，穴距 0.2 m，穴留 1 株，以 D1 表示）、30 万株/$hm^2$（行距 0.33 m，穴距 0.2 m，穴留 2 株，以 D2 表示）、60 万株/$hm^2$（行距 0.2m，穴距 0.17 m，穴留 2 株，以 D3 表示）；品种设 2 个处理：半矮秆油菜‘佳油 JS-1’（V1）、高秆油菜‘川油 36’（V2）。

### （二）种植密度对油菜品质的影响

油菜的品质一般情况下是指油菜籽的品质，油菜籽的品质主要是指芥酸、硫苷含量以及含油量高低这 3 个因素。种植密度的差异对油菜籽的品质影响并不是很大，反而因为施肥条件的不同，油菜的品质会有相应的差别。有些学者认为，对油菜籽品质影响较大的因素往往是环境条件所产生的，表现型是由基因和环境因素共同决定的。郑本川等[3]通过研究发现，随着密度的增加，芥酸量含量、硫苷含量和含油量均降低，蛋白质含量增加，但差异不显著。因此，种植密度对油菜籽品质无影响（表 2-3）。

**表 2-3　种植密度对油菜籽品质的影响**

| 密度处理 | 芥酸含量（%） | 硫苷含量（μmol/g） | 含油量（%） | 蛋白质含量（%） |
|---|---|---|---|---|
| M1 | 0. 37 aA | 41. 05 aA | 46. 92 aA | 28. 79 aA |
| M2 | 0 | 40. 58 aA | 46. 11 aA | 29. 18 aA |
| M3 | 0 | 40. 60 aA | 44. 12 aA | 29. 22 aA |

注：同列不同小写字母表示在 0. 05 水平差异显著；同列不同大写字母表示在 0. 01 水平差异极显著。M1（13 万株/$hm^2$）、M2（26 万株/$hm^2$）和 M3（39 万株/$hm^2$）。

从表 2-4 中可以看出，在不同的密度处理下株高、一次分枝部位、主花序长、一次分枝数在各处理间的差异并不显著；M4 的主序角果数与 M1、M2 之间的差异显著。株高和一次分枝数随着密度的增加表现出相同的变化趋势，都表现出先上升后下降。主花序长、一次分枝数、主序角果数的变化趋势相同，随着种植密度的增加表现出下降的趋势。随着种植密度的增加，主序角果数占单株角果数的比例表现出上升的趋势。在相同密度处理下，等行距（30 cm）与宽窄行（40 cm+20 cm）2 个处理间差异均不显著[4]。

**表 2-4　不同密度与行距配置下直播油菜的农艺性状（2014/2015 年度）**

| 因素 | 处理 | 株高（cm） | 一次分枝部位（cm） | 主花序长度（cm） | 一次分枝数 | 主序角果数 | 主序角果数占单株角果数的比例（%） |
|---|---|---|---|---|---|---|---|
| 密度 | M1 | 212. 5 a | 111. 3 a | 70. 4 a | 6. 7 a | 104. 1 a | 30. 9 a |
| | M2 | 217. 2 a | 117. 1 a | 70. 0 a | 6. 3 a | 94. 5 a | 32. 6 a |
| | M4 | 205. 3 a | 113. 8 a | 68. 1 a | 5. 2 a | 82. 2 b | 37. 4 a |

（续表）

| 因素 | 处理 | 株高（cm） | 一次分枝部位（cm） | 主花序长度（cm） | 一次分枝数 | 主序角果数 | 主序角果数占单株角果数的比例（%） |
|---|---|---|---|---|---|---|---|
| 行距 | M2L30 | 223.4 a | 118.9 a | 69.6 a | 6.3 a | 95.8 a | 33.9 a |
| | M2L40+20 | 210.9 a | 115.2 a | 70.3 a | 6.3 a | 93.1 a | 31.2 a |

注：15 万株/hm$^2$、30 万株/hm$^2$、60 万株/hm$^2$，分别以 M1、M2、M4 表示，并在 M2 密度设置 2 个不同的行距配置，等行距 30 cm、宽窄行 40 cm+20 cm，分别以 L30、L40+20 表示。

## （三）种植密度与油菜产量及其分枝的影响

分枝的有效角果数是影响产量高低的重要因素之一，在此以各分枝角果的结实粒数来表示该分枝的结实质量。从表 2-5 中可以看到，油菜各枝序的分枝角果结实粒数在不同密度下有较大的差别，在较低的密度条件下，分枝角果粒数最多的接近 500 粒，在较高的密度条件下（6 万株/667 hm$^2$），分枝角果结实粒数最少的仅 50 多粒，最高与最低相差很明显。各分枝的角果数随着种植密度的增加表现出减少的趋势，说明角果质量因密度的增大而变劣。对不同密度的一次分枝角果数进行比较分析，发现在密度较低的条件下分枝较多而且分枝角果数的数量也有所增加；而在密度较高的条件下分枝数比较少，分枝角果数增加的也不是很明显。在密度高于 5 万株/667 hm$^2$ 以上时，分枝数很少且不再增加。在密度为 1 万株/667 hm$^2$ 时，分枝很多而且角果结实粒数也比较多。不同分枝的角果结实数也不同，在靠近顶部的分枝角果结实粒数相较来说比较少。因此，要提高油菜分枝的角果结实质量，对密度要有适当的控制[5]。

**表 2-5　一次分枝及主轴的结实粒数（粒/枝）**

| 处理 | 主轴 | 一次分枝（从上至下） | | | | | |
|---|---|---|---|---|---|---|---|
| | | 1 | 2 | 3 | 4 | 5 | 6 |
| Ⅰ | 250.30 | 159.78 | 258.16 | 350.78 | 493.89 | 451.29 | 411.48 |
| Ⅱ | 258.08 | 152.27 | 325.83 | 344.76 | 259.76 | — | — |
| Ⅲ | 235.88 | 126.44 | 178.46 | 189.64 | — | — | — |
| Ⅳ | 240.06 | 121.79 | 156.81 | 175.50 | — | — | — |
| Ⅴ | 220.55 | 103.45 | 159.47 | — | — | — | — |
| Ⅵ | 184.73 | 56.57 | 139.42 | — | — | — | — |

注：Ⅰ，密度为 1 万株/667 hm$^2$；Ⅱ，密度为 2 万株/667 hm$^2$；Ⅲ，密度为 3 万株/667 hm$^2$；Ⅳ，密度为 4 万株/667 hm$^2$；Ⅴ，密度为 5 万株/667 hm$^2$；Ⅵ，密度为 6 万株/667 hm$^2$。

在肥力均匀，施用每公顷施用普钙 450 kg、尿素 75 kg、硼砂（纯硼≥9%）15 kg 作种肥，尿素 450 kg、硫酸钾 150 kg 作苗肥。表 2-6 结果表明，单株有效角和单株生产力有随着种植密度的增加而减少的表现。角粒数和千粒重随着种植密度的增加也表现出了不同程度的下降。理论产量较高的是 D7、D8、D6、D5，产量最低的是 CK[6]。

**表 2-6　2013—2015 年免耕山地油菜不同种植密度主要农艺性状对比分析**

| 处理 | 有效株（万株/$hm^2$） | 单株有效角（个） | 角粒数（粒） | 千粒重（g） | 单株生产力（g） | 理论产量（kg/$hm^2$） |
|---|---|---|---|---|---|---|
| D1（CK） | 6.0 | 357.0 | 21.24 | 3.72 | 28.21 | 1 692.45 |
| D2 | 12.0 | 256.0 | 20.34 | 3.74 | 19.47 | 2 336.92 |
| D3 | 18.0 | 215.6 | 20.92 | 3.67 | 16.55 | 2 979.54 |
| D4 | 24.0 | 191.4 | 20.59 | 3.61 | 14.23 | 3 414.42 |
| D5 | 30.0 | 183.0 | 19.79 | 3.63 | 13.15 | 3 946.04 |
| D6 | 36.0 | 166.4 | 19.44 | 3.59 | 11.62 | 4 183.19 |
| D7 | 42.0 | 144.5 | 19.72 | 3.56 | 10.15 | 4 263.58 |
| D8 | 48.0 | 137.8 | 18.23 | 3.47 | 8.72 | 4 187.18 |
| D9 | 54.0 | 103.2 | 18.58 | 3.43 | 6.58 | 3 554.95 |
| D10 | 60.0 | 93.0 | 17.85 | 3.39 | 5.63 | 3 376.54 |

注：单株生产力=单株有效角果数×角粒数×千粒重×$10^{-3}$，理论产量=单位面积有效株×单株有效角果数×角粒数×千粒重×$10^{-6}$。6 万株/$hm^2$（D1，CK）、12 万株/$hm^2$（D2）、18 万株/$hm^2$（D3）、24 万株/$hm^2$（D4）、30 万株/$hm^2$（D5）、36 万株/$hm^2$（D6）、42 万株/$hm^2$（D7）、48 万株/$hm^2$（D8）、54 万株/$hm^2$（D9）和 60 万株/$hm^2$（D10）。

## 二、稻油轮作模式下不同种植密度对水稻生长的影响

### （一）种植密度对水稻农艺性状的影响

通过对不同的水稻品种进行不同种植密度的处理。从表 2-7 中我们可以看到这 3 个品种，在株高、穗长、总节间长、分蘖数上随着种植密度的增长均呈现出减少的趋势，但颈基节粗随着种植密度的增加没有呈现出一定的规律。通过多重比较我们可以发现，穗长和颈基节粗各处理间的差异并不显著。对株高进行比较分析可以看出，处理 A1B1 的株高是最高的，处理 A3B1、A3B2、A3B3 的株高较矮。通过对株高的分析比较发现，处理 A1B1

与其他处理之间呈现出显著或极显著的差异。总节间长通过分析比较发现，处理 A1B3、A2B3、A3B3 之间的差异不显著，但是与其他处理比较呈现显著差异；处理 A1B1 与其他处理之间表现出显著或极显著差异。对分蘖数进行分析比较发现，处理 A1B1、A2B3、A2B1 的分蘖数是最高的，并且这 3 个处理与其他处理之间表现出极显著的差异[7]。

**表 2-7　不同种植密度处理下各水稻品种植物学性状比较**

| 处理 | 株高（cm） | 穗长（cm） | 总节间长（cm） | 颈基节粗（cm） | 分蘖数（穴） |
|---|---|---|---|---|---|
| A1B1 | 115. 7 cB | 25. 4 aA | 75. 1 bB | 0. 51 aA | 14. 2 cB |
| A1B2 | 108. 6 bAB | 25. 2 aA | 71. 8 bA | 0. 49 aA | 14. 0 cB |
| A1B3 | 108. 8 bAB | 24. 9 aA | 69. 8 aA | 0. 50 aA | 12. 8 bAB |
| A2B1 | 110. 4 cAB | 26. 5 aA | 72. 2 bA | 0. 50 aA | 14. 1 cB |
| A2B2 | 110. 2 cAB | 26. 1 aA | 72. 1 bA | 0. 52 aA | 12. 7 bAB |
| A2B3 | 109. 3 bcAB | 25. 9 aA | 69. 6 aA | 0. 50 aA | 11. 9 abA |
| A3B1 | 100. 4 aA | 25. 4 aA | 72. 4 bA | 0. 52 aA | 12. 4 abAB |
| A3B2 | 100. 1 aA | 25. 1 aA | 71. 7 bA | 0. 49 aA | 10. 7 aA |
| A3B3 | 98. 9 aA | 24. 8 aA | 69. 7 aA | 0. 50 aA | 10. 5 aA |

注：‘玉针香’（A1），湖南省水稻研究所选育；‘农香 32’（A2），湖南省水稻研究所选育；‘宜优 673’（A3），福建省农业科学院水稻研究所选育；密度为 B1（15 万丛/$hm^2$）、B2（18.75 万丛/$hm^2$）、B3（22.5 万丛/$hm^2$）。不同大小写字母分别表示 $P<0.01$ 和 $P<0.05$。

## （二）种植密度对水稻品质的影响

季红娟等[8]发现随着栽插密度的增加，整精米率、垩白率和垩白度先上升后下降，加工品质 2 最优，淀粉黏滞特性以 3 处理最优。从表 2-8 中可以看出，栽插密度降低，垩白率和垩白度都表现出减少，种植密度降低对改善稻米外观品质有一定的提高。本研究‘扬粳 805’不同栽插密度直链淀粉和蛋白质含量没有显著差异，而胶稠度随着栽插密度的增加呈减少趋势。

**表 2-8　播期和栽插密度对‘扬粳 805’加工和外观品质的影响**

| 处理 | 出糙率（%） | 精米率（%） | 整精米率（%） | 长宽比 | 垩白率（%） | 垩白度（%） |
|---|---|---|---|---|---|---|
| S1 | 84. 47 a | 77. 98 a | 76. 51 a | 1. 86 a | 7. 83 ab | 0. 95 ab |
| S2 | 83. 62 b | 77. 49 a | 74. 25 ab | 1. 81 a | 4. 17 b | 0. 58 b |
| S3 | 83. 59 b | 75. 64 b | 71. 44 b | 1. 84 a | 11. 83 a | 1. 54 a |

（续表）

| 处理 | 出糙率（%） | 精米率（%） | 整精米率（%） | 长宽比 | 垩白率（%） | 垩白度（%） |
|---|---|---|---|---|---|---|
| D1 | 84.34 a | 78.13 a | 74.37 a | 1.83 a | 6.83 a | 0.88 a |
| D2 | 83.58 b | 77.61 a | 75.99 a | 1.83 a | 9.00 a | 1.87 a |
| D3 | 83.87 b | 76.18 b | 72.31 b | 1.79 a | 6.67 a | 1.32 a |

注：同列同类处理不同小写字母数值间差异显著（$P<0.05$）。每穴1苗（D1）、每穴2苗（D2）、每穴3苗（D3）。5月10日（S1）、5月25日（S2）、6月4日（S3）。

## （三）种植密度对水稻产量的影响

水稻产量是由单位面积穗数、每穗总粒数、结实率和千粒重等因素构成的。水稻的单位产量受到诸多因素的影响，包括温度、光照、湿度、土壤的肥沃程度等。非逆境条件下，水稻产量与种植密度的关系已有了大量研究，但这种关系因种植系统不同存在很大差异[9]。

通过对不同种植密度下比较可以看出，不同处理之间水稻的产量存在着差异。从表2-9中可以看到D2实际产量达到9.9 t/hm$^2$最高，较D4产量提高14.5%，也显著高于其余处理；同时理论产量也表现出相似的变化规律。从表2-9中还可以观察到水稻产量构成因素也存在着差异，随着种植密度增大，有效穗数也随之增加。其中D2和D3由于栽植密度相当，其有效穗数差异不显著。但是结实率、穗粒数和千粒重与有效穗数的变化呈现出一个相反的变化规律，即随着种子密度的提高，结实率、穗粒数和千粒重表现出降低的趋势。从理论产量上看，种植密度过大或过小均不利形成较高产量[10]。

**表2-9　不同处理水稻的产量构成因素**

| 处理 | 有效穗数（个/hm$^2$） | 结实率（%） | 每穗粒数（粒） | 千粒重（g） | 理论产量（t/hm$^2$） | 实际产量（t/hm$^2$） |
|---|---|---|---|---|---|---|
| D1 | 253.5±4.0 c | 83.0±1.2 a | 166.0±2.1 a | 26.6±0.2 a | 9.3±0.1 b | 9.2±0.1 c |
| D2 | 239.5±1.3 b | 86.0±0.6 b | 178.0±1.7 b | 27.4±0.1 b | 10.0±0.1 c | 9.9±0.1 a |
| D3 | 233.5±1.3 b | 86.0±0.6 b | 174.3±1.2 b | 27.4±0.1 b | 9.6±0.1 b | 9.4±0.1 b |
| D4 | 196.5±0.9 a | 89.7±0.9 c | 178.3±0.9 b | 27.6±0.1 b | 8.7±0.1 a | 8.7±0.1 d |

注：表中同列数据后不同小写字母表示处理间差异显著（$P<0.05$）。

D1，10.0 cm×30.0 cm（2.2万穴/667 hm$^2$）；D2，13.3 cm×30.0 cm（1.67万穴/667 hm$^2$）；D3，13.3 cm×宽窄行（宽行40.0 cm，窄行20.0 cm）（1.67万穴/667 hm$^2$）；D4，16.7 cm×30.0 cm（1.3万穴/667 hm$^2$），每穴播2粒谷苗。

# 第二节　不同类型化肥及用量对稻油生产的影响

油菜季施用氮、磷、钾、硼肥显著地增加了油菜产量[11]。油菜和水稻对肥料的要求存在差异，这就要求在油稻的轮作过程中合理施肥，可使油菜和水稻在收获时都能达到最理想的产量。

## 一、氮肥对稻油生产的影响

### （一）氮肥对油菜的影响

从表 2-10 中可以看出，在前 5 周与对照相比较，不同的施氮处理并没有使油菜的干物质量增加，并且有一部分处理的干物质量存在被抑制积累的现象。与对照处理比较，硝酸钙在前 5 周的干物质量是最高的，为 0.617，其他处理都有不同程度的下降。但是到了第 10 周和第 15 周，油菜的干物质量有明显的增加。在第 10 周时，各处理间的差异比较明显；但随着时间的推进，到了 15 周各处理间的差异逐渐缩小[12]。

**表 2-10　不同氮肥油菜干物质累积的影响**

| 处理 | 干物质量（g/株） | | |
|---|---|---|---|
| | 5 周 | 10 周 | 15 周 |
| 对照 | 0.0630 a | 0.1247 b | 0.1765 c |
| 氯化铵 | 0.0326 d | 0.1464 b | 0.7176 b |
| 硫酸铵 | 0.0406 c | 0.2044 a | 0.8822 a |
| 硝酸铵 | 0.0551 b | 0.1849 a | 0.8820 a |
| 硝酸钙 | 0.0617 a | 0.1981 a | 0.8465 a |
| 尿素 | 0.0409 c | 0.2007 a | 0.8304 a |

注：不同字母者差异显著 5%。

在不同的氮肥处理下，油菜籽粒产量和经济效益之间的差异比较明显。随着氮肥施用量的增加，茎秆、角壳、籽粒及增产量均表现出上升的趋势。施氮量在 240 kg/hm$^2$ 的范围内随着氮肥施用量的增加，油菜的籽粒有明显的增加，并且各处理间的差异显著。在施氮量超过 240 kg/hm$^2$ 时，角壳、籽粒、增产量的增加量都不是很明显。所以，当施氮量超过一定范围时，反而会对油菜产量和经济效益产生不利。在施肥量这个条件相同的情况下，对氮肥施用次数进行比较发现，N180 相比 N180-1 各项生物量均要高，差异比较明显。由此，氮肥分次数施用的效果要高于一次性施用的效果[13]（表 2-11）。

**表 2-11　不同氮肥施用量下直播油菜的生物量**

| 处理 | 茎秆（$kg/hm^2$） | 角壳（$kg/hm^2$） | 籽粒（$kg/hm^2$） | 增产量（$kg/hm^2$） | 经济效益（元/$hm^2$） |
|---|---|---|---|---|---|
| N0 | 574±21 g | 364±33 e | 413±32 f | — | 312 |
| N60 | 1 350±104 f | 858±94 d | 1 000±52 e | 587 | 2 957 |
| N120 | 2 127±55 d | 1 271±83 c | 1 587±116 c | 1 174 | 5 604 |
| N180 | 3 081±40 c | 1 661±184 b | 2 233±74 b | 1 820 | 8 544 |
| N240 | 3 743±371 b | 2 069±125 a | 2 586±140 a | 2 173 | 10 026 |
| N300 | 4 144±315 a | 2 096±153 a | 2 640±120 a | 2 227 | 10 005 |
| N180-1 | 1 740±77 e | 1 159±102 c | 1 253±129 d | 840 | 4 818 |

注：（1）不施氮肥对照（N0）；（2）氮肥用量 60 $kg/hm^2$（N60）；（3）氮肥用量 120 $kg/hm^2$（N120）；（4）氮肥用量 180 $kg/hm^2$（N180）；（5）氮肥用量 240 $kg/hm^2$（N240）；（6）氮肥用量 300 $kg/hm^2$（N300）；（7）氮肥用量 180 $kg/hm^2$（N180-1）。其中（2）~（6）处理的氮肥按 50%基肥+20%苗肥+15%越冬肥+15%薹肥的比例分次施用，处理（7）的氮肥全部作基肥一次性施用。

### （二）氮肥对水稻的影响

从表 2-12 可以发现，施用氮肥对水稻分蘖的影响还是比较明显的。与不施肥 N0 相比较，各施氮肥处理的成穗增长率均要高于 N0。与不施氮肥 N1 处理相比较，各施用氮肥处理的成穗增长率也要高于 N1。从表中可知，不施肥 N0 和不施氮肥 N1 间的成穗增长率相差不是很大，但是这 2 个处理与 N4 处理相差的比较明显。从 N2、N3、N4 处理可以看出，随着施氮量的增加成穗增长率也呈现出一个上升的趋势，但是各处理间的增幅存在下降的趋势[14]。

**表 2-12　不同施氮水平对水稻茎蘖动态影响**

| 处理 | 分蘖数 | | | | 成穗增长率 |
|---|---|---|---|---|---|
| | 7 月 9 日（f1） | 7 月 17 日（f2） | 7 月 25 日（f3） | 9 月 29 日（f4） | [（f4-f1）/f1] |
| N0 | 62 | 80 | 92 | 91 | 0.468 |
| N1 | 63 | 88 | 93 | 99 | 0.571 |

（续表）

| 处理 | 分蘖数 | | | | 成穗增长率 |
|---|---|---|---|---|---|
| | 7月9日（f1） | 7月17日（f2） | 7月25日（f3） | 9月29日（f4） | ［（f4-f1）/f1］ |
| N2 | 58 | 72 | 102 | 111 | 0.914 |
| N3 | 60 | 73 | 130 | 128 | 1.133 |
| N4 | 57 | 99 | 117 | 130 | 1.281 |

注：N0处理，不施用肥料；N1处理，不施用氮肥；N2、N3、N4处理，氮肥施用量分别为8.4 kg/亩、12.0 kg/亩、15.6 kg/亩。

## 二、磷肥对稻油生产的影响

### （一）磷肥对油菜的影响

由表2-13可知，随着磷肥施用量的增加，花瓣最长、最宽，单花面积、鲜重、持续时间各项数据的变化趋势是大体一致的。在磷肥施用量在90 kg/hm$^2$时，花瓣的最长、最宽，单花面积、单花鲜重、开花持续时间都达到最大；与磷肥施用0 kg/hm$^2$处理相比较表现出显著差异。但是磷肥施用量为120 kg/hm$^2$时，花瓣最长、最宽，单花面积、鲜重、开花持续时间都表现出下降，且与磷肥施用量为60 kg/hm$^2$时各项数据之间的差异不明显。从表中可以看出，磷肥施用量在90 kg/hm$^2$范围内，增施磷肥能增加单花面积、鲜重，还延长了开花持续的时间。磷肥施用量为0 kg/hm$^2$和30 kg/hm$^2$2个处理在其他各项参数上均存在差异，但是在开花持续时间上的差异不显著[15]。

**表2-13　不同磷肥用量下油菜单花性状**

| 磷肥用量（kg/hm$^2$） | 花瓣最长（cm） | 花瓣最宽（cm） | 单花面积（cm$^2$） | 单花鲜重（mg） | 单花开花持续时间（h） |
|---|---|---|---|---|---|
| 0 | 1.61±0.02 d | 0.87±0.01 c | 5.59±0.07 d | 64.16±1.59 d | 69.67±0.17 c |
| 30 | 1.74±0.02 c | 0.99±0.01 b | 6.88±0.11 c | 71.32±1.94 c | 69.83±0.17 c |
| 60 | 1.82±0.02 b | 1.04±0.01 b | 7.59±0.14 b | 75.59±2.33 bc | 70.50±0.03 b |
| 90 | 1.89±0.01 a | 1.16±0.03 a | 8.75±0.28 a | 84.58±2.19 a | 71.17±0.17 a |
| 120 | 1.82±0.01 b | 1.05±0.03 b | 7.68±0.16 b | 79.17±0.62 ab | 70.83±0.17 ab |

注：单花面积=花瓣最长×花瓣最宽× 4。花期长为初花期至终花期的整段时间；不同的小写字母表示5%水平的显著性。

对表 2-14 中的数据进行分析，磷正常处理和低磷胁迫处理相比较，磷正常处理的产量要明显高于低磷胁迫处理。低磷胁迫的变异系数要明显高于磷正常处理，这表明低磷胁迫对油菜产量是有一定影响的。磷正常处理与低磷胁迫处理相比较除了亚麻酸和硬脂酸这 2 个性状外，其他品质性状的变异系数均有下降。磷正常处理和低磷胁迫处理的蛋白质、水分、含油量这 3 个品质性状的变化是大体一致的，变异系数之间的差异不是很明显。总体而言，在低磷胁迫条件下会对油菜产生不利的影响[16]。

**表 2-14　不同磷水平甘蓝型油菜自然群体种子中产量及品质性状的变异**

| 性状 | 磷正常处理 | | | | 低磷胁迫处理 | | | |
|---|---|---|---|---|---|---|---|---|
| | 最小值 | 最大值 | 平均值 | 变异系数 | 最小值 | 最大值 | 平均值 | 变异系数 |
| 产量（g/株） | 2.52 | 24.58 | 12.49 | 37.30% | 1.53 | 23.66 | 7.99 | 46.48% |
| 蛋白质（%） | 20.64 | 32.45 | 25.07 | 8.76% | 20.23 | 30.23 | 24.70 | 8.03% |
| 水分（%） | 5.89 | 8.79 | 7.01 | 7.85% | 4.96 | 8.52 | 7.06 | 7.42% |
| 含油量（%） | 29.24 | 48.65 | 42.13 | 7.84% | 30.14 | 50.21 | 42.57 | 7.37% |
| 油酸（%） | 4.56 | 64.72 | 45.41 | 39.74% | 8.37 | 64.72 | 45.70 | 38.08% |
| 20 碳烯酸（μmol/g） | 1.39 | 15.78 | 6.81 | 61.95% | 1.75 | 15.98 | 7.08 | 58.15% |
| 亚麻酸（%） | 5.16 | 11.15 | 8.66 | 10.86% | 6.09 | 11.15 | 8.66 | 10.97% |
| 亚油酸（%） | 10.75 | 23.70 | 18.17 | 16.21% | 11.96 | 23.85 | 17.66 | 15.62% |
| 棕榈酸（%） | 2.40 | 5.04 | 3.96 | 12.97% | 2.27 | 5.09 | 3.85 | 12.78% |
| 硬脂酸（%） | 0.75 | 1.72 | 1.33 | 14.95% | 0.83 | 1.79 | 1.36 | 16.01% |

## （二）磷肥对水稻的影响

从表 2-15 中可以看出，水稻籽粒的氮含量随着磷肥施用量的增加呈现一个上升趋势，且与不施肥相对照比较，显著高于后者；籽粒含氮量最高的是五氧化二磷用量 150 kg/hm$^2$ 处理。从籽粒的含磷量来看，呈现出一个先上升后下降的趋势，各处理间的差异并不显著；籽粒中含磷量最高的是五氧化二磷用量 75 kg/hm$^2$ 处理。从籽粒中钾的含量来看，大体上呈现出一个先上升后下降的趋势，各处理间与空白对照处理之间的差异显著；籽粒中含钾量最高的是五氧化二磷用量 37.5 kg/hm$^2$。对秸秆的数据进行分析比较，秸秆的含氮量随着磷肥施用量的增加总体上呈现出上升的趋势，不施磷肥处理与其他施用磷肥的各处理相比表现出显著差异；秸秆含氮量最高的是五氧化二磷用量 150 kg/hm$^2$ 处理。秸秆中磷含量随着磷肥施用量的增加呈现出上升的趋势，不施磷肥的处理相比较其他施用磷肥的各项处理表现出显著差异；秸秆中含磷量最高的是五氧化二磷用量 150 kg/hm$^2$ 处理。秸秆中的含钾量表现出先上升后下降的趋势，含钾量最高的是五氧化二磷用量 37. 5 kg/hm$^2$ 处理，且与空白不施肥处理之间存在显著差异[17]。

**表 2-15　不同磷肥用量对水稻籽粒和秸秆氮磷钾含量（g/kg）的影响**

| 处理 | 籽粒 | | | 秸秆 | | |
|---|---|---|---|---|---|---|
| | N | P | K | N | P | K |
| N0P0K0 | 10. 80 b | 2. 40 a | 2. 97 b | 9. 24 ab | 1. 13 ab | 20. 63 b |
| NP0K | 11. 89 ab | 2. 49 a | 3. 31 a | 9. 44 b | 1. 16 b | 24. 43 a |
| NP37. 5K | 11. 98 ab | 2. 56 a | 3. 71 a | 10. 49 a | 1. 42 a | 25. 04 a |
| NP75K | 11. 38 ab | 2. 95 a | 3. 36 a | 10. 41 a | 1. 45 a | 24. 82 a |
| NP112. 5K | 12. 57 a | 2. 70 a | 3. 26 a | 11. 49 a | 1. 47 a | 21. 81 ab |
| NP150K | 13. 48 a | 2. 68 a | 3. 49 a | 11. 53 a | 1. 62 a | 22. 57 ab |

注：设 6 个处理，分别为纯磷（$P_2O_5$）用量 0 kg/hm$^2$、37. 5 kg/hm$^2$、75 kg/hm$^2$、112. 5 kg/hm$^2$、150 kg/hm$^2$，3 次重复。另增加 1 个纯空白对照（不施任何肥料）。除纯空白对照外，各处理施纯氮（N）150 kg/hm$^2$、钾肥（$K_2O$）90 kg/hm$^2$作为肥底。氮肥品种为普通尿素（含 N 46%）、磷肥为普通过磷酸钙（含 $P_2O_5$ 14%）、钾肥为硫酸钾（含 $K_2O$ 50%）。氮肥运筹按基肥：基追比5：2：3 进行，追肥分别在分蘖期和拔节期。

由表 2-16 可知，各个品种的各种处理随着生育进程的推进，SPAD 均表现出上升的趋势。在同一时间下，随着磷肥施用量的减小 SPAD 也表现出下降的趋势。在 35 d 时，4 种材料在不同磷肥施用量的处理下，SPAD 值相差不大。绿金香与其他 3 个材料相比较 P31 和 P0 处理的 SPAD 值是最大的，海香占的 SPAD 值是最小的。对绿金香的数据进行分析比较发现，在 21 d 时，P0 与其他处理间的差异显著；在 28 d 时，P8 与 P31 之间 SPAD 值的差异不显著，但 P8 与其他处理间的 SPAD 值差异均表现显著。对华香的数据进行分析，SPAD 值在 21 d 时 P0 与 P31 之间差异显著，与其他各处理间的差异均不显著。美香占 2 号在 7 d 时，P0. 5 与 P8 之间的差异显著；28 d 时 SPAD 值在 P0 与 P0. 25 之间差异不显著，在 P0. 5、P2、P8 和 P31 的 SPAD 值差异不显著。海占香在 14 d 时，P0、P0. 25、P31 和 P0. 5 的 SAPD 值差异不显著，P2 与 P8 之间的 SAPD 值差异不显著[18]。

**表 2-16　低磷胁迫下香稻苗期的 SPAD 值**

| 材料 | 处理 | SPAD 值 | | | | |
|---|---|---|---|---|---|---|
| | | 7 d | 14 d | 21 d | 28 d | 35 d |
| ‘绿金香’ | P0 | 22. 83±1. 53 | 25. 84±1. 32 | 28. 75±0. 82 d | 31. 51±0. 58 d | 34. 58±1. 62 |
| | P0. 25 | 21. 72±1. 67 | 24. 81±2. 12 | 29. 66±1. 12 c | 31. 86±0. 93 cd | 34. 24±1. 37 |
| | P0. 5 | 22. 36±2. 01 | 26. 60±1. 89 | 29. 62±1. 43 c | 33. 42±1. 03 bcd | 34. 65±1. 04 |
| | P2 | 22. 43±1. 75 | 26. 33±1. 67 | 30. 83±1. 67 b | 32. 75±1. 74 bcd | 34. 64±1. 11 |
| | P8 | 23. 75±1. 27 | 26. 72±2. 01 | 31. 37±1. 52 ab | 35. 85±1. 37 a | 36. 23±1. 12 |
| | P31 | 24. 28±1. 70 | 26. 80±2. 22 | 31. 62±1. 32 a | 34. 43±1. 52 ab | 36. 67±1. 28 |
| ‘华香’ | P0 | 21. 13±1. 47 | 27. 03±2. 31 | 30. 92±1. 28 a | 33. 34±2. 23 | 34. 41±1. 3 |
| | P0. 25 | 23. 22±1. 21 | 27. 11±2. 11 | 31. 43±1. 83 a | 34. 22±2. 03 | 34. 63±1. 57 |
| | P0. 5 | 22. 74±1. 60 | 26. 26±1. 21 | 30. 61±1. 23 ab | 33. 95±1. 45 | 34. 07±2. 25 |
| | P2 | 21. 46±1. 05 | 26. 85±0. 95 | 30. 26±1. 08 ab | 33. 28±1. 63 | 36. 52±1. 8 |
| | P8 | 22. 67±1. 53 | 27. 63±1. 57 | 29. 62±0. 83 ab | 35. 17±1. 25 | 36. 33±2. 21 |
| | P31 | 23. 68±1. 77 | 27. 51±1. 50 | 28. 73±0. 72 b | 34. 82±0. 85 | 35. 99±2. 13 |
| ‘美香占’2 号 | P0 | 24. 31±1. 68 ab | 26. 32±0. 85 ab | 28. 85±2. 23 | 30. 38±1. 03 b | 33. 60±1. 34 |
| | P0. 25 | 23. 93±1. 34 ab | 27. 46±1. 27 a | 28. 14±2. 03 | 30. 35±0. 97 b | 34. 22±1. 78 |
| | P0. 5 | 25. 12±0. 75 a | 26. 17±2. 03 ab | 27. 40±1. 39 | 33. 07±1. 67 a | 34. 64±2. 43 |
| | P2 | 22. 24±0. 66 cd | 24. 48±0. 98 b | 26. 95±1. 57 | 33. 36±1. 43 a | 33. 87±2. 18 |
| | P8 | 20. 68±2. 24 c | 22. 36±0. 65 c | 27. 72±2. 12 | 32. 12±0. 55 a | 33. 79±1. 09 |
| | P31 | 22. 63±1. 38 abc | 25. 92±1. 52 ab | 28. 44±1. 28 | 32. 93±1. 53 a | 35. 22±2. 23 |
| ‘海香占’ | P0 | 21. 83±1. 32 abc | 25. 93±0. 78 a | 26. 63±0. 82 ab | 28. 88±2. 26 | 31. 12±1. 73 |
| | P0. 25 | 21. 28±0. 93 bc | 24. 81±1. 23 a | 27. 12±1. 02 ab | 29. 43±1. 32 | 31. 31±1. 25 |
| | P0. 5 | 22. 66±1. 63 ab | 24. 60±1. 02 a | 28. 35±1. 32 a | 28. 93±1. 53 | 31. 82±1. 02 |
| | P2 | 20. 11±0. 83 c | 22. 45±0. 78 b | 26. 53±0. 31 b | 30. 52±2. 21 | 32. 12±2. 10 |
| | P8 | 20. 72±0. 32 c | 22. 78±0. 63 b | 25. 92±0. 88 b | 29. 18±1. 73 | 31. 81±1. 13 |
| | P31 | 23. 43±1. 56 a | 25. 23±0. 98 a | 25. 47±1. 26 b | 30. 01±2. 34 | 32. 23±2. 38 |

注：同一材料同列数据不同字母表示处理间差异显著（$P<0.05$），将磷的质量浓度设计为 6 个水平（0. 00 mg/L、0. 25 mg/L、0. 50 mg/L、2. 00 mg/L、8. 00 mg/L、31. 00 mg/L），分别记为 P0、P0. 25、P0. 5、P2、P8、P31。

## 三、钾肥对稻油生产的影响

### （一）钾肥对油菜生产的影响

从表 2-17 中看出，与 CK 处理相比较 2K+NPB、NPKB、1/2K+NPB、NPB、NPK 都要高于 CK。各处理与 CK 处理间存在极显著差异。同时在除 CK 处理之外的各处理间也存在不同的差异。2K+NPB、NPKB、1/2K+NPB 与 NPB 之间存在极显著差异，各肥料用量之间也存在极显著差异，以 2K+NPB 和 NPKB 较为适宜[19]。

**表 2-17　钾肥用量对油菜籽产量的影响**

| 处理 | 产量（$kg/hm^2$） | 较 CK±（%） | 较 NPK±（%） |
|---|---|---|---|
| 2K+NPB | 2 721.25 aA | 184.58 | 30.20 |
| NPKB | 2 593.75 bB | 171.24 | 24.10 |
| 1/2K+NPB | 2 338.75 cC | 144.58 | 11.90 |
| NPB | 2 111.25 dD | 120.78 | 1.02 |
| NPK | 2 090.00 dD | 118.56 | — |
| CK | 956.25 eE | — | -54.25 |

注：不同小、大写字母分别表示在 0.05、0.01 水平差异显著。施纯氮 180 $kg/hm^2$、纯磷 40 $kg/hm^2$、纯钾 100 $kg/hm^2$、硼砂 15 $kg/hm^2$（NPKB）；施纯氮 180 $kg/hm^2$、纯磷 40 $kg/hm^2$、硼砂 15 $kg/hm^2$（NPB）；施纯氮 267 $kg/hm^2$、纯磷 84 $kg/hm^2$、纯钾 60 $kg/hm^2$（农民习惯施肥）（NPK）；施纯氮 180 $kg/hm^2$、纯磷 40 $kg/hm^2$、纯钾 50 $kg/hm^2$、硼砂 15 $kg/hm^2$（1/2K+NPB）；施纯氮 180 $kg/hm^2$、纯磷 40 $kg/hm^2$、纯钾 200 $kg/hm^2$、硼砂 15 $kg/hm^2$（2K+NPB）；以不施肥作对照（CK）。

从表 2-18 可以看出，五叶期和十叶期的数据比较接近，越冬期和返青期与对照 K0 处理相比较差异比较明显，并且均要高于对照 K0。但抽薹期到出花期，各处理与对照之间的差异又逐渐减小。在终花期干重呈现出下降趋势，而且各处理间的差异比较明显。出现这种现象的原因可能是钾肥增强了油菜的抗寒性，并且在后期促进了干物质的转移[20]。

**表 2-18　不同施钾处理各生育时期绿叶干重（g/株）**

| 处理 | 五叶期 | 十叶期 | 越冬期 | 返青期 | 抽薹期 | 初花期 | 终花期 |
|---|---|---|---|---|---|---|---|
| K0 | 1.13 | 14.58 | 4.83 | 6.13 | 16.05 | 24.05 | 6.37 |
| K4 | 1.31 | 14.58 | 6.33 | 9.45 | 18.51 | 23.73 | 5.23 |
| K4+4 | 1.31 | 14.58 | 6.33 | 9.45 | 17.79 | 23.12 | 6.09 |
| K8 | 1.29 | 15.05 | 6.11 | 9.88 | 19.08 | 23.25 | 4.88 |

（续表）

| 处理 | 五叶期 | 十叶期 | 越冬期 | 返青期 | 抽薹期 | 初花期 | 终花期 |
|---|---|---|---|---|---|---|---|
| K12 | 1.17 | 15.02 | 7.30 | 9.45 | 16.04 | 22.88 | 4.46 |
| K16 | 1.44 | 14.79 | 7.94 | 8.76 | 15.11 | 22.27 | 5.9 |

注：钾肥用氯化钾，设置 0 kg/亩、4 kg/亩、8 kg/亩、12 kg/亩、16 kg/亩，5 个施钾水平全部用作基肥为研究本地土壤条件下油菜分期施钾的效果增设一个基肥+薹肥为 4+4 kg/亩的处理共 6 种处理（以下分别用 K0、K4、K8、K12、K16、K4+4 表示）。

由表 2-19 可知，两个品种的各处理在干旱胁迫下与 CK 处理相比较总干物重均有降低。两个品种的 DK0 处理与 DK80 处理、DK160 处理相比 DK0 处理总干物重均低于这两个处理，并且 DK160 处理要明显高于 DK0 处理；并且 DK0 处理的收获指数也要低于 DK80 处理和 DK160 处理。我们可以发现在干旱胁迫下，随着钾肥施用量的增加，总干物质、籽粒和收获指数均表现出增加的趋势；在干旱胁迫条件下，施用钾肥可以增加油菜的生物量。对收获指数的数据进行分析，发现两个品种的 DK80 处理和 DK160 处理的收获指数差异并不显著。另外，两个品种在不施钾肥的 DK0 处理下差异明显。‘川油 36’落叶花期与 CK 处理相比较发现，随着钾肥施用量的增加呈现增加的趋势，并且各处理之间的差异显著。‘油研 57’也表现出相同的变化趋势。但是，两个品种在落叶角果期 DK0 处理要明显高于 DK80 处理、DK160 处理[21]。

**表 2-19　干旱胁迫下不同施钾水平对油菜生物量和收获指数的影响**

| 品种 | 处理 | 总干物重（g/pot） | 籽粒（g/pot） | 收获指数 | 落叶（g/pot） | |
|---|---|---|---|---|---|---|
| | | | | | 花期 | 角果期 |
| ‘川油 36’ | DK0 | 38.89 d | 6.52 d | 0.17 f | 5.30 c | 9.69 c |
| | DK80 | 41.00 c | 8.53 b | 0.21 de | 6.23 b | 7.60 d |
| | DK160 | 41.26 c | 8.30 b | 0.20 de | 7.41 a | 7.83 d |
| | CK | 58.45 a | 13.86 a | 0.24 b | 3.38 d | 12.73 a |
| ‘油研 57’ | DK0 | 37.02 e | 7.32 c | 0.20 e | 5.36 c | 6.95 de |
| | DK80 | 37.56 de | 8.62 b | 0.23 bc | 5.40 c | 6.25 e |
| | DK160 | 39.02 d | 8.41 b | 0.22 cd | 6.86 a | 6.45 e |
| | CK | 53.10 b | 14.00 a | 0.26 a | 3.63 d | 10.76 b |

注：$K_2O$ 施用量 0 mg/kg、80 mg/kg 和 160 mg/kg±3 个处理，于花期开始进行干旱胁迫处理，分别记为 DK0、DK80、DK160；另按施 $K_2O$ 80 mg/kg±，全生育期正常浇水作为对照（CK）。同列数据后不同小写字母表示处理间差异达显著水平（$P<0.05$，LSD）。

从表2-20中可以看出，两个品种的LK处理、NK处理与CK相比，干物质的量表现出明显下降。且在干旱胁迫的条件下，不同钾肥在油菜干物质的积累上表现出较大的差异。与LK处理相比较，‘川油36’和‘油研57’的NK处理的干物重均要高于LK处理。在干旱胁迫下，不同钾肥处理对油菜内源激素也存在一定的影响。对生长素的数据进行分析比较，‘川油36’和‘油研57’的生长素均表现出CK>NK>LK，并且可以发现‘油研57’的生长素在各个处理上均要高于‘川油36’。对赤霉素进行分析比较，‘川油36’的赤霉素表现出上升的趋势，即CK>NK>LK，且LK处理与CK处理相比较差异显著；‘油研57’的赤霉素表现出NK>LK>CK，各处理之间的差异不明显。对细胞分裂素的数据进行分析，‘油研57’的NK处理与CK处理之间的差异不显著，但LK处理与NK处理之间的差异比较明显；‘川油36’的细胞分裂素呈现出CK>NK>LK，并且各处理间的差异比较明显。对脱落酸的数据进行分析，发现‘川油36’和‘油研57’的变化趋势比较一致，LK>NK>CK，且LK处理与CK处理、NK处理之间的差异显著。两个油菜品种的油菜素内酯也表现出相同的趋势，CK>NK>LK；‘油研57’的LK处理与NK处理之间的差异显著，‘川油36’的CK处理与NK处理和LK处理之间均表现出差异显著[22]。

**表2-20　干旱胁迫下不同钾肥水平对油菜生长和内源激素的影响**

| 品种 | 处理 | 干物重（g/2株） | 生长素（μmol/g） | 赤霉素（nmol/g） | 细胞分裂素（μg/g） | 油菜素内酯（nmol/g） | 脱落酸（μg/g） |
|---|---|---|---|---|---|---|---|
| ‘川油36’ | LK | 0.621±0.024 d | 86.3±3.3 d | 793.9±26.4 a | 2.24±0.09 d | 0.737±0.024 c | 0.571±0.007 a |
| | NK | 0.744±0.007 c | 137.3±12.6 bc | 748.6±8.9 ab | 2.39±0.01 c | 0.781±0.008 bc | 0.533±0.01 b |
| | CK | 0.906±0.062 ab | 169.2±11.1 a | 679.5±7.8 bc | 2.53±0.03 ab | 0.836±0.013 a | 0.513±0.005 b |
| ‘油研57’ | LK | 0.747±0.019 c | 118.3±2.3 c | 671.8±14.3 bc | 2.44±0.03 bc | 0.75±0.011 c | 0.572±0.002 a |
| | NK | 0.873±0.035 b | 128.9±3.3 c | 686.3±25.1 bc | 2.63±0.04 a | 0.823±0.012 ab | 0.526±0.012 b |
| | CK | 0.979±0.035 a | 157.4±7.4 ab | 646.2±48.7 c | 2.56±0.04 ab | 0.846±0.022 a | 0.511±0.016 b |

注：同一列不同的小写字母表示差异达显著水平（$P<0.05$）。设置缺钾（0.01 mmol/L $K_2SO_4$）和正常钾肥（1.0 mmol/L $K_2SO_4$）两个梯度（除K外，其他营养元素不变），并添加7%质量浓度PEG6000模拟干旱，分别记为LK和NK处理，另设置1.0 mmol/L $K_2SO_4$营养液，不添加PEG6000做对照，记为CK。

## （二）钾肥对水稻的影响

从表 2-21 中可以看出，株高、茎基宽、地上部干重、根干重随着钾肥施用量的增加呈现出上升的趋势；叶龄呈现出先上升后下降再上升的趋势；根冠比则表现出下降的趋势。对表中的数据进行比较分析，秧苗的株高、茎基宽、地上部干重最大的为 K3 处理，且显著大于 K0、K1 处理，与 K2 处理比较而言差异是不显著的。叶龄最小的是 K0 处理，且与其他处理之间的差异显著。根干重最小的是 K0 处理，最大的是 K3 处理；两个处理间的差异比较明显。但是 K3 根干重与其他处理的差异不太明显。根冠比最大的是 K0，并且与其他处理间存在明显的差异，同时可以看出秧苗在移栽期时 K2、K3 处理的秧苗素质最好，干物质积累最多，秧苗最为健壮[23]。

**表 2-21　钾肥对水稻移栽期秧苗素质的影响**

| 处理 | 株高（cm） | 叶龄 | 茎基宽（mm） | 地上部干重（mg） | 根干（mg） | 根冠比 |
|---|---|---|---|---|---|---|
| K0 | 11.44 c | 2.83 b | 1.80 c | 16.91 c | 7.80 b | 0.46 a |
| K1 | 14.58 b | 3.22 a | 1.90 b | 22.69 b | 9.59 a | 0.42 b |
| K2 | 15.60 a | 3.13 a | 2.11 a | 23.92 a | 9.62 a | 0.40 c |
| K3 | 15.73 a | 3.23 a | 2.12 a | 24.06 a | 9.66 a | 0.40 c |

注：K0（$K_2O$ 0.5 g/盘）、K1（$K_2O$ 1.5 g/盘）、K2（$K_2O$ 2.5 g/盘）、K3（$K_2O$ 3.5 g/盘）共计 4 个处理；同列数据后带不同的小写字母者表示处理间差异达显著水平（$P<0.05$）。

由表 2-22 可知，与对照相比较在缺钾处理下剑叶宽度、剑叶长度、株高、叶绿素均有所下降，表明在缺钾条件下对水稻的生长是不利的。‘二九丰’（EJF）在缺钾条件下剑叶宽度、剑叶长度、株高、叶绿素与对照处理相比较均表现出显著差异。‘原丰早’（YFZ）在缺钾条件下剑叶宽度、剑叶长度、株高对照处理相比较均表现出显著差异；但叶绿素与对照处理之间的差异不显著。虽然‘二九丰’（EJF）和‘原丰早’（YFZ）在剑叶宽度、剑叶长度、株高对照处理相比较均表现出显著差异，但是‘原丰早’（YFZ）的下降程度要比‘二九丰’（EJF）小[24]。

**表 2-22　缺钾对 2 个水稻品种生长的影响**

| 参数 | ‘二九丰’（EJF） | | ‘原丰早’（YFZ） | |
|---|---|---|---|---|
| | CK | -K | CK | -K |
| 剑叶宽度（cm） | 1.49±0.04（100） | 1.26±0.09（84.6）* | 1.79±0.05（100） | 1.62±0.02（90.5）* |

（续表）

| 参数 | ‘二九丰’（EJF） | | ‘原丰早’（YFZ） | |
|---|---|---|---|---|
| | CK | -K | CK | -K |
| 剑叶长度（cm） | 33.8±0.7（100） | 25.2±0.2（74.6）* | 37.5±0.6（100） | 33.2±0.5（88.5）* |
| 株高（cm） | 65.4±1.3（100） | 44.4±3.4（67.9）* | 65.3±2.3（100） | 57.1±2.9（87.4）* |
| 叶绿素 SPAD | 29.4±0.8（100） | 17.2±0.7（58.5）* | 30.5±0.8（100） | 29.3±1.3（96.1）ns |

注：表中数据为 3 个重复平均值；括号内数值为对照的百分率；* 和 ns 分别表示差异显著（$P<0.05$）和不显著。

从表 2-23 中可以发现，在氮肥施用量相同的处理下，缺钾处理的叶片含水量在分蘖期和幼穗分化期均要低于施用钾肥处理，这表明缺钾会对叶片含水量有不利影响。在不施氮肥的处理下，缺钾处理的比叶重要低于施用钾肥处理。但在施氮量在 90 kg/hm$^2$ 和 180 kg/hm$^2$ 的处理下，缺钾处理的比叶重要高于施用钾肥处理。在不同氮肥施用处理下，缺钾处理的叶片可溶性糖含量均要高于施用钾肥处理。说明在缺钾时，叶片的含水量下降；但在施用氮肥的条件下，缺钾提高了比叶重和叶片可溶性糖含量[25]。

**表 2-23　氮、钾肥配施对叶片含水率、比叶重和叶片可溶性糖含量的影响**

| 处理 | 分蘖期 | | | 幼穗分化期 | | |
|---|---|---|---|---|---|---|
| | 叶片含水率（%） | 比叶重（g/m$^2$） | 叶片可溶性糖（%） | 叶片含水率（%） | 比叶重（g/m$^2$） | 叶片可溶性糖（%） |
| N0K0 | 75.80 c | 43.3 b | 0.23 a | 66.44 c | 53.8 bc | 0.31 a |
| N0K120 | 76.96 bc | 43.8 b | 0.21 ab | 67.37 c | 54.7 ab | 0.29 a |
| N90K0 | 76.34 c | 48.5 a | 0.22 a | 71.52 b | 56.2 a | 0.29 a |
| N90K120 | 78.03 ab | 43.6 b | 0.19 bc | 73.49 a | 52.2 c | 0.24 b |
| N180K0 | 76.88 bc | 47.8 a | 0.17 dc | 71.55 b | 56.5 a | 0.29 a |
| N180K120 | 78.59 a | 44.2 b | 0.16 d | 73.60 a | 53.7 bc | 0.25 b |
| N | ns | * | ** | ** | ns | n |
| K | * | * | ** | ** | * | * |
| N × K | ns | ns | ns | ns | ns | ns |

注：同列数据后不同字母表示施肥处理间差异达 5%，* 和 ** 分别表示在 0.05 和 0.01 水平上显著。为不施氮（N0）、低氮（N 90 kg/hm$^2$，N90）和正常施氮（N 180 kg/hm$^2$，N180）；因素 B 为 2 个施钾水平，分别为不施钾（K0）和正常施钾（$K_2O$ 120 kg/hm$^2$，K120）。

## 四、水分管理对稻油的影响

### （一）水分管理对油菜的影响

从表 2-24 可以看出，在春季，油菜畦灌栽培（CK）相比微喷带（T1）、膜下畦灌（T2）、膜下微喷（T3）的灌溉量都要高。在秋季，油菜畦灌栽培（CK）相比微喷带（T1）、膜下畦灌（T2）、膜下微喷（T3）的灌溉量都高。对节水效率的数据进行分析，在春季，膜下微喷（T3）的节水效率要高于微喷带（T1）、膜下畦灌（T2），为 26.62%；在冬季，膜下微喷（T3）的节水效率要高于微喷带（T1）、膜下畦灌（T2），为 23.09%。微喷带（T1）、膜下畦灌（T2）两种处理可有效降低油菜的灌溉量，膜下微喷（T3）可有效提高节水效率[26]。

**表 2-24　不同节水方式下油菜灌溉量和节水效率**

| 栽培季节 | 处理 | 幼苗期（$m^3/hm^2$） | 降水量（$m^3/hm^2$） | 莲座期（$m^3/hm^2$） | 降水量（$m^3/hm^2$） | 总计（$m^3/hm^2$） | 节水效率（%） |
|---|---|---|---|---|---|---|---|
| 春季 | CK | 1 249.50 | 0 | 1 323.00 | 740.40 | 3 312.90 | — |
| | T1 | 1 029.00 | 0 | 1 323.00 | 740.40 | 3 092.40 | 6.66 |
| | T2 | 1 029.00 | 0 | 1 102.50 | 740.40 | 2 871.90 | 13.31 |
| | T3 | 808.50 | 0 | 882.00 | 740.40 | 2 430.90 | 26.62 |
| 秋季 | CK | 1 024.20 | 450.15 | 1 316.70 | 1 010.55 | 3 801.60 | — |
| | T1 | 1 024.20 | 450.15 | 1097.25 | 1 010.55 | 3 582.15 | 5.77 |
| | T2 | 804.75 | 450.15 | 877.80 | 1 010.55 | 3 143.25 | 17.32 |
| | T3 | 585.30 | 450.15 | 877.80 | 1 010.55 | 2 923.80 | 23.09 |

注：畦灌栽培（CK）、微喷带（T1）、膜下畦灌（T2）、膜下微喷（T3）、油菜灌溉量（I）。春季 CK、T1、T2、T3 分别灌溉 11 次、10 次、9 次、7 次，秋季 CK、T1、T2、T3 分别灌溉 10 次、9 次、7 次、6 次。

### （二）水分管理对水稻的影响

从表 2-25 中可以看出，秧苗素质在不同的水分处理下株高、茎基宽、整齐度、充实度、壮秧指数均达到了极显著水平。在水分处理 S 的条件下株高是最高的，为 22.4 cm，在水分处理 H 的条件下茎基宽、充实度和壮秧指数都是最高的。在水分处理 R 的条件下整齐度是最高的[27]。

**表 2-25　不同处理对秧苗素质的影响**

| 处理 | 水平 | 株高 (cm) | 茎基宽 (mm) | 整齐度 (%) | 充实度 (mg/cm) | 壮秧指数 |
|---|---|---|---|---|---|---|
| 水分 | H | 16.9 cC | 8.2 aA | 98.3 aA | 1.5 aA | 12.1 aA |
| | R | 21.1 bB | 7.4 bB | 98.5 aA | 1.4 bB | 10.1 bB |
| | S | 22.4 aA | 7.2 bB | 96.7 bB | 1.0 cC | 7.5 cC |
| 播种量 | A1 | 19.3 cB | 8.0 aA | 98.4 aA | 1.4 aA | 11.1 aA |
| | A2 | 20.9 aA | 7.6 bAB | 98.0 aAB | 1.3 bB | 10.1 bB |
| | A3 | 20.1 bA | 7.3 bB | 97.0 bB | 1.1 cC | 8.4 cC |
| F 水分处理 | | 47.6** | 26.2** | 9.1** | 443.9** | 248.6** |
| F 播种量处理 | | 3.8 | 10.1** | 5.3* | 136.0** | 88.9** |
| F 互作（水分×播种量） | | 4.2* | 3.2* | 0.6 | 8.3** | 9.9** |

注：同列数据后不同小写字母、大写字母表示处理间差异显著（$P<0.05$）、极显著（$P<0.01$）。*、** 分别表示在 0.05 和 0.01 水平上影响显著。土壤含水量约 50%（H），土壤含水量约 100%（R），土壤表层浅灌水层 1 cm（S）。

此外，还有一些有机肥、缓控施肥和复合肥对植物的生长也是有很大的作用。施用有机肥不仅可以提高作物产量，还可以改善土壤的理化性状[28-29]。在油稻轮作模式下，油菜单施有机肥可以获得较高的产量，但是要控制施肥的量，有机肥施用过多不仅不会提高油菜的产量，还会引起油菜的一系列病害，如油菜的肥害和病虫[30]。合理施用水稻缓释肥，能够使水稻全生育期供肥均衡，减少无效分蘖，促进幼穗分化，提高成穗率，穗大粒多，缩短水稻基部节间，增强水稻抗倒伏能力[31]。

## 五、其他田间处理措施对稻油的影响

### （一）肥料配施对稻油的影响

在硼氮配施的条件下对油菜的影响，从表 2-26 中可以看出为随着氮肥施用量的增加在苗期、抽薹期、成熟期的生物量均表现出上升的趋势。硼肥对生物量的影响与氮肥紧密相关，但施用硼肥的确提高了油菜的的生物量。在氮肥施用量为 60 kg/hm$^2$ 的处理下，施用不同量的硼肥对油菜生物量的影响并不显著，各处理间的差异不大。在氮肥施用量为 80 kg/hm$^2$ 时，在不施用硼肥的处理下各时期的生物量都是最低的；但是随着生育期的推进，硼肥的效果表现得越来越显著。随着硼肥的施用量增加。在氮肥施用量为 240 kg/hm$^2$ 时，硼肥施用量为 18 kg/hm$^2$ 时表现出下降的趋势。从总体上来看，单施氮肥或硼肥的生物量均比不上硼氮配施。从表 2-26 中可以发现，随着氮肥施用量的增加，油菜籽粒产量表现出一个上升的趋势。在氮肥施用量为 60 kg/hm$^2$ 时，不同硼肥处理下籽粒产量之间的差异不显著。在氮肥施用量为 180 kg/hm$^2$ 时，在不同硼肥处理下籽粒产量有所增加，在硼肥施用量为 4. 5 kg/hm$^2$ 籽粒的产量达到了最大。在氮肥施用量为 240 kg/hm$^2$ 时，随着硼肥施用量的增加，籽粒产量表现出下降的趋势。相较于不施氮肥、硼肥的处理，两种肥料配施有效提高了籽粒产量[32]。

**表 2-26　硼氮配施对 2017 — 2019 年两季田间试验油菜不同时期生物量及产量的影响**

| 氮水平 (kg/hm$^2$) | 硼水平 (kg/hm$^2$) | 单株地上部干物质（g） 苗期 2017—2018 年 | 苗期 2018—2019 年 | 抽薹期 2017—2018 年 | 抽薹期 2018—2019 年 | 成熟期 2017—2018 年 | 成熟期 2018—2019 年 | 籽粒产量（kg/hm$^2$） 2017—2018 年 | 籽粒产量（kg/hm$^2$） 2018—2019 年 |
|---|---|---|---|---|---|---|---|---|---|
| 0 | 9. 0 | 0. 98± 0. 28 e | 1. 11± 0. 15 d | 1. 77± 0. 25 e | 2. 38± 0. 49 d | 13. 34± 4. 10 f | 6. 97± 0. 88 e | 49. 7± 9. 4 f | 121. 0± 5. 8 f |
| 60 | 4. 5 | 4. 42± 0. 59 d | 2. 35± 0. 25 c | 6. 54± 1. 19 d | 3. 38± 0. 40 c | 28. 94± 4. 94 e | 14. 68± 1. 02 d | 233. 5± 33. 4 d | 367. 5± 34. 8 d |
| | 9. 0 | 4. 43± 0. 46 d | 2. 61± 0. 57 c | 7. 32± 1. 44 d | 4. 73± 0. 23 c | 28. 23± 5. 97 e | 11. 94± 2. 35 d | 259. 1± 68. 3 d | 357. 2± 36. 7 d |
| | 18. 0 | 4. 73± 1. 05 d | 2. 97± 0. 59 c | 6. 08± 1. 23 d | 4. 07± 0. 58 c | 28. 14± 4. 07 e | 12. 89± 1. 05 d | 245. 4± 23. 2 d | 403. 0± 36. 5 d |
| 180 | 0 | 10. 32± 0. 65 c | 3. 71± 0. 52 b c | 13. 07± 1. 48 c | 8. 05± 0. 68 ab | 60. 41± 4. 04 d | 25. 67± 2. 36 c | 129. 6± 35. 6 e | 229. 2± 20. 3 e |
| | 4. 5 | 11. 23± 0. 81 bc | 4. 74± 0. 41 ab | 15. 55± 1. 73 b | 8. 60± 0. 41 a | 66. 44± 4. 94 c | 32. 67± 2. 25 b | 446. 2± 48. 5 c | 590. 8± 59. 3 bc |
| | 9. 0 | 13. 07± 2. 82 b | 4. 99± 0. 68 ab | 18. 06± 3. 20 ab | 9. 61± 0. 92 a | 74. 05± 0. 37 ab | 31. 86± 3. 54 b | 444. 0± 57. 3 c | 575. 1± 29. 3 c |
| | 18. 0 | 11. 63± 0. 23 bc | 4. 44± 079 b | 16. 17± 1. 60 b | 6. 98± 0. 33 b | 63. 06± 0. 79 cd | 32. 15± 3. 22 b | 416. 3± 56. 0 c | 565. 2± 69. 4 c |
| 240 | 4. 5 | 14. 61± 0. 11 ab | 4. 86± 0. 34 ab | 17. 12± 1. 72 b | 7. 88± 0. 67 ab | 77. 42± 5. 56 a | 40. 67± 1. 99 a | 687. 3± 42. 2 a | 805. 3± 42. 2 a |
| | 9. 0 | 16. 07± 2. 30 a | 5. 32± 0. 44 a | 20. 81± 1. 48 a | 7. 36± 0. 28 ab | 72. 64± 0. 73 ab | 32. 97± 1. 2 4 b | 695. 1± 84. 5 a | 668. 0± 41. 2 b |
| | 18. 0 | 16. 29± 1. 12 a | 4. 23± 0. 65 b | 22. 92± 4. 90 a | 7. 55± 0. 64 ab | 71. 49± 6. 12 b | 35. 82± 1. 57 b | 630. 6± 27. 3 b | 639. 2± 42. 7 bc |

（续表）

| 氮水平（kg/hm²） | 硼水平（kg/hm²） | 单株地上部干物质（g） | | | | | | 籽粒产量（kg/hm²） | |
|---|---|---|---|---|---|---|---|---|---|
| | | 苗期 | | 抽薹期 | | 成熟期 | | | |
| | | 2017—2018年 | 2018—2019年 | 2017—2018年 | 2018—2019年 | 2017—2018年 | 2018—2019年 | 2017—2018年 | 2018—2019年 |
| ANOVA P（>F） | N | *** | *** | *** | *** | *** | *** | *** | *** |
| | B | ** | ** | ** | ** | *** | *** | *** | *** |
| | N×B | * | ns | * | * | ** | * | ** | ** |

注：氮肥施用水平（纯 N：0 kg/hm²、60 kg/hm²、180 kg/hm²、240 kg/hm²）和 4 个硼肥施用水平（硼砂：0 kg/hm²、4.5 kg/hm²、9 kg/hm²、18 kg/hm²）

不同小写字母表示不同处理间有显著性差异：ns 表示 $P>0.05$、* 表示 $P<0.05$、** 表示 $P<0.01$，*** 表示 $P<0.001$。

从表 2-27 中可以看出，在低氮处理下地上部的生物量相较于 CK 有所下降，差异显著；地上部低氮处理相较于 CK 的增加不明显，差异不显著；低氮处理下的根冠比要显著高于 CK 处理。在低镁处理下，地上部和根部的生物量均要低于 CK 处理，根冠比也要显著低于 CK。在低氮低镁处理下，地上部和根部的生物量均要低于 CK 处理，氮与低氮处理之间的差异不显著；低氮低镁的根冠比要显著高于对照，但比低氮处理要低。由表 2-27 可得，低氮低镁处理对地上部生物量的影响比较显著，对根冠比的影响不显著。总体而言，低氮对油菜地上部的影响比较显著，低镁对根部的影响比较明显[33]。

**表 2-27 氮、镁胁迫对油菜苗期植株生物量及根冠比的影响**

| 处理 | 生物量（g/株） | | 根冠比 |
|---|---|---|---|
| | 地上部 | 根部 | |
| CK | 1.007±0.133 a | 0.099±0.012 a | 0.098±0.007 c |
| -N | 0.317±0.039 c | 0.101±0.014 a | 0.318±0.024 a |
| -Mg | 0.649±0.159 b | 0.042±0.011 b | 0.064±0.005 d |
| -N-Mg | 0.305±0.044 c | 0.087±0.014 a | 0.287±0.035 b |

注：同列数据后不同字母表示差异达 5%显著水平。全营养（CK）、低氮（-N）、低镁（-Mg）和低氮低镁（-N-Mg）4 个处理。

从表 2-28 中可知，初始荧光 F0 和非光化学淬灭系数随着氮肥施用量的增加，表现出下降的趋势；但 PSⅡ潜在活性 FvF0、实际光化学效率

ΦPSⅡ表现出一个增加的趋势。在氮肥施用量相同的条件下，非光化学淬灭系数 NPQ 随着硅肥施用量的增加表现出先减小后增大的趋势，PSⅡ潜在活性 FvF0、实际光化学效率 ΦPSⅡ则表现出先增加后减小的趋势。这表明硅肥施用量过高会导致光化学效率降低。从表中可以发现，随着氮肥使用量的增加，初始荧光 F0 表现出减小的趋势，这表明施用氮肥能有效提高光化学效率。在不同的氮肥水平下，硅肥施用量不同，所表现出的效果也不同。在施氮量为 112.5 $kg/hm^2$ 处理下，随着硅肥施用量的增加，初始荧光 F0 呈现出增长的趋势，光化学效率呈现出下降的趋势。在施氮量为 225.0 $kg/hm^2$ 处理下，初始荧光 F0 表现出先下降后上升的趋势，光化学效率呈现先上升后下降。这表明，在施氮量较低的处理下，增加硅肥施用量对改善光合性能效果并不理想。所以在硅氮配施时，硅肥施用量不宜过高[34]。

**表 2-28 硅氮配施对抽穗期水稻叶片叶绿素荧光参数的影响**

| 处理 | 初始荧光<br>F0 | PSⅡ潜在活性<br>Fv/F0 | 最大光化学效率<br>Fv/Fm | 实际光化学效率<br>ΦPSⅡ | 非光化学淬灭系数<br>NPQ |
|---|---|---|---|---|---|
| Ⅰ | 140.00±5.00 ab | 5.24±0.34 c | 0.82±0.01 c | 0.67±0.04 bc | 0.17±0.05 a |
| Ⅱ | 142.67±2.52 a | 5.44±0.33 c | 0.84±0.01 bc | 0.69±0.03 b | 0.13±0.03 b |
| Ⅲ | 144.33±8.02 a | 5.42±0.13 c | 0.83±0.01 c | 0.64±0.06 c | 0.15±0.03 ab |
| Ⅳ | 135.65±4.90 b | 5.87±0.35 b | 0.86±0.01 ab | 0.67±0.04 b | 0.09±0.01 cd |
| Ⅴ | 133.89±8.14 c | 6.27±0.84 a | 0.87±0.01 a | 0.73±0.01 a | 0.08±0.01 cd |
| Ⅵ | 139.54±6.53 ab | 6.03±0.25 ab | 0.86±0.01 ab | 0.68±0.02 b | 0.10±0.01 c |

注：同列数据后不同大、小写字母分别表示在 0.01 水平和 0.05 水平差异显著。Ⅰ，氮肥 112.5 $kg/hm^2$，硅肥 0 $kg/hm^2$；Ⅱ，氮肥 112.5 $kg/hm^2$，硅肥 37.5 $kg/hm^2$；Ⅲ，氮肥 112.5 $kg/hm^2$，硅肥 75.0 $kg/hm^2$；Ⅳ，氮肥 225.0 $kg/hm^2$，硅肥 0 $kg/hm^2$；Ⅴ，氮肥 225.0 $kg/hm^2$，硅肥 37.5 $kg/hm^2$；Ⅵ，氮肥 225.0 $kg/hm^2$，硅肥 75.0 $kg/hm^2$。

从表 2-29 中可以看出，在单施硫肥的情况下随着硫肥施用量的增加，水稻的产量呈现出上升的趋势，且硫肥对水稻产量有显著影响。在单施硅肥的条件下，水稻的产量也呈现出上升的趋势；硅肥对水稻产量有极显著影响。相较于对照组，施用硫肥的处理下水稻产量有所增加，但随着硫肥施用量的增加，水稻产量先上升后下降。总体而言，硅肥施用量与对照组相比较，Si2 处理的产量增加显著；Si1 处理和 Si3 处理的产量均低于对照处理。硫、硅肥配施对水稻产量的影响表现为极显著。单施硫肥和硅肥虽然水稻产量有所增加，但与硫肥、硅肥配施相比较还是后者的增产效果更好[35]。

**表 2-29　硫、硅肥配施对铜胁迫下水稻产量及其构成因素的影响**

| 处理 | | 有效穗数 | 每穗粒数 | 千粒重 (g) | 结实率 (%) | 产量 (g/pot) | 增产率 (%) |
|---|---|---|---|---|---|---|---|
| S0 | Si0 | 30.00±1.64 bc | 95.12±3.04 ab | 22.26±0.32 bcd | 87.15±0.72 abcd | 59.05±4.90 hi | — |
| | Si1 | 30.00±0.80 bc | 82.85±1.36 bc | 22.47±0.38 abc | 88.78±1.68 abc | 58.88±0.22 hi | -0.29 |
| | Si2 | 33.75±3.40 abc | 106.61±4.77 a | 22.47±0.25 abc | 86.74±1.08 abcde | 71.66±3.28 abc | 21.35 |
| | Si3 | 31.02±0.95 abc | 98.89±1.54 ab | 22.15±0.16 cd | 85.98±0.14 bcd | 61.78±1.89 fghi | 4.64 |
| S1 | Si0 | 35.25±3.27 a | 79.40±0.40 bc | 21.88±0.80 cd | 83.38±1.30 cde | 61.56±1.66 fghi | 4.25 |
| | Si1 | 31.50±1.25 abc | 100.12±2.37 a | 22.72±0.11 abc | 88.74±0.63 abc | 67.34±1.98 cdef | 14.04 |
| | Si2 | 35.52±2.49 a | 102.91±0.46 a | 22.71±0.18 abc | 89.88±2.10 ab | 76.26±1.63 a | 29.14 |
| | Si3 | 31.50±4.55 abc | 87.32±1.94 bc | 22.62±0.36 abc | 92.06±0.65 a | 57.09±0.62 i | -3.32 |
| S2 | Si0 | 34.74±1.69 ab | 91.80±1.03 ab | 22.60±0.72 abc | 82.09±1.89 de | 69.92±1.17 bcd | 18.41 |
| | Si1 | 32.76±0.47 abc | 88.14±2.46 bc | 23.38±0.96 a | 81.34±1.18 e | 68.83±3.29 cde | 16.56 |
| | Si2 | 34.26±1.69 ab | 84.62±2.45 c | 22.80±0.35 abc | 89.74±4.35 ab | 63.40±1.31 efgh | 7.37 |
| | Si3 | 30.51±4.72 abc | 89.86±1.37 bc | 22.17±0.48 cd | 91.96±3.25 a | 65.27±4.54 defg | 10.53 |
| S3 | Si0 | 33.75±2.15 abc | 105.60±1.20 a | 23.17±0.15 ab | 86.26±0.75 bcd | 75.04±3.45 ab | 27.08 |
| | Si1 | 34.02±1.25 abc | 99.39±1.31 a | 23.16±0.41 ab | 85.48±1.17 bcd | 59.08±0.74 ghi | 1.27 |
| | Si2 | 33.99±3.40 abc | 92.59±1.98 ab | 22.71±0.08 ab | 85.77±3.87 bcd | 70.69±1.60 abcd | 19.71 |
| | Si3 | 29.04±3.06 c | 83.64±0.21 c | 21.50±0.81 d | 74.63±2.72 f | 60.08±1.83 ghi | 1.74 |
| ANOVA | | | | | | | |
| S | | ns | * | ns | ** | * | |
| Si | | ns | * | ** | ns | ** | |
| S×Si | | ns | ** | * | ** | ** | |

注：同列中不同小写字母表示不同处理间在 0.05 水平差异显著，同列中 * 、 ** 和 ns 分别表示硫硅配施主效应在 0.01、0.05 水平差异显著和不显著。硫素（S）添加量分别为 0 g/kg、0.013 g/kg、0.026 g/kg、0.039 g/kg，分别表示为 S0、S1、S2、S3。硅素（Si）添加量分别为 0 g/kg、0.05 g/kg、0.10 g/kg、0.15 g/kg，分别表示为 Si0、Si1、Si2、Si3。

### （二）施用除草剂对稻油的影响

从表 2-30 可以看出，三种植物生长调节剂在株高上均要低于清水对照。但是，在根颈粗、单株绿叶数、最大叶长、最大叶宽、根长、根干重上，三种植物生长调节剂均要高于清水对照。多效唑在根颈粗、最大叶长、最大叶宽、根长上的增加是最明显的。除了株高和最大叶宽外，其他的指标都表现为多效唑>助壮素>矮壮素>CK[36]。

**表 2-30　不同植物生长调节剂浸种的油菜秧苗素质**

| 处理 | 株高（cm） | 根颈粗（cm） | 单株绿叶数 | 最大叶长（cm） | 最大叶宽（cm） | 根长（cm） | 根干重（g/株） |
|---|---|---|---|---|---|---|---|
| 清水对照（CK） | 20.1 | 0.58 | 5.6 | 6.3 | 5.1 | 6.3 | 0.15 |
| 助壮素 | 18.9 | 0.74 | 7.9 | 8.2 | 5.5 | 7.6 | 0.31 |
| 多效唑 | 17.5 | 0.81 | 7.5 | 8.9 | 6.2 | 8.1 | 0.39 |
| 矮壮素 | 18.7 | 0.68 | 6.3 | 7.7 | 5.8 | 7.2 | 0.27 |

从表 2-31 中的含油量结果可以看出，在未使用药剂时处理 7 d 的含油量要高于处理 14 d。三种药剂处理与对照处理相比较含油量均表现出下降。随着药剂浓度的增加，处理 7 d 和处理 14 d 的含油量在大体上都呈现出一个下降的趋势。与对照 CK 相比较，三种除草剂处理下的产油量均表现出下降的趋势；随着除草剂浓度的增加，产油量也表现出下降。除草剂对油菜单株产油量的影响最大的为百草枯*，最小的为苯磺隆[37]。

**表 2-31　催熟处理对籽粒含油量以及产油量的影响**

| 药剂 | 浓度（mL/L） | 含油量（%） | | 含油量降幅（%） | | 产油量（g 株/L） | | 产油量降幅（%） | |
|---|---|---|---|---|---|---|---|---|---|
| | | 7 d | 14 d | 7 d | 14 d | 7 d | 14 d | 7 d | 14 d |
| CK | 0.0 | 42.78 | 43.66 | — | — | 5.48 | 5.58 | — | — |
| 草甘膦 | 2.5 | 41.63 | 41.16 | 2.69 | 5.73 | 5.26 | 5.12 | 4.01 | 8.24 |
| | 5.0 | 40.07 | 39.91 | 6.33 | 8.59 | 4.88 | 4.75 | 10.95 | 14.87 |
| | 7.5 | 39.65 | 39.42 | 7.32 | 9.71 | 4.63 | 4.53 | 15.51 | 18.82 |
| 百草枯 | 2.0 | 42.56 | 42.24 | 0.51 | 3.25 | 5.14 | 5.02 | 6.20 | 10.04 |
| | 4.0 | 41.94 | 41.09 | 1.96 | 5.89 | 4.94 | 4.74 | 9.85 | 15.05 |
| | 6.0 | 40.66 | 40.21 | 4.96 | 7.90 | 4.56 | 4.47 | 16.79 | 19.89 |

* 百草枯为国家禁用药剂，在此仅作对比实验数据。

（续表）

| 药剂 | 浓度（mL/L） | 含油量（%） | | 含油量降幅（%） | | 产油量（g株/L） | | 产油量降幅（%） | |
|---|---|---|---|---|---|---|---|---|---|
| | | 7 d | 14 d | 7 d | 14 d | 7 d | 14 d | 7 d | 14 d |
| 苯磺隆 | 0. 1 | 42. 73 | 42. 47 | 0. 12 | 2. 73 | 5. 47 | 5. 34 | 0. 18 | 4. 30 |
| | 0. 2 | 42. 93 | 42. 21 | 0. 35 | 3. 32 | 5. 38 | 5. 20 | 1. 82 | 6. 81 |
| | 0. 3 | 42. 28 | 41. 87 | 1. 17 | 4. 10 | 5. 17 | 5. 03 | 5. 66 | 9. 86 |
| LSD | 0. 05 | 1. 61 | 1. 87 | — | — | 0. 43 | 0. 51 | — | — |

从表 2-32 中可以看出，无论第一季还是第二季施用除草剂处理的叶长和叶宽都有下降，且叶长均表现出显著差异。与对照相比，叶长降低的幅度第二季要高于第一季，但叶宽与对照处理相比第一季的下降要高于第二季。第一季的叶长和叶宽与对照处理相比较均表现出显著差异；第二季的叶长与对照处理相比表现出显著差异，但叶宽的差异不显著。总体而言，CK 处理的叶长和叶宽均要优于 RS 处理[38]。

**表 2-32　不同处理植株的叶长和叶宽**

| 稻季 | 处理 | 叶长（cm） | 促长率（%） | 叶宽（cm） | 促宽率（%） |
|---|---|---|---|---|---|
| 第一季 | RS | 10. 33 b | -18. 21 | 0. 47 b | -24. 19 |
| | CK | 12. 63 a | — | 0. 62 a | — |
| 第二季 | RS | 15. 40 b | -15. 57 | 0. 55 a | -9. 84 |
| | CK | 18. 24 a | — | 0. 61 a | — |

注：表中不同小写字母表示同季处理间差异显著（$P<0.05$）。水稻直播不施用除草剂处理（CK）和水稻直播施用除草剂处理（RS）。

苗数的变化趋势与水稻的生长密切相关。从表 2-33 中可以看出，药后 7～30 d 苗数呈现出增加的趋势，但在药后 60 d 苗数表现出下降趋势。对株高数据进行分析发现，药后 7～60 d 均表现出上升的趋势。与对照处理相比较，不同处理的株高和对照的株高相差不明显。对表 2-33 中的数据进行分析发现，处理②、处理⑤、处理⑨的苗数与对照相比变化比较一致；且处理②、处理⑤、处理⑨的株高在药后 7 d 与对照处理的变化比较明显[39]。

**表 2-33 各处理区水稻苗情差异比较**

| 处理 | 苗数（万株/hm²） | | | | | 株高（cm） | | | | |
|---|---|---|---|---|---|---|---|---|---|---|
| | 药前 | 药后 7 d | 药后 15 d | 药后 30 d | 药后 60 d | 药前 | 药后 7 d | 药后 15 d | 药后 30 d | 药后 60 d |
| ① | 186.00 | 282.30 | 356.55 | 642.30 | 340.20 | 8.5 | 22.7 | 33.9 | 36.4 | 75.6 |
| ② | 186.00 | 304.65 | 395.70 | 662.25 | 347.85 | 8.5 | 21.4 | 33.3 | 35.9 | 75.5 |
| ③ | 186.00 | 289.95 | 387.45 | 656.85 | 344.10 | 8.5 | 22.5 | 33.7 | 36.4 | 75.5 |
| ④ | 186.00 | 297.45 | 391.65 | 659.40 | 343.35 | 8.5 | 22.8 | 33.8 | 36.5 | 75.8 |
| ⑤ | 186.00 | 301.80 | 434.25 | 664.20 | 349.80 | 8.5 | 21.2 | 33.3 | 36.1 | 75.6 |
| ⑥ | 186.00 | 288.60 | 372.90 | 647.85 | 341.40 | 8.5 | 22.3 | 33.9 | 36.4 | 75.7 |
| ⑦ | 186.00 | 291.60 | 386.85 | 654.15 | 342.30 | 8.5 | 22.9 | 33.6 | 36.0 | 75.5 |
| ⑧ | 186.00 | 284.40 | 378.30 | 653.70 | 340.35 | 8.5 | 22.8 | 33.9 | 36.5 | 75.9 |
| ⑨ | 186.00 | 308.70 | 444.60 | 668.40 | 351.60 | 8.5 | 21.1 | 33.1 | 35.9 | 75.4 |
| ⑩ | 186.00 | 298.20 | 395.25 | 655.80 | 343.95 | 8.5 | 22.8 | 33.8 | 36.3 | 75.8 |
| ⑪ | 186.00 | 292.50 | 384.30 | 654.90 | 343.20 | 8.5 | 22.5 | 33.6 | 36.2 | 75.6 |

注：① 佼佼者 1.5；② 氰氟嘧啶肟 1.2；③立本 1.5；④惠茎 1 号 0.9；⑤惠茎 1 号 1.2；⑥惠茎 2 号 0.9；⑦惠茎 2 号 1.2；⑧五氟磺草胺 1.2；⑨ 17%稻喜 1.2；⑩进口千金+灵斯科 1.20+0.75；⑪氰氟草酯（对照）1.5。

# 第三节　机械化生产对稻油生产的影响

随着我们国家软硬实力的不断加强，机械化作业在农作物生产中的利用价值越来越高。机械化不仅节省了劳动力，而且在农作物收获时，提高了生产效率，降低了生产成本，扩大了生产效益，为经济的发展注入了新的活力；机械化生产很大程度上节约了劳动资源、节省了劳务成本和生产资金的开支；提高了劳动的安全系数，降低了人工安全事故的发生；最重要的是机械作业极大地减轻了劳动强度，加快推进机械化是率先实现现代化的重要步骤。

机械化生产的过程包括了耕整地机械化技术、稻油种植机械化技术、田间管理机械化技术、收获机械化技术。

## 一、机械化生产对水稻的影响

### （一）水稻种植的机械化

对于水稻的主要栽培技术包括以下 4 个方面：①合理选择水稻品种。稻油轮作时多采用具有良好抗病性与抗倒伏性能的杂交水稻。②及时播种。在

5 月中旬进行水稻播种，在 6 月上旬进行栽插。水稻栽插完毕后，还要立即实施人工补苗。③加强田间管理。加强施肥，水稻种植需要施加专用肥料。④做好病虫害防治工作。遵循预防为主的防治原则，大面积推广杀虫灯与性诱剂技术，有效防治病虫害。若使用药剂防治，种植人员应尽可能选用生物农药，减少化学农药的使用，保障水稻品质。水稻收获后，要使用灭茬机对水稻稻草进行灭茬，严格控制稻草厚度。如果稻草过厚，会影响油菜的出苗率，如果稻草过少，会影响油菜发芽率[40]。

从表 2-34 中可知，在不同土层下与 CK 相比，处理②、处理③的含水率均要低于对照。在 0~10 cm 土层，各处理间的差异显著；在 10~20 cm 土层，各处理间的差异表现显著；20~30 cm 土层，各处理间差异不显著。在土壤容重方面，各土层处理②、处理③与处理①对照相比较均有增加，但差异并不显著。在土壤孔隙方面，0~10 cm、10~20 cm 土层，处理②和处理③较处理①分别降均有所降低；20~30 cm 土层，3 个处理间有差异但是差异并不显著。与土壤含水率结合可以看出，孔隙度较低的处理含水率也较低，这可以说明土壤干燥收缩是引起孔隙度降低的重要原因[41]。

**表 2-34　不同机械化整地技术对稻田土壤物理性质的影响**

| 土层 | 处理 | 含水率（%） | 容重（$g/cm^3$） | 通气系数 $\times10^{-5}$（cm/s） | 饱和透水系数 $\times10^{-5}$（cm/s） | 孔隙度（%） |
|---|---|---|---|---|---|---|
| 0~10 | ①（CK） | 47.28 abA | 1.07 bB | 5.731 aA | 56.420 aA | 56.49 aA |
| | ② | 42.52 cB | 1.15 bAB | 5.334 aA | 58.370 aA | 52.60 bB |
| | ③ | 42.71 bcB | 1.23 aA | 0.291 aA | 10.230 aA | 53.44 bB |
| 10~20 | ①（CK） | 50.69 aA | 1.07 bA | 0.029 aA | 0.005 aA | 55.80 aA |
| | ② | 37.11 cC | 1.16 aA | 0.053 aA | 0.148 aA | 44.13 cC |
| | ③ | 43.86 bAB | 1.20 aA | 1.582 aA | 0.189 aA | 51.67 bB |
| 20~30 | ①（CK） | 44.01 aA | 1.17 aA | 0.030 aA | 0.042 bA | 51.64 a |
| | ② | 41.23 aA | 1.22 aA | 0.237 aA | 0.154 aA | 49.13 aA |
| | ③ | 42.47 aA | 1.21 aA | 0.021 aA | 0.013 bA | 51.75 aA |

注：CK 处理①：旋耕，选用灭茬旋耕起垄作业机进行作业，灭茬深度保持在 8 cm 左右，旋耕深度保持在 10~15 cm，起垄高度保持在 16~20 cm；旋耕 2 遍，使土块均匀。处理②：深松，选用深松机进行中耕深松作业，保持深松深度 35~40 cm；深松作业前旋耕 2 遍，使土块均匀后再进行深松。处理③：深翻，选用液压翻转犁进行深翻作业，翻深 25~30 cm，秸秆埋置地下 25 cm，扣垡要严密整齐；选用重耙进行耙捞，耙地时要保持与耕向有一定角度，耙深控制在 10~15 cm；深翻作业后旋耕 2 遍，使土块均匀后再进行深松。

同列不同大写字母表示同一土层不同处理间差异极显著（$P<0.01$），不同小写字母表示差异显著（$P<0.05$）。

从表 2-35 中可以看出，分蘖数和株高在6月18日时，机播均要高于撒播，但差异并不显著。在7月6日，分蘖数和株高机播均要高于撒播，并且差异明显达到极显著水平，具有生物统计学意义[42]。

**表 2-35　不同播种方式下‘湘早籼 32 号’分蘖数和株高比较**

| 处理 | 分蘖数（个） | | 株高（cm） | |
|---|---|---|---|---|
| | 6月18日 | 7月6日 | 6月18日 | 7月6日 |
| 机播 | 2.80±0.19 aA | 4.92±0.21 aA | 53.60±2.13 aA | 86.16±0.65 aA |
| 撒播 | 2.38±0.24 aA | 2.88±0.10 bB | 52.86±2.17 aA | 81.59±1.79 bA |

注：表中数据为平均值±标准误，同列数据不同小、大写字母分别表示处理间差异显著（$P<0.05$）、极显著（$P<0.01$）。

从表 2-36 可以看出，不同的移栽方式对产量有一定的影响。人工移栽的穴数要明显少于机械移栽，但总穗数人工移栽明显高于机械插秧。人工移栽的有效数、每穗总粒数、每穗实粒数、结实率均要高于机械插秧。机械插秧的千粒质量和理论产量要高于人工移栽。对表中的数据进行分析比较，可以发现机械插秧获取高产主要是通过千粒质量和有效穗数[43]。

**表 2-36　机插秧与人工插秧考种数据对比**

| 试验田块 | 每公顷穴数 | 每穴总穗数 | 每穴有效穗 | 每穗总粒数 | 每穗实粒数 | 结实率（%） | 千粒质量（g） | 理论产量（$kg/hm^2$） |
|---|---|---|---|---|---|---|---|---|
| 人工移栽 | 168 735 | 17.7 | 13.3 | 193 | 161 | 83.4 | 27.07 | 9 780.0 |
| 机械插秧 | 244 680 | 13.9 | 10.6 | 187 | 152 | 81.3 | 27.69 | 10 915.5 |

从表 2-37 中可以发现，两个水稻品种在水稻生育期上的变化规律比较一致，均表现出机插秧>有序机抛秧>有序机穴直播。有序机穴直播相比较有序机抛秧和机插秧，由于没有栽后缓苗期，生育期明显缩短。对表中的数据进行进一步的分析发现，在不同的机械种植方式下，播种期至幼穗分化始期生育期之间相差较大，从水稻幼穗分化始期至抽穗期、抽穗期至成熟期的生长时间是大致相同的。总体而言，有序机穴直播与机插秧和有序机抛秧比较，很大程度上缩短了水稻播种到幼穗分化始期这一生育阶段[44]。

**表 2-37 不同机械有序种植方式的水稻生育期进程**

| 品种 | 处理 | 播种期 (m/d) | 移栽期 (m/d) | 返青期 (m/d) | 幼穗分化始期 PI (m/d) | 抽穗期 (m/d) | 成熟期 (m/d) | ST-PI (d) | ST-HD (d) | HD-MA (d) | 生育期 (d) |
|---|---|---|---|---|---|---|---|---|---|---|---|
| ‘甬优 4949’ | 有序机抛秧 | 3/28 | 4/23 | 4/24 | 6/8 | 7/9 | 8/10 | 72 | 31 | 32 | 135 |
| | 机插秧 | 3/28 | 4/23 | 4/27 | 6/12 | 7/13 | 8/14 | 76 | 31 | 32 | 139 |
| | 有序机穴直播 | 4/14 | — | — | 6/16 | 7/16 | 8/17 | 63 | 30 | 32 | 125 |
| ‘Y 两优 911’ | 有序机抛秧 | 3/28 | 4/23 | 4/26 | 6/12 | 7/13 | 8/13 | 76 | 31 | 31 | 138 |
| | 机插秧 | 3/28 | 4/23 | 4/29 | 6/15 | 7/16 | 8/16 | 79 | 31 | 31 | 141 |
| | 有序机穴直播 | 4/14 | — | — | 6/19 | 7/19 | 8/19 | 66 | 30 | 31 | 127 |

从表 2-38 可知，在不同的播种深度处理下出苗率表现出明显的差异。出苗率较高的是播种深度 1 cm 和 2 cm 的处理。播种深度为 3 cm 和 4 cm 的出苗率相较于处理 1 和处理 2 有较大的差异。所以播种太深会对出苗有一定的影响，在播种深度为 4 cm 时基本苗是最低的，与其他各处理间相差较大。因此，总体而言播种深度在 1~2 cm 时，出苗率、基本苗、高峰苗的数据都比较不错，能够保证较好的出苗率。水稻基本苗不足的原因可能是因为播种太深[45]。

**表 2-38 不同处理出苗率及基本苗**

| 播深（cm） | 出苗率（%） | 基本苗（万株/hm$^2$） | 高峰苗（万株/hm$^2$） |
|---|---|---|---|
| 1 | 60.6 | 163.5 | 589.5 |
| 2 | 64.4 | 174.0 | 612.0 |
| 3 | 41.1 | 111.0 | 459.0 |
| 4 | 32.2 | 87.0 | 391.5 |

从表 2-39 中可知，与处理 1 不施肥相比较，处理 2 和处理 3 施肥后均有效提高了水稻产量。肥料贡献率是反映年投入肥料的生产能力的指标。肥料农学利用率和肥料偏生产力从不同侧面反映作物对肥料的利用效率，肥料农学利用率反映单位肥料增产能力；肥料偏生产力反映当地土壤基础养分水平和化肥施用量综合效应。肥料农学利用率和肥料偏生产力处理 3 均高于处理 2，说明机械施肥相较于人工施肥能提高施肥的均匀度和稳定性，在一定程度上避免因为施肥不均匀而对水稻的生长造成一定的影响[46]。

**表 2-39　施肥方式对水稻产量及肥料利用率的影响**

| 处理 | 产量（kg/hm²） | 总施肥量（kg/hm²） | 肥料贡献率（%） | 肥料农学利用率（kg/kg） | 肥料偏生产力（kg/kg） |
|---|---|---|---|---|---|
| 1 | 6 045 | 0 | 0 | 0 | 0 |
| 2 | 9 270 | 361.8 | 34.8 | 8.9 | 25.6 |
| 3 | 9 495 | 361.8 | 36.3 | 9.5 | 26.2 |

注：处理 1，无肥处理，全程不施肥；处理 2，人工施肥，应用人工将水稻基肥和追肥直接撒施在田面；处理 3，机械施肥，应用高地隙自走式撒肥机将水稻基肥和追肥直接撒施在田面。

## （二）水稻收获的机械化

水稻收获机械主要包括水稻生产的收割、脱粒、清选等。水稻的收获方式有分段收获和联合收获 2 种。水稻联合收获机一次完成收割、脱粒、茎秆分离、谷粒清选、谷粒装袋（或随车卸粮）等工序[47]。联合收获分全喂入和半喂入 2 种类型，全喂入联合收获是将切割下来的水稻茎穗全部进入滚筒脱粒的方式，出草口带茎秆切碎和抛撒装置能实现粉碎秸秆的均匀抛撒，便于秸秆还田和埋茬；半喂入联合收获仅将切割下来的水稻穗头部分输送入滚筒脱粒，可保留整秆，亦可将秸秆切碎，可根据对秸秆处理的实际需求选择[48]。

在不同的机械脱离方式下，水稻种子的发芽和幼苗生长指标均表现出不同（表 2-40）。3 个不同的水稻品种，切流式的脱离方式的发芽势、发芽率、茎秆长和根数量均低于轴流式和手工脱离方式，且差异显著。就根长度而言，‘淮稻 5 号’的切流式>轴流式>手工；‘南粳 51’的切流式>手工>轴流式；‘南粳 9108’的手工>切流式>轴流式。3 种水稻品种在不同脱粒方式下的叶片数，‘淮稻 5 号’与根长度的变化趋势相同；‘南粳 51’的轴流式>手工>切流式；‘南粳 9108’的切流式>手工>轴流式。不同脱粒方式下的叶片长度，‘淮稻 5 号’的叶片长度轴流式>手工>切流式；‘南粳 51’的叶片长度与根长度的变化一致；‘南粳 9108’的叶片长度轴流式>切流式>手工。在 3 种不同的脱粒方式下，轴流式和手工脱粒方式之间的差异不是很明显。3 种收获方式的叶片数之间变化均不太，差异不显著。对茎秆长度数据进行分析发现，切流式与轴流式和手工脱粒方式相差比较大的是‘淮稻 5 号’，相差最小的是‘南粳 51’；这说明在不同的收获方式下的机械损伤存在差异。对两种机械收获方式进行比较，发现轴流式收获方式要优于切流式的收获方式，产生的机械损伤要小[49]。

**表 2-40　不同机械脱粒方式稻谷籽粒发芽和幼苗生长指标**

| 品种 | 脱粒方式 | 发芽势（%） | 发芽率（%） | 茎秆长度（mm） | 根数量 | 根长度（mm） | 叶片数 | 叶片长度（mm） |
|---|---|---|---|---|---|---|---|---|
| ‘淮稻 5 号’ | 切流式 | 46±9 a | 46±7 a | 29.0±3.5 a | 4.9±1.1 a | 42.4 | 2.7±0.5 a | 20.5 |
| | 轴流式 | 95±1 b | 97±5 b | 41.6±7.2 b | 6.3±0.9 b | 34.6 | 2.6±0.7 a | 24.3 |
| | 手工 | 98±1 b | 99±1 c | 44.0±7.0 b | 6.5±1.3 b | 30.1 | 2.5±0.5 a | 23.9 |
| ‘南粳 51’ | 切流式 | 46±3 a | 47±1 a | 35.1±6.8 a | 4.7±1.1 a | 42.4 | 2.8±0.6 a | 21.2 |
| | 轴流式 | 91±3 b | 92±4 b | 41.3±3.2 b | 5.9±0.7 b | 26.1 | 3.2±0.8 a | 20.2 |
| | 手工 | 88±2 b | 91±3 b | 42.1±5.9 b | 7.1±0.6 c | 34.1 | 3.2±0.6 a | 20.8 |
| ‘南粳 9108’ | 切流式 | 64±4 a | 64±2 a | 27.3±4.5 a | 5.1±1.0 a | 31.9 | 3.1±0.3 a | 22.9 |
| | 轴流式 | 94±2 b | 96±2 b | 35.2±9.7 b | 6.9±1.6 b | 29.0 | 2.1±0.3 b | 26.8 |
| | 手工 | 96±3 b | 98±1 b | 38.4±9.9 b | 6.8±1.6 b | 37.4 | 2.3±0.5 b | 21.8 |

注：同列中不同小写字母表示同一品种不同处理间差异达 5%显著水平。

## 二、油菜种植收获的机械化

### （一）油菜种植的机械化

油菜的主要栽培技术包括以下 4 个方面：①品种的选择。要选择适宜本地种植并且适宜机械化的品种。稻—油轮作要选择高产、高油、抗逆性强的油菜品种，如‘华油杂 62 号’‘赣油杂 7 号’‘宁杂 1818’等。②种子处理。在播种前要晒种 2~3 d，杀灭种子表面的病菌，提高种子的活力。为了防止油菜病虫害发生，对种子进行包衣或者药剂拌种。③播种。在 9 月下旬到 10 月上旬播种，采取全机械化生产方式进行耕地、起垄、施肥、播种一体化操作，不但可以节省大量的人工成本，而且能够显著缩短油菜播种时间，提高油菜产量。④田间管理。种植人员需要结合油菜植株的生长发育情况，及时施肥，并定期追肥。应根据间苗与定苗情况合理追肥，可采用不同的施肥方式。一般采取生物化肥+农用肥施肥方式，油菜植株的生长发育速度最快，故种植人员要根据油菜植株的实际生长发育情况，科学选择施肥方式[50]。

从表 2-41 中可以看出，两种处理相比较，免耕飞播的生物量要明显高于旋耕直播。虽然，旋耕直播的密度高于免耕飞播，但株高、单株叶片数、单株叶面积、主根长免耕飞播均要高于旋耕飞播[51]。

**表 2-41　不同种植模式的油菜苗期农艺性状**

| 处理 | 密度（万株/$hm^2$） | 株高（cm/株） | 单株叶片数（片/株） | 单株叶面积（$cm^2$/株） | 主根长（cm/株） | 生物量（kg/$hm^2$） |
|---|---|---|---|---|---|---|
| 旋耕直播 | 80. 7 a | 19. 5 b | 4. 0 a | 108. 4 b | 5. 2 b | 1 650 b |
| 免耕飞播 | 72. 2 a | 24. 0 a | 5. 0 a | 214. 4 a | 7. 5 a | 2 250 a |

注：同列中不同小写字母表示不同处理间差异显著（$P<0.05$）。

从表 2-42 中可以看出，在 2019—2020 年免耕飞播和旋耕飞播在株数、粒数、千粒重之间的差异并不显著；但在产量和角果数上两种处理的差异明显。在 2020—2021 年各项构成因子的变化趋势与 2019—2020 年的是一致的。总体来看，免耕飞播处理的产量和角果数要高于旋耕飞播；但旋耕飞播处理的株数要高于免耕飞播[52]。

**表 2-42　晚收稻田两种飞播种植模式下油菜产量构成因子**

| 年份 | 处理 | 产量（kg/$hm^2$） | 株数（万株/$hm^2$） | 角果数（个/株） | 粒数（粒/角） | 千粒重（g） |
|---|---|---|---|---|---|---|
| 2019—2020 | 免耕飞播 | 2 846 a | 48. 7 a | 93. 7 a | 19. 5 a | 4. 0 a |
| | 旋耕飞播 | 2 240 b | 50. 7 a | 69. 6 b | 19. 0 a | 4. 1 a |
| 2020—2021 | 免耕飞播 | 2 655 a | 43. 8 a | 93. 6 a | 19. 5 a | 4. 0 a |
| | 旋耕飞播 | 2 138 b | 45. 1 a | 76. 0 b | 20. 8 a | 4. 0 a |

由表 2-43 可知，机播的亩株数、理论产量、实际产量要明显高于人工移栽；但单株角果数、每角粒数人工移栽均要高于机播。虽然，机播的亩株树要远高于人工移栽，但每株角果数和每角粒数都要低于人工移栽[53]。

**表 2-43　机播与人工移栽测产数据表**

| 播种方式 | 品种 | 亩株数（万） | 单株角果数（个） | 每角粒数（粒） | 千粒重（g） | 理论产量（kg） | 实际产量（kg） |
|---|---|---|---|---|---|---|---|
| 机播 | ‘秦油 10 号’ | 19 863 | 167 | 20. 5 | 3. 2 | 217. 6 | 185 |
| 人工移栽 | ‘秦油 10 号’ | 8 962 | 352 | 20. 6 | 3. 2 | 208 | 176. 8 |
| 结果 | | 10 901 | −185 | −0. 1 | 0 | 9. 6 | 8. 2 |

从表2-44中可知，和CK相比较，在有效株数上，S1M2、S2M2均有所下降，S2M1则表现出上升。在株高方面，与CK相比，S1M2、S2M1、S2M2均有不同程度的下降。最低分枝高度与CK相比较而言，S1M2、S2M2均有所下降，而S2M1则有所提高。就全株有效角果数与CK相比较，S1M2、S2M2有提高，而S2M1则有所下降。每角粒数和千粒重的变化规律比较一致，虽然与CK相比较均有上升的趋势，但是总体上表现出先上升后下降再上升的趋势。通过对试验数据的分析可以看出，在机械精量穴播方式下相比较于机械散播，产量的增加比较显著。冬油菜的全株有效角果数、每角粒数和千粒重都有所上升，但是有效株数减少、株高和最低分枝高度有所降低[54]。

**表2-44　冬油菜主要农艺性状**

| 小区编号 | 有效株数（万株/亩） | 株高（cm） | 最低分枝高度（cm） | 全株有效角果数（个） | 每角粒数（粒） | 千粒重（g） |
|---|---|---|---|---|---|---|
| S1M1（CK） | 4.67 | 192.42 | 86.27 | 33.22 | 16.81 | 3.97 |
| S1M2 | 4.24 | 176.94 | 81.63 | 39.24 | 21.55 | 4.11 |
| S2M1 | 4.98 | 185.16 | 92.67 | 32.05 | 17.68 | 4.08 |
| S2M2 | 4.52 | 173.77 | 88.43 | 40.15 | 21.13 | 4.19 |

注：‘庆油3号’（S1）和‘庆油8号’（S2），机械撒播（M1）和机械精量穴播（M2），2次重复。每个小区面积420 $m^2$（12 m ×35 m），小区间开沟隔开，沟宽0.4 m。

除此之外，在田间管理过程中，农户还要加强对常见病虫害的防治力度，密切观察植株的具体生长情况，根据常见病虫害的发病规律，采取积极有效的防治措施。一般来讲，加强田间管理力度能够为植株的健康生长与发育提供更为稳定的生长环境。植株的生长发育速度比较快，在病虫害防治过程之中，农户要结合以往的病虫害防治经验，合理用药，适量用药，在确保各类植株健康生长发育的同时，保证植株的生产产量，确保稻—油轮作绿色高效机械化栽培模式得到广泛运用。种植人员采用合理的病虫害防治方法进行病虫害的防治，油菜植株的生长发育速度就会得到显著提升[55]。通过对病虫害防治的加强，不仅能显著减少病虫害发生的概率，而且能够提高绿色高效机械化栽培效率。

## （二）油菜收获的机械化

在机械化收获时，要根据油菜的生长密度和产量选择合适的机械化收获方式[56]。油菜收获的方式又分段收获和联合收获两种方法。机械联合收获适用于密度高、株型紧凑、成熟度一致性较好的油菜。待油菜植株80%变黄之后，需要及时喷洒“立收油”，间隔8 d左后，使用油菜联合收割机进行收割。油菜要选择在早晨收割，这样可以防主轴和上部分枝角果裂角落粒。收割的过程中要做到轻割、轻放、轻捆、轻运，在各个环节上把损失降到最低。油菜收割时边收、边捆、边拉、边堆，避免在田间堆放、晾晒，以防裂角落粒。适时收获能够确保稻—油轮作绿色高效机械化栽培模式的应用效果。

从表2-45中可以看出，两个品种在不同的收获方式下的表现是一致的，均表现出全人工收获>脱粒机分段收获>机械联合收获，但是总损失量和总损失率均表现为全人工收获<脱粒机分段收获<机械联合收获，各处理间的差异显著。对‘川油36’的数据进行分析比较发现，在实收产量上全人工收获和脱粒机分段收获均显著高于机械联合收获；脱粒机分段收获和机械联合收获的总损失量和总损失率与对照相比表现出明显的增加。‘华海油1号’与‘川油36’的变化规律基本是一致的[57]。

**表2-45 不同收获方式油菜的子粒损失**

| 品种 | 收获方式 | 实收产量（kg/hm$^2$） | 总损失量（kg/hm$^2$） | 总损失率（%） |
|---|---|---|---|---|
| ‘川油36’ | 全人工收获（CK） | 3 487.60±89.13 a | 81.05±0.73 c | 2.27±0.05 c |
| | 脱粒机分段收获 | 3 411.65±104.26 a | 238.28±4.15 b | 6.53±0.28 b |
| | 机械联合收获 | 3 110.15±80.33 b | 510.95±12.54 a | 14.11±0.61 a |
| ‘华海油1号’ | 全人工收获（CK） | 3 580.95±95.38 a | 39.40±0.51 c | 1.09±0.002 c |
| | 脱粒机分段收获 | 3 340.40±121.31 b | 298.97±12.45 b | 8.22±0.21 b |
| | 机械联合收获 | 3 189.95±71.39 b | 508.70±20.85 a | 13.75±0.22 a |

注：同列中不同小写字母表示相同材料不同处理间差异显著（$P<0.05$）。

从表2-46中可以看出，‘华油杂62’在不同地点的两种收获方式在千粒重、含油量、油酸含量、出油率之间的差异不显著。就两种收获方式相比较，分段收获方式下油酸和亚油酸含量要高于联合收获方式，在两个试验地点上ZS11处理间的差异比较明显。从综合因素考虑，对两种收获方式最适合作业的时期进行选择，在油菜生理成熟后8 d左右开始联合收获；分段收获在生理成熟前5 d左右割倒、后熟6~9 d开始捡拾脱粒[58]。

**表 2-46　联合收获机械化收获最适点与分段收获最适点比较**

| 籽粒关键指标 | 地点 | ‘华油杂 62’（HZ62） | | | ‘中双 11’（ZS11） | | |
|---|---|---|---|---|---|---|---|
| | | CK | D3L6 | D3L9 | CK | D3L6 | D3L9 |
| 千粒重（g） | 黄冈 | 3. 48 a | 3. 36 a | 3. 38 a | 3. 64 b | 3. 87 a | 3. 83 a |
| | 襄阳 | 3. 37 a | 3. 34 a | 3. 38 a | 4. 13 a | 3. 85 b | 3. 85 b |
| 含油量（%） | 黄冈 | 41. 06 a | 40. 05 a | 40. 59 a | 48. 72 a | 47. 93 a | 48. 30 a |
| | 襄阳 | 41. 47 a | 40. 63 a | 41. 04 a | 46. 06 a | 45. 50 a | 45. 78 a |
| 整齐度 | 黄冈 | 0. 18 b | 0. 20 a | 0. 20 a | 0. 16 a | 0. 14 c | 0. 15 b |
| | 襄阳 | 0. 17 a | 0. 18 a | 0. 18 a | 0. 15 a | 0. 16 a | 0. 16 a |
| 油酸含量（%） | 黄冈 | 54. 14 a | 57. 11 a | 55. 36 a | 54. 15 b | 57. 92 a | 58. 47 a |
| | 襄阳 | 55. 84 a | 55. 12 a | 56. 35 a | 56. 77 b | 58. 11 a | 58. 80 a |
| 亚油酸含量（%） | 黄冈 | 18. 53 b | 19. 56 a | 19. 59 a | 13. 58 b | 16. 89 a | 16. 17 a |
| | 襄阳 | 21. 09 a | 21. 38 a | 21. 36 a | 18. 12 b | 19. 39 a | 19. 59 a |
| 叶绿含量（mg/kg） | 黄冈 HG | 0. 44 b | 3. 56 a | 1. 27 ab | 0. 37 a | 0. 31 a | 0. 22 a |
| | 襄阳 XY | 0. 41 b | 1. 94 a | 1. 19 ab | 0. 94 a | 1. 49 a | 1. 44 a |
| 出油率（%） | 黄冈 | 31. 65 a | 28. 66 a | 29. 81 a | 38. 02 a | 38. 22 a | 38. 99 a |
| | 襄阳 | 34. 04 a | 33. 15 a | 33. 66 a | 38. 82 a | 36. 37 b | 39. 02 a |

注：同列中不同字母表示 $P<0.05$ 水平上差异性显著。表中黄冈试点的 CK 指终花后 44 d 所取样品；襄阳试点的 CK 指终花后 47 d 所取样品。CK 表示联合收获、D 表示分段收获。

由表 2-47 可知，小区实收菜籽数最高的是处理 A，同时处理 A 的产量也是各项处理中最高的。处理 B 的产量仅次于处理 A 高于其他各项处理。油菜损失率最高的是处理 F，为 32. 40%；处理 A 的损失率最低，为 0。处理 D 的小区实收菜籽、菜籽含水量、产量均要高于处理 C；处理 C 的损失率高于处理 D。各项处理相比较，菜籽含水量最高的是处理 D，含水率最低的是处理 E[59]。

**表 2-47　不同处理油菜的产量及效益**

| 处理 | 小区实收菜籽（kg） | 实测菜籽含水量（%） | 折算小区实收菜籽（kg） | 折合产量（kg/hm²） | 菜籽产值（元/hm²） | 损失率（%） | 用工量（个/hm²） | 用工投入（元/hm²） |
|---|---|---|---|---|---|---|---|---|
| A | 107. 63 | 14. 2 | 100. 20 | 2 004. 0 | 9 218. 40 | 0 | 45 | 5 400 |
| B | 97. 18 | 12. 2 | 92. 42 | 1 848. 4 | 8 502. 64 | 7. 78 | 15 | 1 800 |

（续表）

| 处理 | 小区实收菜籽（kg） | 实测菜籽含水量（%） | 折算小区实收菜籽（kg） | 折合产量（kg/hm²） | 菜籽产值（元/hm²） | 损失率（%） | 用工量（个/hm²） | 用工投入（元/hm²） |
|---|---|---|---|---|---|---|---|---|
| C | 87.41 | 10.3 | 84.79 | 1 695.8 | 7 800.68 | 15.34 | 45 | 5 400 |
| D | 98.90 | 17.3 | 89.90 | 1 798.0 | 8 270.80 | 10.25 | 15 | 1 800 |
| E | 80.00 | 7.3 | 80.00 | 1 600.0 | 7 360.00 | 20.13 | 45 | 5 400 |
| F | 69.91 | 10.4 | 67.74 | 1 354.8 | 6 232.08 | 32.40 | 15 | 1 800 |

注：处理A，成熟期人工两段收获，人工割晒5 d后脱粒；处理B，成熟期机械两段收获，机械割晒5 d后脱粒；处理C，成熟期人工一次性收获、脱粒；处理D，成熟期机械一次性收获、脱粒；处理E，收获前5 d喷施“立收油”，人工一次性收获、脱粒；处理F，收获前5 d喷施“立收油”，机械一次性收获、脱粒。

## 第四节　新型管理措施对稻油生产的影响

随着社会经济的不断发展以及人们生活水平的提高。现代农业不但要提供足够的粮食，还要保证所生产出来的粮食有营养和绿色健康，还要维持为社会大众提供食品的土地是可持续的。为了追求高产，人们在农作物生长过程中使用了大量的农药，虽然产量有所提高，但是对土地可持续生产力的破坏是很大的。化学肥料的长期大量施用，易导致土壤理化性状恶化，土壤板结、养分缺乏和不平衡，严重影响作物品质和产量[60]。所以新型管理措施是我们现在要关注的，也是未来农业发展的趋势。

### 一、减肥减药

2020年是农业农村部“减肥减药”行动实施的最后一年。由科技部、农业农村部成立的国家“十三五”规划农业项目——“化学肥料和农药减施增效综合技术研发”专项，为推动化肥农药零增长“对症下药”。根据“两减”行动目标，我国化肥利用率和主要农作物农药利用率将达到40%以上。化肥农药的大量使用虽然提高了农产品产量，但也制约着农产品质量与农业可持续发展。“减肥减药不减产”是我们所追求的目标，减少农药、肥料的使用不仅可以减少经济上的负担，对环境和土壤理化性状的破坏也会有所下降。

## （一）双减对油菜的影响

从表2-48中可以看到，在株高上，P4、P5的高度最高，与其他的处理相比较均表现出明显的差异。对根颈粗进行比较分析，P5的根颈是最粗的，并且与其他处理相比较均表现出明显的差异。P5的一次分枝数是最多的，与P1和CK相比较数值均要高。P5的角果长度是最长的，与其他各处理相比较均要长。对总体的数据进行分析，可以发现在习惯施肥的基础上进行施用减量化肥对油菜生长的影响较小，仅一次分枝数稍有降低；但是在化肥减量的基础上配施不同量的有机肥均能对油菜生长有不同程度的促进，能在不同程度上对油菜的株高、根颈粗、一次分枝数有所提高，P5有机肥施用量各个性状的增高幅度也是最大的。在化肥减量的同时配施有机肥，能在降低化肥投入的同时确保油菜生长发育所需要的养分，促进油菜生长[61]。

**表2-48　各处理油菜收获期主要农艺性状**

| 处理 | 株高（cm） | 根颈粗（cm） | 一次分枝数 | 角果长度（cm） |
|---|---|---|---|---|
| CK | 140.2±3.8 b | 0.9±0.1 b | 3.7±0.6 bc | 5.1±0.5 c |
| P1 | 140.2±3.8 b | 1.0±0.1 b | 3.4±0.2 c | 5.1±0.3 c |
| P2 | 150.4±7.4 b | 1.1±0.1 b | 4.6±0.8 ab | 5.2±0.7 c |
| P3 | 150.6±10.7 b | 1.1±0.1 b | 4.3±0.2 abc | 5.5±1.0 b |
| P4 | 163.0±5.0 a | 1.3±0.2 a | 5.2±0.2 a | 5.6±0.5 b |
| P5 | 163.0±4.2 a | 1.4±0.1 a | 5.3±0.8 a | 5.9±0.5 a |

注：不同小写字母表示各处理间差异显著（$P<0.05$）。CK，习惯施肥，按当地农民习惯施肥量，过磷酸钙750 kg/hm$^2$+氯化钾150 kg /hm$^2$（基施）+尿素450 kg/hm$^2$（其中270 kg作基肥，90 kg作苗肥，90 kg作薹肥）；P1，CK基础上化肥减量25%+有机肥0 kg/hm$^2$；P2，CK基础上化肥减25%+有机肥1 125 kg/hm$^2$；P3，CK基础上化肥减量25%+有机肥2 250 kg/hm$^2$；P4，CK基础上化肥减量25%+有机肥3 375 kg/hm$^2$；P5，CK基础上化肥减量25%+有机肥4 500 kg/hm$^2$。

从表2-49中可以看出，减量化肥配施生物有机肥的叶绿素a和叶绿素b含量与对照相比均有所提高，但是叶绿素a/b没有表现出这种趋势，类胡萝卜素含量的变化不大，叶绿素a+b含量却表现出相反的趋势即随生物有机肥Ⅰ用量的增加而降低，而生物有机肥Ⅱ则随着用量的增加而增加。T1和T6分别为生物有机肥Ⅰ和生物有机肥Ⅱ的最佳处理。且T6与CK2间存在显著性差异，这说明不同类型的生物有机肥在化肥减量相等条件下，对不同色素的影响不同，但在总体上均提高了光合色素总量，促进了油菜的光合能力，最终实现增产提质的效果[62]。

**表 2-49　不同施肥处理对油菜叶片内光合色素含量的影响**

| 处理 | 叶绿素 a (mg/g) | 叶绿素 b (mg/g) | 类胡萝卜素 (mg/g) | 叶绿素 a+b (mg/g) | 叶绿素 a/b |
|---|---|---|---|---|---|
| CK1 | 1.15±0.09 c | 0.25±0.03 b | 0.32±0.07 a | 1.41±0.10 c | 4.74±0.59 a |
| CK2 | 1.22±0.07 bc | 0.25±0.05 b | 0.33±0.04 a | 1.55±0.16 bc | 4.45±0.54 ab |
| T1 | 1.32±0.12 ab | 0.36±0.02 a | 0.37±0.05 a | 1.68±0.13 ab | 3.14±0.76 bc |
| T2 | 1.31±0.02 ab | 0.35±0.08 a | 0.35±0.01 a | 1.66±0.06 ab | 3.10±1.11 c |
| T3 | 1.30±0.12 ab | 0.33±0.07 ab | 0.33±0.01 a | 1.63±0.14 b | 3.64±0.47 abc |
| T4 | 1.34±0.02 ab | 0.33±0.05 ab | 0.35±0.03 a | 1.67±0.06 ab | 3.51±0.89 abc |
| T5 | 1.36±0.08 ab | 0.37±0.07 a | 0.38±0.07 a | 1.70±0.14 ab | 3.77±0.98 abc |
| T6 | 1.38±0.07 a | 0.38±0.04 a | 0.36±0.06 a | 1.76±0.10 a | 3.34±0.63 bc |

注：表中数据为平均值±标准误差；同列不同小写字母表示处理间差异显著（$P<0.05$）。CK1，不施肥；CK2，农大复合肥 50 kg/hm²；T1，农大复合肥 45 kg/hm²+生物有机肥Ⅰ5 kg/hm²；T2，农大复合肥 40 kg/hm²+生物有机肥Ⅰ10 kg/hm²；T3，农大复合肥 35 kg/hm²+生物有机肥Ⅰ15 kg/hm²；T4，农大复合肥 45 kg/hm²+生物有机肥Ⅱ5 kg/hm²；T5，农大复合肥 40 kg/hm²+生物有机肥Ⅱ10 kg/hm²；T6，农大复合肥 35 kg/hm²+生物有机肥Ⅱ15 kg/hm²。

从表 2-50 中可以看出，每 667 m² 理论产量和实收产量来看处理 2 均大于处理 1 和对照，化肥农药的减少施用有利于提高油菜的经济效益。处理 1 的菌核病发生程度最轻，处理 2 次之，说明采用种子处理+专用缓释肥的处理有利于提高油菜的植株抗性，从而起到防控病害的效果[63]。

**表 2-50　不同处理的油菜产量及病害发生情况**

| 处理 | 每 667 m² 株数（株） | 每 667 m² 理论产量（kg） | 每 667 m² 实收产量（kg） | 每 0.36 m² 各部分重量（g） | | | 菌核病发生情况 | |
|---|---|---|---|---|---|---|---|---|
| | | | | 茎秆 | 角壳 | 籽粒 | 病茎率（%） | 病情指数 |
| 1 | 13 047 | 244.0 | 205.1 | 242.00 | 149.67 | 193.61 | 8.0 | 4.8 |
| 2 | 12 296 | 232.5 | 194.3 | 209.67 | 125.67 | 158.05 | 8.4 | 4.9 |
| 3（CK） | 14 779 | 226.5 | 186.9 | 246.33 | 132.00 | 170.60 | 9.1 | 5.3 |

注：①化肥农药减施，新美洲星拌种‘宁杂 1818’种子采用人工直播，667m² 底施油菜专用缓释肥（$N-P_2O_5-K_2O=25-7-8$）60 kg，处理区面积为 5 669.5 m²；②复合肥+控释尿素，包衣‘宁杂 1818’种子采用人工直播，每 667 m² 底施普通复合肥（$N-P_2O_5-K2O=15-15-15$）50 kg+控释尿素（含 N 44%）17 kg，处理区面积为 2 001 m²；③当地农民习惯栽培（CK），普通‘宁杂 1818’种子采用人工直播，每 667 m² 底施普通复合肥（$N-P_2O_5-K_2O=15-15-15$）40 kg，苗肥每 667 m² 施尿素 5 kg，油菜抽薹期每 667 m² 施尿素 15 kg，处理区面积为 2 001 m²。各处理每 667 m²播种量均为 250 g，3 个处理在同一地块进行，不设重复。

## （二）双减对水稻的影响

从表2-51中可以看出，与CK处理相比，分蘖、株高、茎粗、最上完全叶面积、叶厚减施增效施肥均要高。说明减施增效施肥处理对水稻的生长有一定程度的促进，具有一定的肥效[64]。

**表2-51　减施增效施肥技术对水稻茎叶生长的影响**

| 处理 | 分蘖 | | 株高 | | 茎粗 | | 最上完全叶面积 | | 叶厚 | |
|---|---|---|---|---|---|---|---|---|---|---|
| | 测定值（根/株） | 与CK比较（%） | 测定值（cm） | 与CK比较（%） | 测定值（mm） | 与CK比较（%） | 计算值（$cm^2$） | 与CK比较（%） | 测定值（mm） | 与CK比较（%） |
| CK | 20.24 | — | 44.1 | — | 5.25 | — | 13.4 | — | 0.73 | — |
| 减施增效施肥 | 25.59 | 26.43 | 57.0 | 29.25 | 5.60 | 6.67 | 15.6 | 16.42 | 0.95 | 30.14 |

从表2-52数据可知，减施增效施肥处理的实粒数和产量均比对照要高，减施增效施肥处理的理论产量比CK处理的增加20.05%[64]。

**表2-52　减施增效施肥技术对水稻产量要素的影响**

| 处理 | 总穗数（万穗/亩） | 实粒数（粒/穗） | 千粒质量（g） | 产量 | |
|---|---|---|---|---|---|
| | | | | 理论值（kg/亩） | 与CK比较（%） |
| CK | 34.0 | 82.4 | 24.6 | 482.4 | — |
| 减施增效施肥 | 32.1 | 99.5 | 25.9 | 579.1 | 20.05 |

为探究水稻油菜轮作制度下的化肥农药减施效果，实现减量增效目标，2019—2020年油菜季开展“两减”试验。结果表明，“两减”模型比习惯模型肥料减少用量15 kg/亩，有效养分减少9.4 kg/亩，按市场价投入，减少费用40元/亩，农药制剂用量减少165 g/亩，投入减少7元/亩；“两减”模型的产量比习惯生产模型增产菜籽10.5 kg/亩，增收210.2元/亩，增产6.6%，达到显著水平；习惯区菌核病发病率1.0%，比“两减”区高7%，习惯生产模型氮肥偏重偏迟施用是菌核病高发的主要原因。秸秆（稻草）还田模型比“两减”模型增产油菜籽4 kg/亩，增产率2.3%，但差异不显著；油菜不施肥区没有产量；不施药田间杂草421 kg/亩，菌核病发病株29.2%，菜青虫为害株6%，比习惯模型区和“两减”模式区高。“两减”

模型在习惯施肥基础上减氮减磷减钾，实行肥料油菜专用，肥料加工工艺、养分配比更加合理，肥效长，适宜机械化操作。油菜病虫草害防治上，“两减”模型根据油菜发病特点和发生规律精准施药，药剂选择高效低毒安全为准则，达到了防效更加优化的效果[65]。

## 二、绿色栽培

对于稻油的绿色栽培主要要注意以下的问题，首先是对品种的选择，播种方式及深度的选择，施肥种类及用量的选择，还有要加强田间管理，在最后收获时既要选择合适的收获时期还要注意选择收获的方式。

### （一）绿色栽培对油菜生产的影响

湖北省内油菜生产以稻—油、稻—稻—油等模式为主。从表 2-53 中可以看出，利用绿色栽培技术总产量表现出上升的趋势。通过一些绿色栽培技术，如提高种植密度、选出适宜的品种等；单株角果数、千粒重均有所增加。三年间单产、总产量均有所上升。由此可得，绿色栽培技术有很明显的增产效果[66]。

**表 2-53　2016—2019 年油菜绿色高质高效技术“345”模式示范片产量构成因素分析**

| 年份 | 产量构成 4 因素 | | | | 单产（kg/亩） | 示范面积（万亩） | 总产量（万 t） |
|---|---|---|---|---|---|---|---|
| | 收获密度（株/亩） | 单株角果数（个） | 角粒数（个） | 千粒重（g） | | | |
| 2016—2017 | 2.04 | 168.19 | 19.64 | 3.47 | 189.00 | 108.70 | 20.54 |
| 2017—2018 | 2.17 | 162.14 | 18.66 | 3.45 | 189.30 | 140.00 | 26.50 |
| 2018—2019 | 2.16 | 185.49 | 18.64 | 3.55 | 195.97 | 175.00 | 34.29 |
| 平均 | 2.13 | 173.34 | 18.90 | 3.50 | 191.98 | 141.23 | 28.19 |

采用绿色高效栽培模式，从表 2-54 中可以看出，油菜的各项经济性状比较好。两个品种的植株性状株高、分枝部位高等表现都比较好。‘圣光 127’‘华早 291’两个品种的理论产量分别为 98.89 $m^2/kg$、95.13 $m^2/kg$[67]。

**表 2-54　油菜生产植株性状和经济性状表**

| 性状 | 油菜品种 | |
|---|---|---|
| | ‘圣光 127’ | ‘华早 291’ |
| 茎秆粗（mm） | 1.62 | 1.14 |

（续表）

| 性状 | 油菜品种 | |
|---|---|---|
| | ‘圣光 127’ | ‘华早 291’ |
| 株高（cm） | 137.36 | 110.15 |
| 分枝部位高（cm） | 27.26 | 26.64 |
| 每 667 $m^2$ 株数（万株） | 0.68 | 1.12 |
| 单株角果数（个） | 236.14 | 166.25 |
| 角粒数（粒） | 18.15 | 15.10 |
| 千粒质量（g） | 3.40 | 3.40 |
| 每 667 $m^2$ 理论产量（kg） | 98.89 | 95.13 |
| 每 667 $m^2$ 实测单产（kg） | 97.00 | 92.50 |

## （二）绿色栽培对水稻生产的影响

从表 2-55 可以看出，不同处理在不同的时期变化趋势是基本一致的。随着水稻生育期的推进，水稻干物质的生产和分配表现出上升的趋势。处理 4 在够苗期的干物质生产与分配是最高的；处理 2 在抽穗期的干物质是最高的；处理 3 在成熟期的干物质是最高的与其他处理相比较效果是最好的[68]。

**表 2-55　水稻干物质生产与分配**　　单位：$g/m^2$

| 时期 | 对照 | 处理 1 | 处理 2 | 处理 3 | 处理 4 |
|---|---|---|---|---|---|
| 移栽期 | 82.91 | 74.62 | 70.52 | 64.61 | 65.74 |
| 够苗期 | 544.30 | 819.09 | 760.16 | 842.01 | 1 025.38 |
| 抽穗期 | 2 679.56 | 3 430.27 | 3 659.10 | 3 120.22 | 2 771.87 |
| 成熟期 | 3 552.94 | 4 388.40 | 4 065.00 | 5 329.66 | 4 035.90 |

注：处理 1，较常规施氮量减氮 10%，基肥：蘖穗肥 = 5 : 5；处理 2，较常规施氮量减氮 10%，基肥：蘖穗肥 = 6 : 4；处理 3，较常规施氮量减氮 10%，基肥：蘖穗肥 = 7 : 3；处理 4，较常规施氮量减氮 10%，基肥：蘖穗肥 = 8 : 2。

由表 2-56 中可以看出，CK 处理与减施增效施肥处理相比较，减施增效施肥处理对水稻根系生长有明显的促进作用。有好的根系对水稻植株的生长有很大的作用，不仅对养分的吸收能力增加，还对植株有更好的支撑作用，在一定程度上增加水稻产量[69]。

**表 2-56　减施增效施肥技术对水稻根系生长的影响**

| 处理 | 根幅 | | 根鲜质量 | | 最长新根长度 | |
|---|---|---|---|---|---|---|
| | 测定值（$m^2$） | 与 CK 比较（%） | 测定值（g） | 与 CK 比较（%） | 测定值（cm） | 与 CK 比较（%） |
| CK | 23.4 | — | 18.7 | — | 5.9 | — |
| 减施增效施肥 | 31.8 | 35.90 | 25.5 | 36.36 | 8.4 | 42.37 |

注：2021 年 6 月 30 日测定，30 株平均数。

现在很多地区都在进行绿色栽培的试验，例如营山县及川东地区稻—油轮作相似生态区，坚持生产生态并重的产业导向，因势利导积极应用“三推”（推广高产高效多抗新品种、推广机械化轻简化规模化栽培技术、推进耕地质量建设）、“三控”（控肥、控药、控水）和“三作”（稻鸭共作、互利种群间套作、水旱轮作）稻—油绿色增产模式，有望走出一条区域特色的粮油可持续发展之路[70]。

# 参考文献


[1] 赵小光，张耀文，陈文杰，等. 不同种植密度下甘蓝型油菜光合生理特性的差异［J］. 西南农业学报，2019，32（7）：1531-1536.

[2] 李虹桥，赖莹，母娜，等. 密度对不同株高油菜冠层结构与群体光合能力的影响［J］. 浙江农业学报，2022，34（3）：419-427.

[3] 郑本川，张锦芳，李浩杰，等. 种植密度对不同甘蓝型油菜农艺性状和产量品质性状的影响［J］. 安徽农业科学，2018，46（30）：38-40.

[4] 段秋宇，廖方全，刘士山，等. 种植密度及行距配置对直播油菜农艺性状和产量品质的影响［J］. 四川农业大学学报，2017，35（2）：167-171.

[5] 姚月明，沈明星，孙华，等. 稻茬套播油菜种植密度与产量及其分枝习性的关系［J］. 上海农业学报，2005（1）：29-32.

[6] 杨进成，李祥，胡新洲，等. 不同种植密度对免耕山地油菜农艺性状和产量的影响［J］. 中国农学通报，2019，35（14）：25-31.

[7] 曾仁杰. 不同种植密度对宁化河龙贡米水稻品种农艺性状和产量

的影响［J］. 中国农学通报，2018，34（36）：1-6.
［8］ 季红娟，董长生，赵步洪，等. 播期和栽插密度对水稻扬粳 805 产量与品质的影响［J］. 扬州大学学报（农业与生命科学版），2018，39（2）：10-15.
［9］ 黄冬福. 种植密度影响水稻农艺性状的研究进展［J］. 安徽农学通报（上半月刊），2012，18（1）：70-71，76.
［10］ 秦炎，秦亚平. 种植密度对水稻群体质量和产量形成的影响［J］. 湖北农业科学，2017，56（12）：2222-2225.
［11］ 段庆波. 湖北省油—稻轮作下作物施肥效果和养分吸收规律及土壤养分变化特征研究［D］. 武汉：华中农业大学，2011.
［12］ 于飞，周健民，王火焰，等. 不同氮肥对油菜生长和养分吸收的影响［J］. 土壤肥料，2005（1）：20-22，41.
［13］ 郭子琪，王慧，韩上，等. 氮肥用量对直播油菜产量及氮素吸收利用的影响［J］. 中国土壤与肥料，2020（5）：40-44.
［14］ 康水英. 不同氮肥水平对水稻农艺性状与氮肥利用率的影响［J］. 农业科技通讯，2021（7）：161-164.
［15］ 方娅婷，李会枝，廖世鹏，等. 氮肥和磷肥用量对油菜开花性状的影响［J］. 中国油料作物学报，2019，41（2）：199-204.
［16］ 王雪，樊军鹏，李海涛，等. 低磷胁迫对甘蓝型油菜自然群体产量及品质的影响［J］. 中国农业科技导报，2018，20（2）：93-100.
［17］ 张锦滨，王晓云，孟圆，等. 不同磷肥用量对水稻产量效益、磷肥利用率及土壤养分的影响［J］. 中国农学通报，2021，37（32）：96-101.
［18］ 陈健晓，王小娟，屠乃美，等. 低磷胁迫对 4 种香稻苗期磷积累量及叶绿素荧光参数的影响［J］. 湖南农业大学学报（自然科学版），2021，47（4）：369-377.
［19］ 李剑，朱青，陈正刚，等. 不同钾肥用量对油研 599 油菜产量及养分吸收量的影响［J］. 现代农业科技，2011（5）：43-44.
［20］ 张晓燕，华春. 钾肥对油菜干物质积累及分配的影响［J］. 淮阴师范学院学报（自然科学版），2003（4）：333-337.
［21］ 朱波，徐绮雯，马淑敏，等. 干旱胁迫下施钾水平对油菜生长特性、籽粒品质和钾素利用的影响［J］. 植物营养与肥料学报，

2021，27（6）：1016-1026.
[22] 朱波，徐绮雯，马淑敏，等. 干旱缺钾对油菜内源激素、光合作用和叶绿素荧光特性的影响［J］. 中国油料作物学报，2022，44（3）：570-580.
[23] 刘子琪，华利民，陈玥，等. 钾肥对水稻秧苗素质及营养吸收的影响［J］. 辽宁农业科学，2020（1）：45-48.
[24] 孙骏威，翁晓燕，李峤，等. 缺钾对水稻不同品种光合和能量耗散的影响［J］. 植物营养与肥料学报，2007（4）：577-584.
[25] 薛欣欣，鲁剑巍，李小坤，等. 不同施氮量下缺钾对水稻叶片营养及生理性状的影响［J］. 植物营养与肥料学报，2016，22（6）：1494-1502.
[26] 孙梦遥，徐岚俊，李小龙，等. 不同节水方式对油菜水分利用、分配及产量的影响［J］. 中国农业科技导报，2021，23（9）：138-143.
[27] 牛春荟，钱永德，汪秀志，等. 播种量和苗后水分管理对寒地水稻秧苗素质的影响［J］. 江苏农业科学，2022，50（3）：110-115.
[28] 唐杉，郭熙盛，曹卫东，等. 相同肥料用量紫云英与化肥配施对水稻生长及产量的影响［J］. 安徽农业科学，2011，39（14）：3.
[29] 徐明岗，李冬初，李菊梅，等. 化肥有机肥配施对水稻养分吸收和产量的影响［J］. 中国农业科学，2008，41（10）：7.
[30] 王建红，张贤，李增强，等. 有机肥在油—稻轮作田块对油菜生长和土壤肥力的影响［J］. 中国土壤与肥料，2017（4）：31-36.
[31] 罗海波，黄勇，王朝云. 不同类型复合肥对油研7号生长发育的影响［J］. 贵州农业科学，2000（4）：37-39.
[32] 王友强，赵哲，汪社亮，等. 硼氮互作对甘蓝型油菜生长、氮素吸收和籽粒产量的影响［J］. 华中农业大学学报（自然科学版），2022，41（2）：38-47.
[33] 杨灵，韩配配，张钰钦，等. 氮镁胁迫对油菜苗期养分累积及氮同化的影响［J］. 华北农学报，2021，36（5）：167-175.
[34] 汪本福，黄金鹏，赵锋，等. 硅氮配施对水稻光合特性、叶绿素

荧光及产量的影响［J］. 中国稻米，2016，22（1）：30-34.
［35］ 贺子俨，刘瑛，甘豪，等. 硫、硅肥配施对铜胁迫下水稻产量和品质的影响［J］. 江西农业大学学报，2022，44（3）：519-528.
［36］ 黄新杰，刘唐兴. 不同处理对机械移栽油菜秧苗素质的影响［J］. 安徽农学通报，2020，26（21）：40-41.
［37］ 姜福元，段志红，肖长惜，等. 除草剂催熟对油菜籽粒产量品质及残留量的影响［J］. 中国油料作物学报，2015，37（6）：820-826.
［38］ 周晶，钱杨，谭长龙，等. 施用除草剂对水稻直播秧苗素质的影响［J］. 湖南农业科学，2018，（1）：78-80，85.
［39］ 陈时龙，袁伟，周定邦，等. 不同除草剂对稻田杂草的防效及水稻生长和产量的影响［J］. 安徽农业科学，2018，46（9）：121-123.
［40］ 王俊明. “稻—油”轮作绿色高效机械化栽培模式分析［J］. 南方农业，2021，15（9）：24-25.
［41］ 周秀梅. 不同机械化整地技术对稻田土壤理化性质和水稻产量的影响［J］. 安徽农业科学，2021，49（14）：200-202.
［42］ 宋春芳，文吉辉，杨露，等. 早稻机械精量穴直播与人工撒播对比研究［J］. 湖南农业科学，2016（2）：16-18.
［43］ 谭敦勇. 水稻人工插秧和机械插秧经济效益对比［J］. 农业工程，2017，7（3）：181-183，186.
［44］ 罗友谊，王慰亲，郑华斌，等. 不同机械有序种植方式对水稻生长特性及产量的影响［J］. 中国农业科技导报，2021，23（7）：162-171.
［45］ 倪道理，沈庆雷. 播种深度对机械旱直播水稻的影响［J］. 现代农业科技，2013（18）：36，39.
［46］ 戴曲文，白洁瑞，储亚云，等. 机械化施肥对水稻产量及经济效益的影响［J］. 现代农业科技，2019（14）：11，14.
［47］ 牟楠. 水稻全程机械化生产技术及装备研究［J］. 农业科技与装备，2014（3）：34-35，38.
［48］ 水稻生产全程机械化技术［J］. 云南农业，2022（4）：52-53.
［49］ 李毅念，陈俊生，丁启朔，等. 轴流式和切流式机械脱粒对稻谷

损伤及加工品质的影响［J］. 农业工程学报，2017，33（15）：41-48.

［50］ 肖文芳，舒彩霞，廖庆喜，等. 犁旋组合式稻茬全量还田油菜直播种床整理机设计与试验［J］. 华中农业大学学报，2019，38（6）：139-146.

［51］ 田贵生，周志华，程应德，等. 鄂东晚收稻田油菜两种飞播种植模式的产量及效益比较［J］. 中国农学通报，2022，38（18）：57-61.

［52］ 陈玲英，任涛，周志华，等. 鄂东稻田油菜免耕飞播技术模式的产量及效益评价［J］. 湖北农业科学，2022，61（9）：8-12.

［53］ 漆明芝. 来安县油菜机播与常规人工移栽生产成本的对比试验［J］. 农业开发与装备，2019（2）：105-106.

［54］ 陈雪飞. 不同机械化直播方式下的冬油菜种植经济效益分析［J］. 基层农技推广，2020，8（6）：15-17.

［55］ 余自强. “稻—油”轮作耕地休耕绿色高效机械化栽培模式［J］. 农技服务，2018，35（6）：32-33.

［56］ 杨军华，张忠兴. 油菜机械化收获技术要领［J］. 浙江农村机电，2008（5）：28.

［57］ 陈红琳，陈尚洪，沈学善，等. 不同收获方式对油菜子粒损失、含油量及种植效益的影响［J］. 作物杂志，2015（5）：74-79.

［58］ 白晨阳，何蕗子，贾才华，等. 机械收获方式对油菜籽粒关键性状的影响［J］. 中国农业科学，2021，54（14）：2991-3003.

［59］ 高立兵，马海清，刘清云，等. 油菜不同收获方式比较试验［J］. 现代农业科技，2021（1）：19-20.

［60］ 周丽平，赵秋，张新建，等. 新型增效复合肥料对水稻养分吸收和产量的影响［J］. 华北农学报，2022，37（2）：112-120.

［61］ 马肖，刘木兰，何潇，等. 化肥减量配施有机肥对油菜产量形成及菜籽品质的影响［J］. 作物研究，2020，34（6）：518-524.

［62］ 宋以玲，于建，陈士更，等. 化肥减量配施生物有机肥对油菜生长及土壤微生物和酶活性影响［J］. 水土保持学报，2018，32（1）：352-360.

［63］ 张鑫鑫，马长青，张春华，等. 油菜肥药减施绿色栽培试验简报［J］. 上海农业科技，2022（2）：50-51.

[64] 陈绍荣，邵建华，张明泽，等. 水稻绿色栽培减施增效施肥技术及其应用研究［J］. 肥料与健康，2022，49（3）：11-14.
[65] 鲁君明，余细俊. 2019—2020年油菜季化肥农药减施技术的田间试验［J］. 湖北植保，2020（3）：4.
[66] 程泰，陈爱武，蒋博，等. 油菜绿色高质高效技术“345”模式示范推广成效及应用前景［J］. 中国农技推广，2020，36（10）：27-29.
[67] 朱建明，陈海萍，尹恒. 头季水稻—再生稻—油菜（绿肥）周年绿色高效栽培模式研究［J］. 南方农业，2020，14（24）：30-31，42.
[68] 刘超，赵娟娟，刘萍英. 氮肥减量绿色调优栽培技术对水稻的影响［J］. 农业工程技术，2022，42（14）：8-9.
[69] 陈绍荣，邵建华，张明泽，等. 水稻绿色栽培减施增效施肥技术及其应用研究［J］. 肥料与健康，2022，49（3）：11-14.
[70] 胡强，王方明. 营山县“稻—油”绿色增产模式示范应用［J］. 农业科技通讯，2017（9）：182-184.

# 第三章　调控措施对稻油轮作模式下作物生长的影响

## 第一节　微肥对稻油生产的影响

微肥，也叫微量元素肥料，是可为植物提供微量元素的一类肥料，在植物体内含量极其微小，却有着强大的生物科学作用，微量元素包括硼、锌、钼、铁、锰、铜等。常用的微肥主要有：硼肥、钼肥、锌肥、铜肥、锰肥、铁肥，追施中微量元素肥料可提高纽荷尔脐橙[1]、番茄[2]、西瓜[3]、苹果[4]、葡萄[5]、罗汉果[6]的单果质量、糖度、营养元素等，增产增效明显。

### 一、微肥对稻油产量和品质的影响

#### （一）微肥对水稻产量和品质的影响

1. 复合微肥

在常规施肥的基础上，施用硼锰铜复合微肥能促进超级稻前期生长发育，分蘖早且较快，对产量构成因素的良好形成具有较明显的影响，其中处理 C 效果最好。处理 C 有效穗分别比处理 A、处理 B、处理 D 多 7.0 万穗/$hm^2$、3.8 万穗/$hm^2$、12.1 万穗/$hm^2$；每穗实粒数分别多 3.1 粒、1.5 粒、6.9 粒；结实率分别提高 2.2%、1.5%、4.0%；千粒重分别增加 0.8 g、0.5 g、1.1 g（表 3-1）。在施基肥、抛秧后 10 d、幼穗分化 1 期分别施硼锰铜复合微肥 10.0 kg/$hm^2$ 获得的产量最高，达到 8 405.5 kg/$hm^2$；其次是处理 B，再次是处理 A，处理 D 产量最低。处理 C 分别比处理 A、处理 B、处理 D 增产 710.2 kg/$hm^2$、383.5 kg/$hm^2$、1 153.4 kg/$hm^2$，增长 9.2%、4.8%、15.9%，差异均极显著；处理 B、A 与处理 D 差异极显著；处理 B 与处理 A 差异极显著。说明在常规施肥的基础上，增施硼锰铜复合微肥各处理对提高超级稻产量均具有显著的效果，但以处理 C 更为明显（表 3-2）[7]。

**表 3-1　不同处理对超级稻产量构成因素的影响[7]**

| 处理 | 有效穗（万/$hm^2$） | 每穗总粒（粒） | 每穗实粒（粒） | 结实率（%） | 千粒重（g） |
|---|---|---|---|---|---|
| A | 226.2 | 162.7 | 135.0 | 82.9 | 25.3 |
| B | 229.4 | 163.3 | 136.6 | 83.6 | 25.6 |
| C | 233.2 | 162.2 | 138.1 | 85.1 | 26.1 |
| D | 221.1 | 164.0 | 131.2 | 81.1 | 25.0 |

注：处理 A，基肥配硼锰铜复合微肥 30.0 kg/$hm^2$；处理 B，基肥配施硼锰铜复合微肥 15.0 kg/$hm^2$，抛秧后 10 d 追施硼锰铜复合微肥 15.0 kg/$hm^2$；处理 C，基肥配施硼锰铜复合微肥 10.0 kg/$hm^2$、抛秧后 10 d 追施硼锰铜复合微肥 10.0 kg/$hm^2$、幼穗分化 1 期追施硼锰铜复合微肥 10.0 kg/$hm^2$；处理 D，常规施肥。

**表 3-2　实际产量统计及方差分析结果[7]**

| 处理 | 重复一 | 重复二 | 重复三 | 平均（kg/$hm^2$） | 比处理 D 增产 | 增长（%） |
|---|---|---|---|---|---|---|
| A | 7 640.7 | 7 753.0 | 7 692.2 | 7 695.3 cC | 443.2 | 6.1 |
| B | 7 938.0 | 8 023.3 | 8 104.7 | 8 022.0 bB | 769.9 | 10.6 |
| C | 8 487.9 | 8 347.5 | 8 381.1 | 8 405.5 aA | 1 153.4 | 15.9 |
| D | 7 279.0 | 7 301.3 | 7 176.0 | 7 252.1 dD | — | — |

注：小写字母表示差异达到显著水平，大写字母表示差异达到极显著水平，余同。

单施锌、硅、硼肥或锌硼硅肥配合施用，均可促进中稻‘广两优 5 号’生长，改善经济性状，其中锌肥对总苗数、株高和有效穗数的增加作用明显，硼肥对穗实粒数、结实率和千粒重有较好的增加作用，硅肥对穗总粒数（穗长和大小）有较为明显的增加作用（表 3-3）；锌硼硅肥配合施用能提高蛋白质含量，并使米质的胶稠度变长变软，其中锌肥对总苗数、株高和有效穗数的增加作用明显，硼肥则对穗实粒数、结实率和千粒重有较好的增加作用[8-9]。研究表明，稻米中含一定量的锌、钼、锰、铜等微量元素有利于降低垩白粒率和垩白面积，从而改善稻米品质，经 Zn、Cu、Mn、Mo、B 等微量元素叶面喷施处理的杂交水稻‘新香优 77’‘香两优 68’以及常规稻‘湘早籼 31 号’3 个水稻品种其稻米中微量元素的含量均比未施微肥的对照高故其稻米垩白粒率与垩白面积也均比对照低因而稻米品质得到改善，同一水稻品种其稻米中微量元素含量与蛋白质含量呈正相关，水稻吸收微量元素较多的稻米中蛋白质含量就较高[10]。

**表 3-3 中微量元素硅、锌硼对水稻经济性状的影响[10]**

| 处理 | 基本苗数（万/hm²） | 最高苗数（万/hm²） | 始穗期株高（cm） | 有效穗数（万/hm²） | 穗总粒数（粒） | 穗实粒数（粒） | 结实率（%） | 千粒重（g） |
|---|---|---|---|---|---|---|---|---|
| CK | 90. 3 | 198 | 86. 2 | 164 | 153. 4 | 139. 6 | 91. 0 | 27. 13 |
| OPT | 90. 3 | 267 | 88. 4 | 210 | 190. 9 | 160. 7 | 84. 2 | 26. 63 |
| OPT+Zn | 90. 1 | 275 | 91. 2 | 219 | 191. 1 | 161. 0 | 84. 3 | 26. 67 |
| OPT+B | 89. 9 | 264 | 90. 2 | 210 | 194. 8 | 171. 4 | 87. 9 | 26. 76 |
| OPT+Si | 90. 1 | 270 | 90. 7 | 215 | 196. 4 | 171. 2 | 87. 2 | 26. 70 |
| OPT+Zn+B+Si | 90. 0 | 275 | 91. 3 | 220 | 197. 8 | 174. 9 | 88. 4 | 26. 77 |

本试验以籼型杂交水稻‘隆晶优蒂占’为材料，采用 BR、Si、Se 3 种叶面肥进行组合，共设 8 个处理，分别为对照（CK）、BR、Si、Si+BR、Se、Se+BR、Si+Se、Si+Se+BR，研究其生理指标含量。结果发现，各处理测得产量均高于对照（表 3-4），且在 Se 处理最高（640. 13 kg），相比对照增加 8. 8%，其次是 BR、BR+Se，相比对照分别增加 8. 3%、8. 2%，各处理平均产量为 617. 11 kg/m²，增幅在 2. 2%～8. 8%，表明 Si、Se、BR 处理具有一定的增产作用，并且在 Se、BR、BR+Se 处理下效果较佳。

**表 3-4 不同叶面肥处理下对应的产量（kg/m²）**

| 品种 | BR | Si+BR | Si+Se+BR | Se+BR | Si | Se | Si+Se | CK |
|---|---|---|---|---|---|---|---|---|
| ‘隆晶优蒂占’ | 631. 6 | 626. 84 | 619. 73 | 631. 19 | 608. 33 | 640. 13 | 595. 88 | 583. 2 |
| 提高（%） | +8. 3 | +7. 5 | +6. 3 | +8. 2 | +4. 3 | +8. 8 | +2. 2 | — |

2. 锌肥

施用锌可促进根向茎的转运（增加 12%～70%）和氮向叶片（增加 19%～49%）的分配（图 3-1），还可促氮向叶片（增加 19%～49%）和糙米（增加 6%～9%）的转移。在田间适当组合施用锌和氮肥有助于提高植物对氮的利用和人类与水稻的锌营养[11]。

## （二）微肥对油菜产量和品质的影响

1. 硼肥对油菜产量和品质的影响

在常规施肥的基础上分别设置油菜苗期和移栽返青后叶面喷施富乐硼（粉剂）、等量清水和空白对照 3 个处理以研究叶面喷施硼肥对油菜影响，

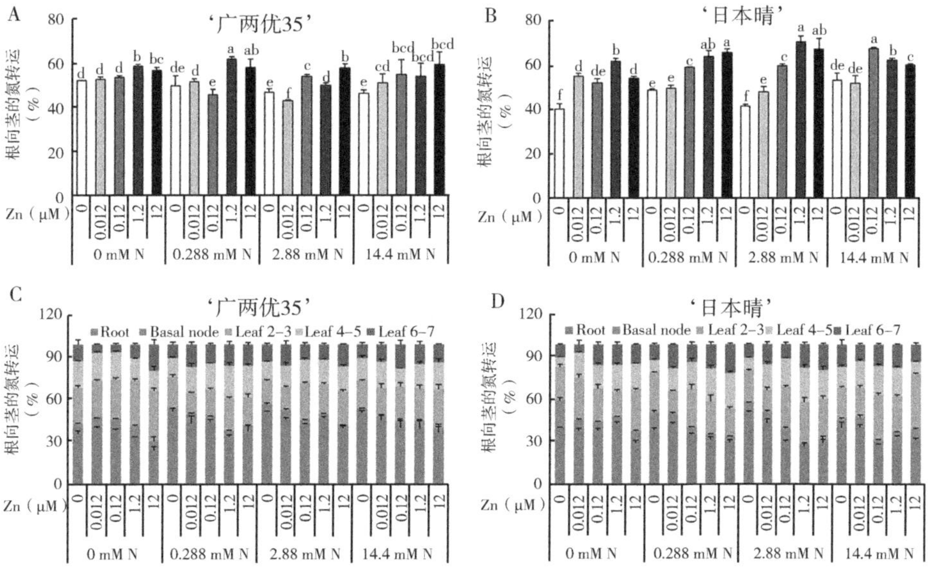


**图 3-1　在‘广两优 35’和‘日本晴’中氮的根到茎易位（A，B）和分布（C，D）**

注：在 Yoshida 溶液中生长，氮和锌供应的不同组合持续 4 周。3 次生物学重复取平均值±标准差。

结果发现，与处理 2（CK1）相比（表 3-5），喷施微量元素水溶肥料富乐硼（粉剂）的处理 1 平均株高增加 3.7 cm，茎粗增加 0.3 cm，有效分枝数增加 0.5 个/株，有效角果数增加 47 个/株，有效粒数增加 0.4 粒/角，千粒重增加 0.1 g；与处理 3（CK2）相比，处理 1 的平均株高增加 3.9 cm，茎粗增加 0.4 cm，有效分枝数增加 0.7 个/株，有效角果数增加 51 个/株，有效粒数增加 0.5 粒/角，千粒重增加 0.1 g。处理 1 的 6 个经济性状指标与处理 2 和处理 3 的差异均达显著水平，表明处理 1 的各项经济性状都有显著改善[12]。

分析经济效益发现，将油菜籽按当地当时市场价格 6.0 元/kg 计算，处理 1 的产值为 13 860 元/$hm^2$，比处理 2（CK1）增加 1 260 元/$hm^2$，比处理 3（CK2）增加 1 440 元/$hm^2$（表 3-6）。3 个处理相同的成本为种子 225.00 元/$hm^2$、肥料成本 2 006.85 元/$hm^2$（尿素 378 kg/$hm^2$×2.9 元/kg、过磷酸钙 624 kg/$hm^2$×0.6 元/kg、氯化钾 214.5 kg/$hm^2$×2.5 元/kg）、农药成本（含施药）900 元/$hm^2$、人工成本 3 000 元/$hm^2$，合计 6 131.85 元/$hm^2$；增加的成本为处理 1 微量元素水溶肥料富乐硼（粉

剂）45 元/$hm^2$ 和 2 次施硼肥人工成本共 600 元/$hm^2$，处理 2（CK1）施清水 2 次人工成本共 600 元/$hm^2$。处理 1 合计成本 6 776.85 元/$hm^2$，处理 2（CK1）合计成本 6 731.85 元/$hm^2$。处理 1 的纯收入比处理 2（CK1）增加 1 215 元/$hm^2$，增长 20.7%，比处理 3（CK2）增加 795 元/$hm^2$，增长 12.6%；处理 2（CK1）比处理 3（CK2）减少 420 元/$hm^2$。这说明喷施微量元素水溶肥料富乐硼（粉剂）能明显增加经济效益，而喷施等量清水可略为增加产量和产值，但经济效益反而降低[12]。

**表 3-5　各处理油菜的经济性状指标**

| 处理 | 株高（cm） | 茎粗（cm） | 有效分枝（个/株） | 有效角果（个/株） | 有效粒数（个/角） | 千粒重（g） |
|---|---|---|---|---|---|---|
| 1 | 192.4 aA | 21.8 aA | 8.1 aA | 168 aA | 22.4 aA | 3.8 aA |
| 2（CK1） | 188.7 bB | 21.5 bB | 7.6 bA | 321 bB | 22.0 bA | 3.7 bA |
| 3（CK2） | 188.5 bB | 21.4 bA | 7.4 bA | 317 bB | 21.9 bA | 3.7 bA |

注：处理 1，常规施肥+微量元素水溶肥料富乐硼（粉剂），叶面喷施；处理 2（CK1），常规施肥+等量清水，分别在同一时期喷施与处理 1 等量的清水；处理 3（CK2），仅常规施肥，不喷硼肥，也不喷清水。

**表 3-6　各处理的经济效益**

| 处理 | 平均单产（kg/$hm^2$） | 单价（元/kg） | 产值（元/$hm^2$） | 成本（万穗/$hm^2$） | | | | | 纯收入（元/$hm^2$） | 纯收入比较（元/$hm^2$） | |
|---|---|---|---|---|---|---|---|---|---|---|---|
| | | | | 种子 | 肥料 | 农药 | 人工 | 合计 | | 比处理 2± | 比处理 3± |
| 1 | 2 310 | 6.0 | 13 860 | 225.0 | 2 051.85 | 900 | 3 600 | 6 776.85 | 7 083.15 | 1 215.0 | 795.00 |
| 2（CK1） | 2 100 | 6.0 | 12 600 | 225.00 | 2 006.85 | 900 | 3 600 | 6 731.85 | 5 868.15 | — | -420.00 |
| 3（CK2） | 2 070 | 6.0 | 12 420 | 225.0 | 2 006.85 | 900 | 3 600 | 6 131.85 | 6 288.15 | 420.0 | — |

2. 复合微肥对油菜产量和品质的影响

在常规施肥基础上增施硼、镁、钙肥可明显提高单株角果数和每角粒数（表 3-7），和处理 2 相比，处理 3 到处理 5 单株角果数分别增 8.6%、13.1%和 13.8%，角粒数增 27.8%、31.2%和 33.3%，并达显著水平；增施硼镁钙肥对粒重无影响。同时，表 3-7 也显示，常规施肥处理 2 和空白处理 1 间各产量构成因子无显著差异。表明在本试验条件下，中微量元素对产量构成因子产生较大影响。油菜产量依次为处理 5>处理 4>处理 3>处理 2>处理 1，其中亩产量最高的处理 5 为 151.97 kg，比处理 2 的 110.87 kg 增加 37.1%，差异达显著水平。产量大小变化趋势说明增施硼镁钙肥可通过提高单株角果数和每角粒数而增产，本试验中硼肥和钙、镁肥混合施用比单施硼肥增产效果明显[13]。

**表 3-7　不同处理的油菜产量及构成因子**

| 处理 | 单株角果数（角/株） | 角粒数（粒/角） | 粒重（mg） | 实际产量（kg/667m²） |
|---|---|---|---|---|
| 1 | 271.77 b | 13.92 b | 5.03 a | 93.33 c |
| 2 | 311.10 ab | 15.60 b | 4.79 a | 110.87 bc |
| 3 | 337.92 a | 19.94 a | 5.03 a | 134.66 ab |
| 4 | 351.97 a | 20.47 a | 4.94 a | 141.37 ab |
| 5 | 354.03 a | 20.79 a | 5.11 a | 151.97 a |

注：处理 1 为空白对照，不施任何肥料；处理 2 常规用肥施氮、磷、钾肥，不施微肥，即亩施 N、$P_2O_5$、$K_2O$ 分别为 7.68 kg、6.00 kg、7.50 kg；处理 3 到处理 5 在处理 2 的施肥基础上增施微肥，其中，处理 3 亩增施 B 27.3 g，处理 4 亩增施 B 20 g+Mg 89.3 g，处理 5 亩增施 B 27.3 g+Ca 1.84 kg。

## 二、微肥对稻油生理生化特性的影响

### （一）微肥对水稻生理生化特性的影响

本实验以籼型杂交水稻‘隆晶优蒂占’为材料，采用 BR、Si、Se 3 种叶面肥进行组合，共设 8 个处理，分别为对照（CK）、BR、Si、Si+BR、Se、Se+BR、Si+Se、Si+Se+BR，研究发现，在不同叶面肥处理下，叶绿素含量在孕穗期达最大值，变化符合叶绿素含量先升高后降低的变化规律，对比对照，分蘖期的 BR，孕穗期的 Si，灌浆期的 Si+BR、Se+BR、Si+Se、Si+Se+BR，成熟期的 Si、Si+BR、Si+Se、Si+Se+BR 均显著高于对照（图 3-2）。可溶性糖含量在孕穗期达最低（除 BR 外），在抽穗期达最高，且在抽穗期后呈持续递减的趋势（除 Si 外）。同时对比对照，孕穗期的 BR、Si、Si+BR，抽穗期的 Si+BR，灌浆期的 Se+BR、Si+Se、Si+Se+BR，成熟期的 Se、Si+Se+BR 均显著高于对照（图 3-3）。

超氧化物歧化酶（Superoxide Dismutase，SOD）酶活性在抽穗期达最高，且在抽穗期之前变化规律与可溶性糖一致，在抽穗期之后，除 Si+BR、Se、Se+BR、Si+Se、Si+Se+BR 外，其余均呈逐渐递减的趋势，一定程度说明 Si+BR、Se、Se+BR、Si+Se、Si+Se+BR 能够提高 SOD 活性。另外对比对照，孕穗期的 BR、Si+BR，抽穗期的 BR，灌浆期的 BR、Se+BR，成熟期的 BR、Si+BR、Se、Se+BR、Si+Se、Si+Se+BR 均显著高于对照（图 3-4）。过氧化物酶（Peroxidase，POD）在抽穗期以前两时期间无明显变化，在抽穗期达最大值，在抽穗期后，除成熟期的 BR，Se+BR，Si+Se 外，其余均下降。并且对比对照，仅有抽穗期的 Si，成熟期的 BR、Se+BR、Si+Se 要显著高于对照（图 3-5）。与对照相比，除灌浆期的 Se、Se+BR、Si+Se、Si+Se+BR，成熟期的 Si+BR、Si+Se 外，其余丙二醛（Malonaldehyde，MDA）含量均显著低于对照，或差异不明显（图 3-6）。过氧化氢酶（Catalase，CAT）活性在孕穗期达到最高，之后除成熟期外，其余均随着生育期的推进而逐渐递减，并在灌浆期达最低。孕穗期的 Si，灌浆期的 Si+Se，成熟期的 BR、Se、Si+Se 显著高于对照（图 3-7）。

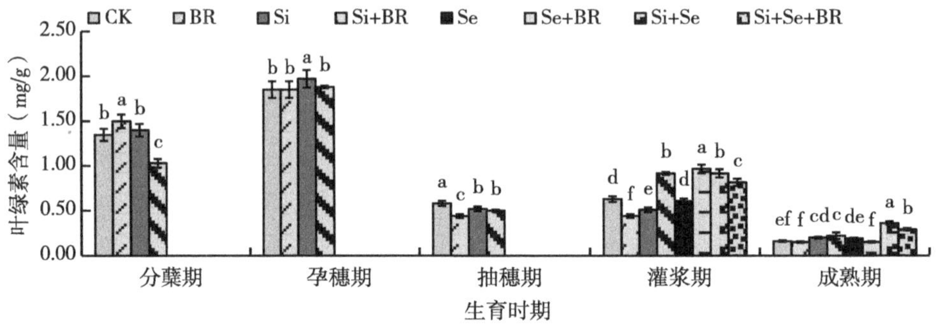


**图 3-2　不同生育时期叶绿素含量**

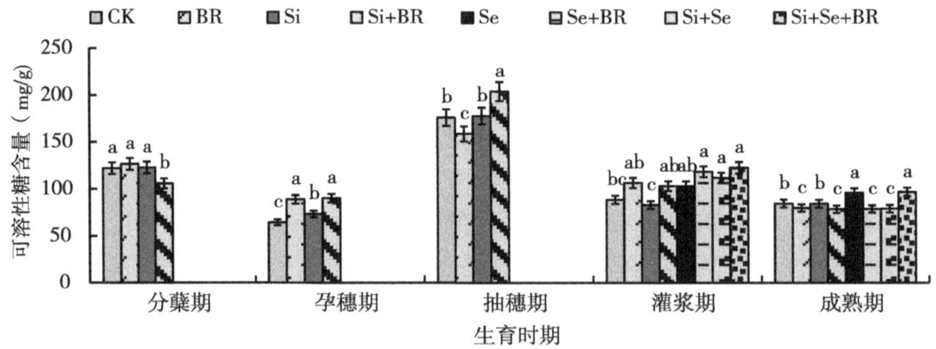


**图 3-3　不同生育时期可溶性糖含量**

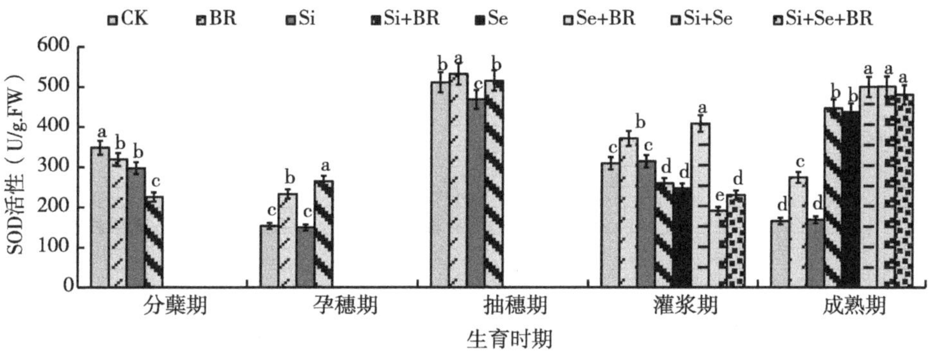


**图 3-4 不同生育时期 SOD 活性**

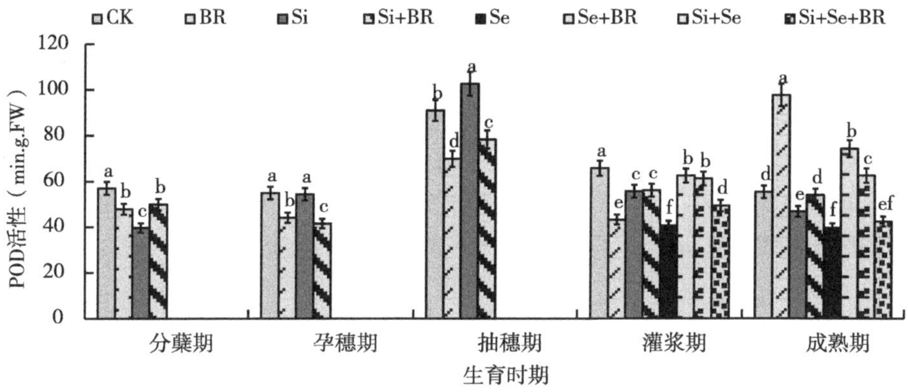


**图 3-5 不同生育时期 POD 活性**

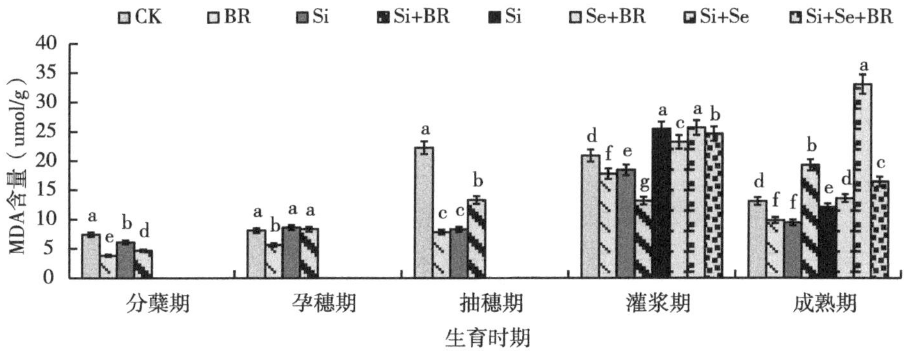


**图 3-6 不同生育时期 MDA 含量**

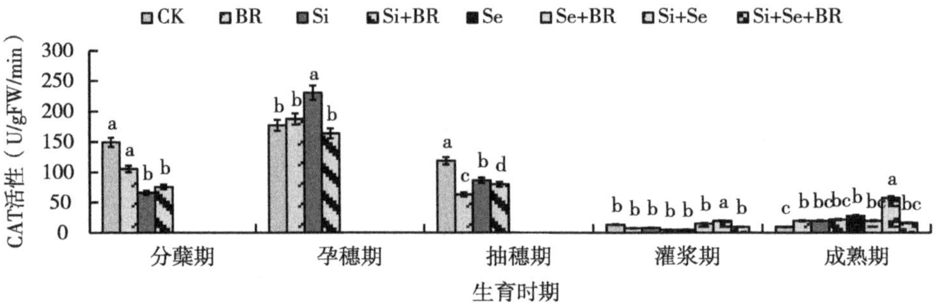


**图 3-7　不同生育时期 CAT 活性**

研究表明，以‘盐丰 47’为材料施入江苏龙灯化学有限公司生产的“龙灯”系列微肥能有效提高水稻秧苗素质，有利于水稻的移栽，同时促进水稻分蘖，提高分蘖能力，使叶片中叶绿素含量增多，加强光合作用，利于干物质的形成与积累，显著提高收获穗数及结实率，从而实现增产[14]。微量元素专用肥对干物质积累、抗倒伏特性均有显著影响，专用肥处理使水稻成熟期株高和重心高度分别降低 4.88%和 9.64%，使茎秆基部倒伏敏感节位茎粗增加 3.91%~7.83%，茎壁厚增加 6.25%~17.05%，显著提高水稻抗折断能力，使倒伏指数下降了 19.0%~37.89%，减小倒伏的风险[15]。

## （二）微肥对油菜生理生化特性的影响

含锌硒微量元素肥料的合理配施对锌、硒在植物体内的积累及生理效应有一定的协同作用。施用硒肥，油菜茎叶中的锌含量和叶绿素、可溶性糖及维生素 C 含量与对照相比均有明显的增加；施用锌肥，油菜茎叶中的硒含量和叶绿素、可溶性糖及维生素 C 含量更有显著的增加，各处理均能不同程度地降低油菜茎叶中的硝酸盐含量（表 3-8），以锌、硒微量元素肥料合理配施对增加油菜茎叶中的锌、硒含量，改善苗质及降低硝酸盐含量最有效[16]。

**表 3-8　微量元素肥料对油菜茎叶中叶绿素、可溶性糖、维生素 C 鲜重含量及硝酸盐积累的影响**

| 处理 | 叶绿素含量（mg/g） | 可溶性糖含量（g/kg） | 维生素 C 含量（mg/kg） | 硝酸盐鲜重含硫量（mg/kg） |
|---|---|---|---|---|
| CK | 3.23 | 17.12 | 67 | 636.9 |
| Zn 肥单施 | 4.31 | 19.10 | 86 | 576.9 |

（续表）

| 处理 | 叶绿素含量（mg/g） | 可溶性糖含量（g/kg） | 维生素 C 含量（mg/kg） | 硝酸盐鲜重含硫量（mg/kg） |
|---|---|---|---|---|
| Se 肥单施 | 3.78 | 18.26 | 76 | 551.6 |
| Zn、Se 肥配施 | 4.96 | 21.38 | 94 | 463.1 |

在油菜幼苗期对叶面喷施微量元素肥料镁、钼、锌、锰、钙（A，B，C，D，E），设 3 个梯度，并于幼苗期、5~6 叶期、蕾薹期和花期时采用地物波谱仪（美国 ASD Field Spec Pro FR 2500 型）测定高光谱，结果表明，不同微肥改变油菜产量与产油量，对含油量和千粒重影响不显著（表 3-9），施加镁肥时，A3 产量和产油量显著高于 A1 和 A2，比对照增加 2.2%。施加钼肥时，B3 产量和产油量显著高于 B1 和 B2，比对照增加 2.0%。施加锌肥时，C3 产量显著高于 C1 和 C2，比对照增加 1.8%。施加锰肥时，D1 产量和产油量显著高于 D2 和 D3，比对照增加 1.0%。施加钙肥时，E1 产量和产油量显著高于 E2 和 E3，比对照增加 1.6%。A3，B3，C3，D1 和 E1 条件适用于幼苗期喷施增加产量。对 15 种施肥条件的产量和叶绿素含量进行相关性分析（表 3-10），蕾薹期时，相同施肥条件下的产量和叶绿素含量的相关性普遍高于其他生育期。同时 A3、B3、C3、D1、E1 条件下相关性均高于其他生育期。说明蕾薹期时产量与叶绿素相关性更高。可选择该生育期进行后续分析。采用高光谱测定方法蕾薹期油菜冠层光谱，不同叶面肥条件下光谱反射率有明显差异，如图 3-8 至图 3-12 所示。整体曲线呈现出绿色植物典型的“两峰三谷”[17]。

**表 3-9 微肥处理对产量与产量构成要素的影响[17]**

| 肥料种类 | 含油量（%） | 千粒重（g） | 单株产量（kg） | 单株产油量（kg） |
|---|---|---|---|---|
| CK | 47.2±2.36 ab | 3.3±0.16 a | 26.2±1.17 a | 9.5±0.47 h |
| A1 | 38.3±1.91 g | 3.6±0.18 a | 25.9±1.09 a | 10.6±0.53 f |
| A2 | 45.1±2.25 ab | 3.8±0.19 a | 26.3±1.14 a | 12.1±0.61 d |
| A3 | 40.9±2.04 defg | 4.3±0.21 a | 26.8±1.19 a | 12.7±0.63 c |
| B1 | 47.1±2.35 ab | 3.5±0.17 a | 18.8±0.94 cd | 8.9±0.44 i |
| B2 | 43.7±2.18 abcd | 4.2±0.21 a | 26.1±1.31 a | 12.7±0.63 c |
| B3 | 44.2±2.21 abc | 4.5±0.22 a | 26.7±1.46 a | 16.0±0.79 a |
| C1 | 47.4±2.37 a | 3.8±0.19 a | 17.1±0.85 d | 8.1±0.41 j |

（续表）

| 肥料种类 | 含油量（%） | 千粒重（g） | 单株产量（kg） | 单株产油量（kg） |
|---|---|---|---|---|
| C2 | 40.3±2.01 efg | 4.4±0.22 a | 25.6±1.28 b | 10.3±0.51 g |
| C3 | 41.4±2.07 cdrf | 4.8±0.24 a | 26.5±1.31 a | 10.8±0.54 f |
| D1 | 47.0±2.35 ab | 3.8±0.19 a | 26.3±1.36 a | 13.8±0.69 b |
| D2 | 39.3±1.96 fg | 3.4±0.17 a | 15.7±0.78 d | 6.1±0.31 k |
| D3 | 42.8±2.14 bcdef | 3.9±0.19 a | 18.7±0.93 cd | 8.1±0.40 j |
| E1 | 44.9±2.24 ab | 3.7±0.18 a | 26.4±1.31 a | 11.7±0.58 e |
| E2 | 39.9±1.99 fg | 3.5±0.17 a | 15.8±0.79 d | 6.3±0.31 k |
| E3 | 43.2±2.16 abcde | 4.1±0.18 a | 20.4±1.02 c | 8.8±0.44 i |

**表 3-10　不同生育期产量与叶绿素含量的相关性检验结果[17]**

| 肥料种类 | | 幼苗期 | 5~6 叶期 | 蕾薹期 | 花期（叶片） |
|---|---|---|---|---|---|
| CK | | 0.342 | 0.187 | 0.668* | 0.307 |
| 镁 | A1 | 0.505 | 0.616* | 0.462 | 0.251 |
| | A2 | 0.278 | 0.468 | 0.625* | 0.485 |
| | A3 | 0.462 | 0.408 | 0.824* | 0.661* |
| 锰 | B1 | 0.569 | 0.474 | 0.409 | 0.053 |
| | B2 | 0.048 | 0.472 | 0.424 | 0.418 |
| | B3 | 0.385 | 0.111 | 0.845* | 0.373 |
| 锌 | C1 | 0.607* | 0.416 | 0.902** | 0.597 |
| | C2 | 0.716* | 0.559 | 0.474 | 0.377 |
| | C3 | 0.425 | 0.659* | 0.739* | 0.638* |
| 钼 | D1 | 0.356 | 0.553 | 0.786* | 0.694* |
| | D2 | 0.335 | 0.279 | 0.622* | 0.343 |
| | D3 | 0.419 | 0.435 | 0.496 | 0.511 |
| 钙 | E1 | 0.186 | 0.352 | 0.704* | 0.194 |
| | E2 | 0.029 | 0.243 | 0.586 | 0.145 |
| | E3 | 0.069 | 0.321 | 0.733* | 0.206 |

注：** 表示通过 0.01 水平极显著，* 表示通过 0.05 水平显著，余同。

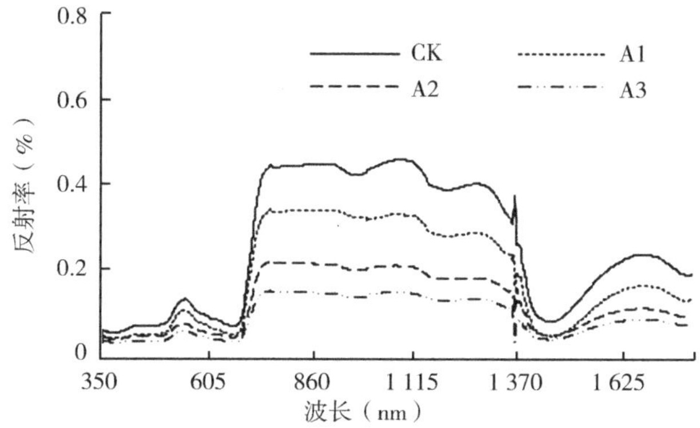


**图 3-8　蕾薹期镁肥条件下高光谱反射率**

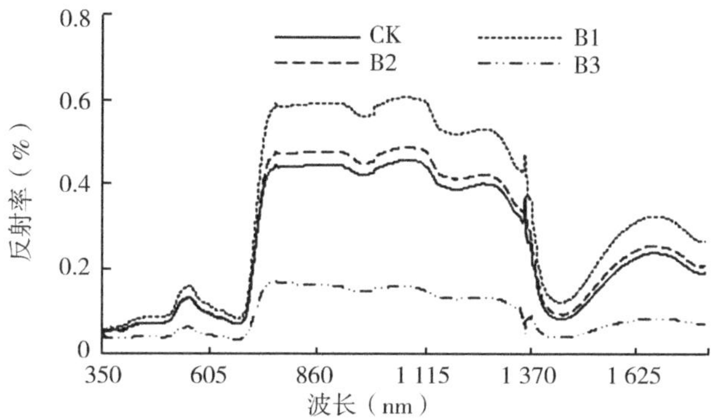


**图 3-9　蕾薹期钼肥条件下高光谱反射率**

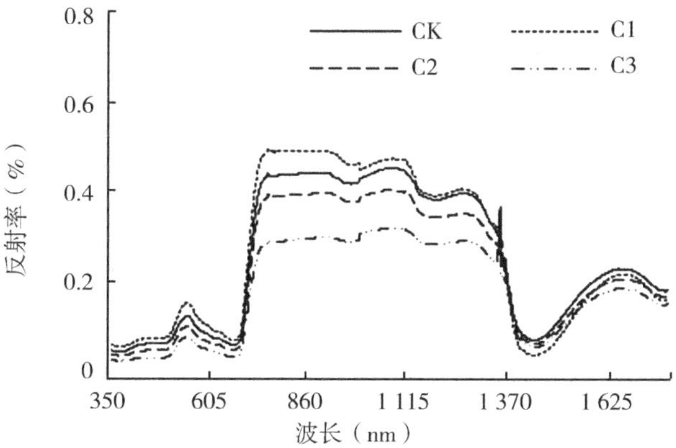


**图 3-10　蕾薹期锌肥条件下高光谱反射率**

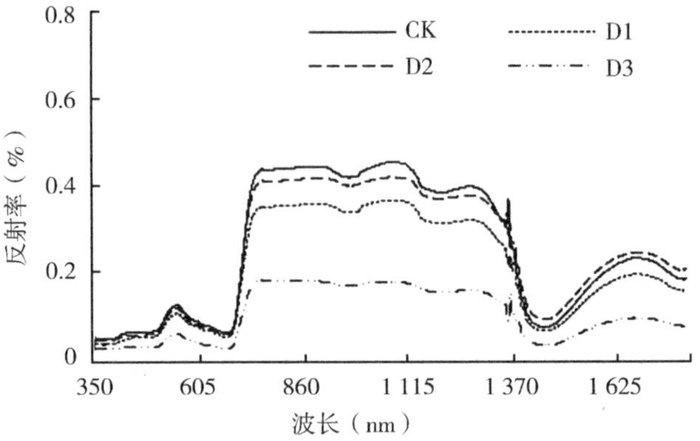


**图 3-11　蕾薹期锰肥条件下高光谱反射率**

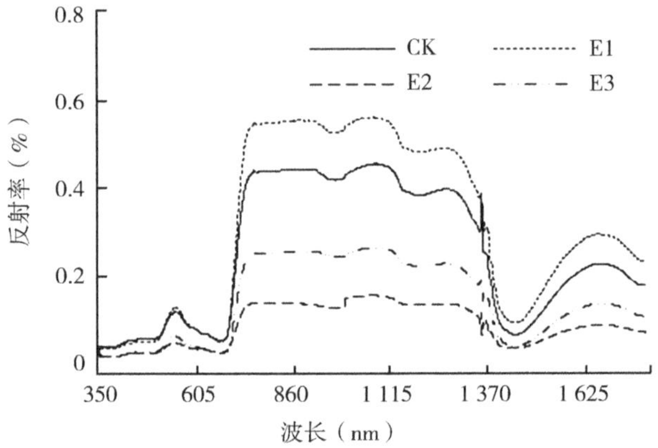


**图 3-12　蕾薹期钙肥条件下高光谱反射率**

## 第二节　植物激素对稻油生产的影响

植物激素是指植物体内产生的一些微量且能调节（促进、抑制）自身生理过程的有机化合物。植物细胞接受特定环境信号诱导产生的、低浓度时可调节植物生理反应的活性物质。在细胞分裂与伸长、组织与器官分化、开花与结实、成熟与衰老、休眠与萌发以及离体组织培养等方面，分别或相互协调地调控植物的生长发育与分化。已知植物体内产生的激素有六大类，即生长素、赤霉素、细胞分裂素、脱落酸、乙烯和油菜素内酯。研究表明，植物激素在一定程度上可提高烟叶钾含量[18]，提高番茄单果质量、总糖含量、维生素 C 含量[19-20]，提高夏黑葡萄幼苗抗氧化性[21]，能增大苦瓜叶面积、茎粗，缩短节间长度[22]。

## 一、对稻油产量和品质的影响

### （一）植物激素对水稻产量品质的影响

1. 复合植物激素对水稻产量品质的影响

喷施矮壮丰和劲丰能够增加机插水稻实粒数、结实率和千粒重[23]，矮壮丰 75 mL/667m$^2$ 的处理较 CK 增产 49.63 kg/667m$^2$；喷施多效唑和烯效唑可以显著降低机插水稻株高，提高茎秆的抗折力，结实率和千粒重高于对照，以 A2 处理产量最高（表 3-11），达 723.00 kg/667m$^2$，较 CK 增加 49.63 kg/667m$^2$；其次是 J2 处理，为 721.90 kg/667m$^2$。从产量构成因素看，各处理对机插水稻成穗数的影响不大，但结实率与千粒重均有增加。喷施矮壮丰和劲丰均能增加机插水稻的每穗实粒数，以 A2 处理效果最佳，较 CK 增加 4.98 粒；而喷施多效唑和烯效唑则表现相反，其中 P3 处理每穗实粒数较 CK 减少 8.68 粒。

**表 3-11　不同处理水稻产量及产量结构**

| 处理 | 穗数（万/667m$^2$） | 实粒数（粒） | 结实率（%） | 千粒重（g） | 实收产量（kg/667m$^2$） |
| --- | --- | --- | --- | --- | --- |
| A1 | 24.11 | 109.17 | 92.63 | 28.44 | 700.70 b |
| A2 | 24.09 | 112.49 | 93.36 | 28.50 | 723.00 a |
| A3 | 24.07 | 111.22 | 93.55 | 28.56 | 706.70 ab |
| P1 | 23.92 | 102.12 | 92.56 | 28.42 | 673.27 cd |
| P2 | 23.95 | 100.17 | 93.31 | 28.58 | 656.70 de |
| P3 | 23.94 | 98.83 | 94.52 | 28.72 | 623.37 f |
| U1 | 24.11 | 107.56 | 92.03 | 28.30 | 669.03 d |
| U2 | 24.11 | 105.19 | 92.21 | 28.34 | 666.23 d |
| U3 | 24.10 | 102.65 | 93.69 | 28.44 | 640.23 ef |
| J1 | 24.13 | 106.78 | 91.39 | 28.02 | 688.87 bc |

（续表）

| 处理 | 穗数（万/667m²） | 实粒数（粒） | 结实率（%） | 千粒重（g） | 实收产量（kg/667m²） |
|---|---|---|---|---|---|
| J2 | 24.15 | 108.99 | 91.39 | 28.05 | 721.90 a |
| J3 | 24.11 | 108.79 | 91.56 | 28.38 | 694.67 b |
| CK | 24.09 | 107.51 | 91.37 | 28.00 | 673.37 cd |

注：同列数据后不同小写字母表示在 0.05 水平差异显著；A1，拔节前 1 个叶龄期喷施矮壮丰 50 mL/667 $m^2$；A2，拔节前 1 个叶龄期喷施矮壮丰 75 mL/667 $m^2$；A3，拔节前 1 个叶龄期喷施矮壮丰 100 mL/667 $m^2$；P1，拔节前 1 个叶龄期喷施 15%多效唑 30 g/667 $m^2$；P2，拔节前 1 个叶龄期喷施 15%多效唑 60 g/667 $m^2$；P3，拔节前 1 个叶龄期喷施 15%多效唑 80 g/667 $m^2$；U1，拔节前 1 个叶龄期喷施 5%烯效唑 10 g/667 $m^2$；U2，拔节前 1 个叶龄期喷施 5%烯效唑 12 g · 667 $m^2$；U3，拔节前 1 个叶龄期喷施 5%烯效唑 15 g/667 $m^2$；J1，破口前 1 个叶龄期喷施劲丰 75 mL/667 $m^2$；J2，破口前 1 个叶龄期喷施劲丰 100 mL/667 $m^2$；J3，破口前 1 个叶龄期喷施劲丰 125 mL/667 $m^2$；CK，只喷清水。

植物生长调节剂“芸乐收”对增加水稻穗粒数，提高结实率，提高产量有一定的效果[24]，水稻增产 75 kg/667 $m^2$，增幅 10.2%，从田间长势看，使用药剂处理的水稻植株生长快，植株健壮，叶片颜色较绿，田间长势较好，同时能有效控制株高，增强水稻的抗病抗逆能力，预防病害，尤其是对水稻纹枯病的防效显著。

2. 单一植物激素对水稻产量品质的影响

喷施合适的植物生长调节剂，可提高稻株剑叶光合速率，延缓叶片衰老，改善水稻结实性状（表 3-12），有利于提高水稻产量，相关研究表明，分别在中籼水稻品种‘新两优 6 号’孕穗期、始穗期两次叶面喷施 7 种药剂和清水以研究其对水稻产量和产量构成因素均有不同程度的影响，结果发现，处理 T1、处理 T2、处理 T3、处理 T4、处理 T7 产量比对照增产 1.79%~11.04%，处理 T3 增产幅度最大，理论产量和实际产量分别比 CK 提高了 11.33%和 11.04%，达到显著水平；处理 T5、T6 减产。从产量构成因子方面分析，7 种处理均增加了每公顷穗数，增幅 0.91%~6.96%；除处理 T4、T6 外其他处理均增加了穗粒数，增幅为 4.35%~7.69%；处理 T1、T3、T4 增加了结实率，增幅 3.81%~4.80%，处理 T2、T5、T6、T7 结实率下降；7 种调节剂对千粒重影响表现为处理 T1、T4 减轻 2.53%和 1.28%，处理 T7 增加 1.10%，处理 T2、处理 T3、处理 T5、处理 T6 增减幅度不大[25]。

**表 3-12 不同外源植物生长调节剂处理的水稻产量结构[25]**

| 处理 | 穗数（万/hm²） | 穗粒数（粒/穗） | 结实率（%） | 千粒重（g） | 理论产量（t/hm²） | 实际产量（t/hm²） |
|---|---|---|---|---|---|---|
| T1 | 265.20 | 199.3 | 85.0 | 26.58 | 11.94 ab | 10.79 b |
| T2 | 277.05 | 197.8 | 79.2 | 27.40 | 11.75 bc | 10.42 bc |
| T3 | 268.05 | 194.1 | 85.2 | 27.20 | 12.06 a | 11.44 a |
| T4 | 277.05 | 178.1 | 84.4 | 26.92 | 11.22 d | 10.47 bc |
| T5 | 265.20 | 194.7 | 77.8 | 27.45 | 11.01 de | 9.51 e |
| T6 | 281.10 | 177.1 | 78.2 | 27.23 | 10.54 f | 9.99 d |
| T7 | 269.55 | 200.3 | 78.2 | 27.57 | 11.64 c | 10.47 bc |
| CK | 262.80 | 186.0 | 81.3 | 27.27 | 10.83 e | 10.24 cd |

注：T1，30 mg/L 赤霉素；T2，20 mg/L 吲哚乙酸；T3，50 mg/L 萘乙酸-钠；T4，10 mg/L 细胞分裂素；T5，1 000 mg/L 20% 三唑酮；T6，30 000 mg/L + 1 700 mg/L 磷酸二氢钾 + 尿素；T7，2.1 mg/L 美洲星；CK，等量的水。

研究表明[26]在粳稻‘日本晴’穗分化期喷施 2,4-表油菜素内酯（EBR）能够增大水稻的源强、库容和库活性，进而促进光合物质的积累和分配，有利于籽粒灌浆；在光合作用物质供应充足和库活性显著提高的基础上，库容的增大有助于产量的明显提高。

## （二）植物激素对油菜产量品质的影响

施用生长素（IAA）、细胞分裂素（6-BA）及脱落酸（ABA）能提高油菜单株角果数、每角果粒数、千粒重、籽粒产量及生物产量[27]，与低氮素利用效率油菜品种 6 号相比，高氮素利用效率油菜品种 2 号增加效果更加明显，同时生长调节剂对氮素生理效率的影响与品种及氮水平的高低有着密切的关系，施氮处理的单株角果数明显高于 1/3 施氮处理（表 3-13）。

其中施氮处理中，A 品种各处理单株角果数明显高于 B 品种各处理；但 A、B 品种内部均无显著性差异；处理 A2、A3 与 B1 达到极显著差异，与 B3、B4 差异显著。1/3 施氮处理中，A 品种与 B 品种间差异达极显著水平，A 品种各处理单株角果数明显高于 B 品种各处理；A1 与 A3 达到极显著差异，与 A2、A4 差异显著，B 品种内部各处理差异不显著。施氮处理的每角果粒数，两个品种间差异不显著；A3 与其他 7 个处理均达极显著差异；B4 与 B1、B2、A 品种各处理差异显著。对 1/3 施氮处理来说，A3 与 B4 差异极显著，与 A1、B1 差异显著；B4 与 B3、A2、A3、A4 处理存在显著性差异。从千粒重看，施氮处理，品种间无显著性差异，但处理 A2 与 B2、B3、B4 有极显著性差异，与处理 A1、B1 差异显著。1/3 施氮处理，处理 A3 与 B1、B3、B4 存在极显著性差异，处理 A2 与 B1 差异极显著；B1、B3 与 A 品种各处理差异显著，处理 B4 与 A1、A2、A3 差异显著；两个品种内部均无显著性差异。总之，通过在油菜角果上涂抹 IAA、6-BA 及 ABA，与 CK 相比，能使油菜的单株角果数、每角果粒数、千粒重得到明显的提高[27]。

**表 3-13　不同处理对油菜产量构成因素的影响[27]**

| 处理 | 单株角果数（个/株） | | 每角果粒数 | | 千粒重（g） | |
|---|---|---|---|---|---|---|
| | 施氮 | 1/3 施氮 | 施氮 | 1/3 施氮 | 施氮 | 1/3 施氮 |
| A1 | 306.67 abAB | 286.33 aA | 19.94 bcB | 17.10 bcAB | 4.50 aAB | 4.5 cABC |
| A2 | 325.33 aA | 244.67 bAB | 17.82 bcdBC | 19.01 abAB | 3.63 bB | 4.36 cBC |
| A3 | 326.67 aA | 238.67 bB | 23.76 aA | 20.29 aA | 4.00 abAB | 4.21 cC |
| A4 | 308.00 abAB | 243.33 bAB | 20.17 bB | 18.93 abAB | 4.24 abAB | 4.65 bcABC |
| B1 | 244.33 cB | 194.67 cC | 19.77 bcB | 17.25 bcAB | 4.47 aAB | 5.63 aA |
| B2 | 276.67 abcAB | 194.33 cC | 18.75 bcBC | 18.06 abcAB | 4.55 aA | 4.91 abcABC |
| B3 | 250.67 bcAB | 194.67 cC | 17.72 cdBC | 19.13 abAB | 4.58 aA | 5.51 aAB |
| B4 | 257.33 bcAB | 171.00 cC | 16.15 dC | 16.27 cB | 4.62 aA | 5.47 abAB |

注：A1～A4 为 2 号品种，分别用 1 mg/L IAA、20 mg/L 6-BA、1 mg/L ABA、清水处理；B1～B4 为 6 号品种，分别用 1 mg/L IAA、20 mg/L 6-BA、1 mg/L ABA、清水处理。同时设有以下 2 个供氮水平。

相关研究表明[28]，不同浓度的 ABA 和 BR 对油菜叶片净光合速率（*Pn*）都有一定的影响，低浓度 ABA（$38\times10^{-6}$ mol/L）处理后 *Pn* 值在第 5 d 达到所有处理中的最高值 22.9 μmol/($m^2$·s)，比对照增加 90.5%，但随后下降较快；中浓度 ABA（$76\times10^{-6}$mol/L）处理后第 5 d *Pn* 值也迅速上升，比对照增加 66.7%，虽然其后也下降，但趋势较平缓，并一直保持较高值；喷施高浓度 ABA（$1\times10^{-4}$ mol/L）以后，可能由于 ABA 的抑制作用导致气孔关闭，光合速率出现下降，处理后 10 d，*Pn* 值一直低于对照，15 d 以后和对照表现出相同的下降趋势。$1\times10^{-6}$ mol/L BR 和 $2\times10^{-6}$ mol/L BR 处理后，光合速率比对照高，且最高值出现的时期在处理后 10 d 左右，随后 *Pn* 值缓慢下降，但 $1\times10^{-5}$ mol/L BR 处理使油菜光合速率降低。低温冻害以后，喷施 ABA（$76\times10^{-6}$ mol/L）和 BR（$1\times10^{-6}$ mol/L）可以使油菜叶片 *Pn* 值均明显高于对照（CK），喷施 ABA 后 *Pn* 为对照的两倍，根据

Farquhar 模型拟合[29]，当光强达到1 100 μmol/(m$^2$·s) 时光合速率不再升高，*Pn* 值为 20.7 μmol/(m$^2$·s) 时的光强为叶片的光饱和点，采用同样的方法得到 BR 和对照的光饱和点分别为1 000μmol/(m$^2$·s) 和 950 μmol/(m$^2$·s)；植物生长调节剂处理后气孔导度高于对照，其中 ABA 处理后气孔导度由最初的 0.151 mol/(m$^2$·s) 迅速下降至 0.098 mol/(m$^2$·s)，然后又快速上升，这可能是气孔对生长调节剂的应激反应及随后的适应过程；光合有效辐射增强，胞间 $CO_2$ 浓度（*Ci*）不断降低，表明叶片光合作用增强，光合作用消耗的 $CO_2$ 量大于呼吸作用产生的 $CO_2$ 的数量，对照的胞间 $CO_2$ 浓度下降幅度最大，光照强度高于 500 μmol/(m$^2$·s) 时，*Ci* 值保持稳定；喷施生长调节剂后蒸腾速率变化曲线和气孔导度的变化趋势相似[28]。

## 二、对稻油生理生化特性的影响

### （一）植物激素对水稻生理生化特性的影响

1. 复合植物激素的影响

在水稻始穗期喷施乙烯利和劲丰能显著影响植株茎秆的形态特征、解剖结构及抗倒伏指标，可降低茎秆倒伏指数，提高植株的抗倒伏能力，由从图3-13 可知，乙烯利、劲丰和多效唑处理的水稻基部第 2 节间细胞形状规则，细胞层数较多，排列紧密；而清水对照的细胞层数较少，排列疏松。乙烯利和劲丰处理明显增加了茎秆中的贮藏物质，多效唑处理则不明显。这些贮藏物质经过染色和镜鉴，多数为淀粉粒。节间较多的贮藏物质可增强水稻茎秆机械强度，从而提高其抗倒伏能力。因此，乙烯利和劲丰处理能显著促进水稻基部节间茎秆结构的形成，增强茎秆韧性，为抗倒性的提高打下了基础[30]。

不同植物生长调节剂各浓度处理均能增加‘株两优 189’与‘中嘉早17’秧苗茎基宽，‘株两优 189’品种在 4 种植物生长调节剂作用下秧苗茎基宽表现为随处理浓度增加，秧苗茎基宽先升高后降低再升高的趋势，多效唑最佳浓度为 C5；ABA 最佳浓度为 C2；2,4-D 最佳浓度为 C2；NAA 最佳浓度为 C2。多效唑、ABA 及 NAA 各浓度均能增加‘株两优 189’秧苗鲜重，其中多效唑以 C2 浓度最佳；ABA 以 C5 浓度最佳；2,4-D 以 C5 浓度最佳；NAA 以 C3 浓度最佳。低浓度的多效唑、2,4-D、NAA 对‘中嘉早 17’秧苗鲜重有一定提升作用，而中高浓度处理则降低了秧苗鲜重。其中多效唑 C3 处理、2,4-DC1 处理、NAAC1 处理为最佳。各浓度 ABA 处理对‘中嘉

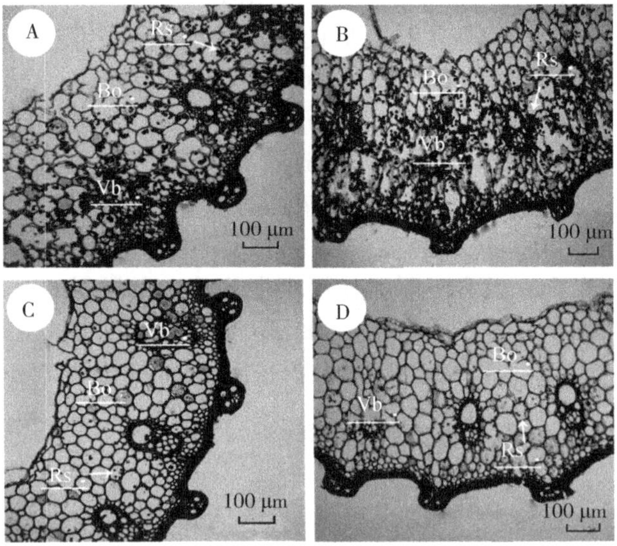


**图 3-13　不同调节剂处理下基部第 2 节间解剖结构特征[30]**

注：A，乙烯利处理；B，劲丰处理；C，多效唑处理；D，对照。Vb，维管束；Bo，基本组织；Rs，储藏物质。

早 17’秧苗鲜重均有提升作用，以 C5 浓度为最佳。多效唑、NAA 各处理均能提升‘株两优 189’秧苗干重，其中多效唑以 C5 浓度为最佳，NAA 以 C3 浓度为最佳；ABA 除 C3 浓度降低了秧苗干重外，其余各浓度均能提升‘株两优 189’干重，以 C4 浓度最佳；2,4-D 除 C1 浓度降低秧苗干重外，其余各浓度均能提升秧苗干重，以 C5 浓度为最佳。不同浓度的植物生长调节剂对‘中嘉早 17’秧苗干重影响不同。多效唑、ABA、2,4-D 三种植物生长调节剂 C5 处理均能提升‘中嘉早 17’秧苗干重，而 C3、C4 处理则略微降低秧苗干重；低浓度 NAA 处理能略微提升秧苗干重，高浓度 NAA 处理则降低‘中嘉早 17’秧苗干重[31]。

2. 单一植物激素的影响

为研究不同植物生长调节剂对水稻种子萌发及幼苗生长的影响，屈成等[32]以水稻‘中嘉早 17’和‘H 优 518’为研究对象，设置 5 个不同浓度的赤霉素（$GA_3$）、吲哚丁酸（Indolebutyric acid，IBA）、烯效唑和 ABA 处理，每处理 100 粒种子，重复 4 次。结果发现（表 3-14 至表 3-17），用 10 mg/L 和 50 mg/L $GA_3$ 浸种后，‘中嘉早 17’和‘H 优 518’种子的发芽势、

**表 3-14　不同浓度 $GA_3$ 对水稻种子萌发和幼苗生长的影响[32]**

| $GA_3$ (mg/L) | 发芽势 (%) | | 发芽率 (%) | | 发芽指数 | | 活力指数 | | 平均株高 (cm) | | 平均根长 (cm) | | 茎叶平均干重 (mg) | | 根长/芽长 | | 浸泡液电导率 (μS/cm) | |
|---|---|---|---|---|---|---|---|---|---|---|---|---|---|---|---|---|---|---|
| | ‘中嘉早17’ | ‘H优518’ | ‘中嘉早17’ | ‘H优518’ | ‘中嘉早17’ | ‘H优518’ | ‘中嘉早17’ | ‘H优518’ | ‘中嘉早17’ | ‘H优518’ | ‘中嘉早17’ | ‘H优518’ | ‘中嘉早17’ | ‘H优518’ | ‘中嘉早17’ | ‘H优518’ | ‘中嘉早17’ | ‘H优518’ |
| 0 | 57.8 ab | 80.3 a | 61.8 ab | 84.0 a | 28.21 b | 37.87 b | 58.84 b | 102.72 d | 4.80 c | 6.72 c | 5.98 b | 5.84 c | 3.03 a | 2.71 c | 1.25 a | 0.87 a | 42.42 b | 51.60 a |
| 5 | 64.5 ab | 80.5 a | 69.6 a | 81.5 a | 31.35 ab | 39.82 ab | 95.81 a | 124.88 c | 10.32 b | 10.57 b | 8.05 a | 7.21 b | 3.27 a | 3.14 b | 0.59 b | 0.68 b | 45.99 a | 57.75 a |
| 10 | 67.1 a | 81.8 a | 69.0 a | 83.5 a | 32.77 a | 40.37 ab | 106.67 a | 131.20 bc | 10.83 b | 11.28 b | 7.69 a | 7.87 ab | 3.23 a | 3.25 b | 0.71 b | 0.70 b | 33.96 c | 58.80 a |
| 50 | 56.3 b | 84.3 a | 59.3 b | 87.3 a | 26.83 b | 41.94 a | 87.07 a | 159.37 a | 12.15 a | 13.94 a | 6.46 b | 7.39 ab | 3.16 a | 3.79 a | 0.53 c | 0.53 c | 29.82 d | 50.49 a |
| 200 | 61.6 ab | 82.2 a | 64.9 ab | 84.5 a | 28.21 b | 40.06 ab | 89.15 a | 147.59 ab | 12.29 a | 14.36 a | 6.37 b | 8.25 a | 2.13 b | 3.68 a | 0.52 c | 0.57 c | 14.45 e | 33.40 b |

注：同列不同小写字母表示差异达 5%水平显著，下同。

**表 3-15　不同浓度 IBA 对水稻种子萌发和幼苗生长的影响[32]**

| $GA_3$ (mg/L) | 发芽势 (%) | | 发芽率 (%) | | 发芽指数 | | 活力指数 | | 平均株高 (cm) | | 平均根长 (cm) | | 茎叶平均干重 (mg) | | 根长/芽长 | | 浸泡液电导率 (μS/cm) | |
|---|---|---|---|---|---|---|---|---|---|---|---|---|---|---|---|---|---|---|
| | ‘中嘉早17’ | ‘H优518’ | ‘中嘉早17’ | ‘H优518’ | ‘中嘉早17’ | ‘H优518’ | ‘中嘉早17’ | ‘H优518’ | ‘中嘉早17’ | ‘H优518’ | ‘中嘉早17’ | ‘H优518’ | ‘中嘉早17’ | ‘H优518’ | ‘中嘉早17’ | ‘H优518’ | ‘中嘉早17’ | ‘H优518’ |
| 0 | 57.8 b | 80.3 a | 61.8 b | 84.0 a | 27.10 a | 37.87 a | 58.84 a | 102.72 a | 4.80 ab | 6.72 a | 5.98 ab | 5.84 a | 3.03 a | 2.71 a | 1.25 a | 0.87 a | 42.42 a | 51.60 c |
| 5 | 57.8 b | 80.0 a | 64.5 b | 84.8 a | 22.66 b | 37.21 a | 52.01 a | 102.71 a | 4.80 ab | 6.68 a | 5.11 b | 5.81 a | 2.29 a | 2.76 a | 1.08 ab | 0.87 a | 40.96 b | 72.72 a |
| 10 | 65.8 a | 79.8 a | 73.3 a | 83.5 a | 23.60 b | 32.88 b | 57.59 a | 88.78 a | 5.30 a | 6.96 a | 6.51 a | 5.89 a | 2.44 a | 2.70 a | 1.23 a | 0.70 a | 43.25 a | 72.29 a |
| 50 | 4.0 c | 63.2 a | 61.3 b | 89.0 a | 13.89 c | 27.85 c | 29.84 b | 73.50 b | 4.06 b | 6.69 a | 3.91 c | 5.22 a | 2.17 a | 2.64 a | 0.99 b | 0.78 a | 34.81 c | 63.61 b |
| 200 | 0 c | 17.8 b | 60.8 b | 82.3 a | 11.92 c | 20.63 d | 25.55 b | 41.06 c | 3.93 b | 5.34 b | 1.79 d | 4.61 a | 2.15 a | 1.98 b | 0.45 c | 0.85 a | 16.26 d | 55.18 c |

**表 3-16　不同浓度烯效唑对水稻种子萌发和幼苗生长的影响[32]**

| $GA_3$ (mg/L) | 发芽势 (%) | | 发芽率 (%) | | 发芽指数 | | 活力指数 | | 平均株高 (cm) | | 平均根长 (cm) | | 茎叶平均干重 (mg) | | 根长/芽长 | | 浸泡液电导率 (μS/cm) | |
|---|---|---|---|---|---|---|---|---|---|---|---|---|---|---|---|---|---|---|
| | ‘中嘉早17’ | ‘H优518’ | ‘中嘉早17’ | ‘H优518’ | ‘中嘉早17’ | ‘H优518’ | ‘中嘉早17’ | ‘H优518’ | ‘中嘉早17’ | ‘H优518’ | ‘中嘉早17’ | ‘H优518’ | ‘中嘉早17’ | ‘H优518’ | ‘中嘉早17’ | ‘H优518’ | ‘中嘉早17’ | ‘H优518’ |
| 0 | 57.8 a | 80.3 a | 61.8 a | 84.0 a | 27.10 a | 37.87 a | 58.84 a | 102.72 a | 4.80 a | 6.72 a | 5.98 b | 5.84 a | 3.03 a | 2.71 a | 1.25 b | 0.87 b | 42.42 d | 51.60 e |
| 5 | 57.0 a | 79.5 a | 62.0 a | 83.8 a | 26.43 a | 33.20 b | 52.41 ab | 60.07 b | 4.49 ab | 4.62 b | 7.02 a | 5.71 a | 1.99 ab | 1.99 b | 1.71 a | 1.25 a | 45.84 d | 83.28 d |
| 10 | 60.0 a | 81.0 a | 64.8 a | 85.5 a | 26.22 a | 33.02 b | 42.29 ab | 61.99 b | 3.36 ab | 4.09 bc | 6.09 ab | 5.14 a | 1.60 b | 1.88 b | 1.83 a | 1.28 a | 63.79 c | 119.50 c |
| 50 | 57.3 a | 77.5 a | 64.0 a | 85.0 a | 25.56 ab | 28.52 c | 45.69 ab | 45.65 c | 3.12 b | 3.61 c | 2.29 c | 3.35 b | 1.80 ab | 1.60 c | 0.77 c | 0.93 b | 100.55 b | 203.34 b |
| 200 | 56.5 a | 80.3 a | 61.0 a | 84.0 a | 22.63 b | 28.69 c | 34.69 b | 43.51 c | 3.06 b | 318 c | 2.10 c | 3.44 b | 1.54 b | 1.51 c | 0.69 c | 1.10 ab | 113.00 a | 244.12 a |

**表 3-17　不同浓度 ABA 对水稻种子萌发和幼苗生长的影响[32]**

| $GA_3$ (mg/L) | 发芽势 (%) | | 发芽率 (%) | | 发芽指数 | | 活力指数 | | 平均株高 (cm) | | 平均根长 (cm) | | 茎叶平均干重 (mg) | | 根长/芽长 | | 浸泡液电导率 (μS/cm) | |
|---|---|---|---|---|---|---|---|---|---|---|---|---|---|---|---|---|---|---|
| | ‘中嘉早17’ | ‘H优518’ | ‘中嘉早17’ | ‘H优518’ | ‘中嘉早17’ | ‘H优518’ | ‘中嘉早17’ | ‘H优518’ | ‘中嘉早17’ | ‘H优518’ | ‘中嘉早17’ | ‘H优518’ | ‘中嘉早17’ | ‘H优518’ | ‘中嘉早17’ | ‘H优518’ | ‘中嘉早17’ | ‘H优518’ |
| 0 | 57.8 a | 80.3 a | 61.8 a | 84.0 a | 27.1 a | 37.9 a | 58.84 a | 102.72 a | 4.80 a | 6.72 a | 5.98 b | 5.84 a | 2.13 a | 2.71 a | 1.21 b | 0.87 ab | 42.42 ab | 51.60 b |
| 5 | 25.3 b | 29.0 b | 58.0 a | 82.0 a | 15.7 b | 22.8 b | 22.02 b | 40.50 b | 3.71 b | 4.74 b | 4.10 b | 4.50 b | 1.41 b | 1.78 b | 1.10 a | 0.94 ab | 43.47 a | 50.03 b |
| 10 | 16.0 c | 14.0 c | 54.8 a | 75.3 a | 14.2 b | 18.4 c | 15.45 b | 2.08 b | 3.61 b | 3.53 c | 3.80 b | 4.0 b | 1.08 b | 1.38 b | 1.05 a | 1.17 a | 37.42 c | 59.83 a |
| 50 | 0 d | 0 d | 8.0 b | 23.0 b | 1.34 c | 3.59 d | 0.30 c | 1.48 c | 2.75 c | 1.10 d | 3.05 b | 1.50 c | 0.25 c | 0.36 c | 1.25 a | 1.87 a | 41.29 b | 53.92 ab |
| 200 | 0 d | 0 d | 0 d | 0 c | 0 c | 0 d | 0 c | 0 c | 0 d | 0 d | 0 c | 0 d | 0 c | 0 c | 0 b | 0 b | 32.54 d | 32.03 c |

发芽率、活力指数、发芽指数、平均株高、平均根长、平均干重分别提高了16.1%和5.0%、11.7%和3.9%、81.3%和55.1%、16.2%和10.7%、125.6%和107.1%、28.6%和26.5%，用10 mg/L吲哚乙酸浸种后发芽势、发芽率、平均株高和根长比对照增加；烯效唑抑制水稻幼苗生长，10 mg/L烯效唑能提高发芽势和发芽率；随着脱落酸浓度增加，抑制作用越明显。

### （二）植物激素对油菜生理生化特性的影响

IAA、GA和6-BA单独或两两联合作用对芥菜型油菜和甘蓝型油菜株高和生物量的影响不同[33]，可显著增加芥菜型油菜株高和生物量，却显著降低甘蓝型油菜株高和生物量，这三种植物生长调节剂可显著提高芥菜型油菜和甘蓝型油菜的镉含量和植物积累镉量，这两种类型油菜积累的镉主要集中在茎和叶，植物生长调节剂处理的芥菜型油菜和甘蓝型油菜的镉转运系数和生物富集系数都大于对照，并且可增强油菜吸收镉和促进镉向茎和叶转移，结果表明IAA与GA或6-BA联合作用可协同强化油菜提取镉。

喷施SA、BR、ABA、6-BA可以维持4 ℃低温胁迫下油菜幼苗细胞膜的稳定性，降低膜脂过氧化伤害程度，缓解低温胁迫对幼苗生长的抑制作用，其中ABA和6-BA缓解效应相对较好[34]。周欣等[35]分别应用氨氧基乙酸盐（AOA）、赤霉酸（$GA_3$）和多效唑（$PP_{333}$）浸种，应用1-甲基环丙烯（1-MCP）熏蒸吸胀种子，在胚根伸长期渍水后观测不同调节剂预处理对油菜种子出苗、幼苗生长、种子乙烯释放速率的影响，发现1-MCP、AOA、$GA_3$预处理显著降低不渍水种子的乙烯释放速率，但可减少渍水过程中种子乙烯释放的下降幅度，表明在渍水前适当降低种子内源乙烯水平，而在渍水过程中维持种子一定水平的乙烯合成，可能有利于提高油菜种子的耐渍性。用油菜素内酯浸泡甘蓝型油菜‘帆鸣1号’干种子后发现[36]，油菜素内酯处理种子可提高甘蓝型油菜的可溶性物质含量及保护酶活性（表3-18）。

**表3-18　油菜素内酯（BR）处理对甘蓝型油菜生理生化指标的影响**

| 生长时期 | 可溶性蛋白含量（%） | | 可溶性糖含量（%） | | SOD活性（U/g FW） | | POD活性（U/g FW） | | CAT活性（mg/min） | |
|---|---|---|---|---|---|---|---|---|---|---|
| | CK | BR | CK | BR | CK | BR | CK | BR | CK | BR |
| 幼苗期 | 5.30±0.72 a | 5.70±1.85 a | 6.25±0.24 a | 5.50±0.38 a | 3.21±0.21 a | 4.13±0.05 a | 0.05±0.02 b | 2.97±0.41 a | 8.80±0.16 b | 32.16±0.17 a |
| 5~6叶期 | 5.70±1.60 b | 16.30±0.14 a | 11.00±0.37 a | 12.45±0.49 a | 2.14±0.03 a | 0.92±0.07 b | 2.20±0.10 a | 0.53±0.04 b | 32.04±0.10 a | 14.36±0.16 b |

（续表）

| 生长时期 | 可溶性蛋白含量（%） | | 可溶性糖含量（%） | | SOD 活性（U/g FW） | | POD 活性（U/g FW） | | CAT 活性（mg/min） | |
|---|---|---|---|---|---|---|---|---|---|---|
| | CK | BR | CK | BR | CK | BR | CK | BR | CK | BR |
| 蕾薹期 | 5.80±0.30 b | 7.90±0.40 | 9.84±0.29 b | 14.30±0.12 a | 3.67±0.11 a | 3.06±0.34 | 0.87±0.17 a | 0.30±0.19 a | 16.56±0.15 a | 15.48±0.68 a |

# 第三节　营养调节剂对稻油生产的影响

植物营养调节剂是一类与植物激素具有相似生理和生物学效应的物质，是人类了解天然植物激素的结构及作用机制后，通过人工合成与植物激素具有类似生理和生物学效应的物质，在农业生产上使用具有调节作物的生育过程，达到稳产增产、改善品质、增强作物抗逆性等目的。

## 一、营养调节剂对稻油产量和品质的影响

前人研究发现，在控水减氮的基础上，添加土壤调理剂和植物生长调节剂可显著提高作物产量，能使其充分挖掘土壤累积氮素，实现节本增效，提高水肥利用效率[37]。将植物生长调节剂和营养元素混配外施，对杂交水稻产量构成因子及其再生季产量影响显著，可明显提高产量[38]。

在水稻孕穗期和齐穗期使用壳寡糖—硒纳米颗粒均能显著提高稻谷中硒含量[39]，分蘖期使用无明显富硒情况，孕穗期使用该营养调节剂，稻谷产量提高了8%~15%，硒含量提高了3~10倍，大米中营养物质总抗氧化能力提高了30%~60%，是壳寡糖—硒纳米颗粒在植物体内缓慢释放硒元素，促进了植物对硒元素的吸收，硒元素稳定富集在大米胚乳中。

## 二、营养调节剂对稻油生理生化特性的影响

### （一）营养调节剂对水稻生理生化特性的影响

在水稻‘佳辐占’‘天优华占’和‘甬优2640’拔节初期叶面喷施多效唑、乙烯利和抗倒酯，发现抗倒酯处理增强了再生稻头季茎秆的抗倒伏能力，而对两季总产量无显著影响[40]。相关研究表明[41]施用外源GA处理水稻幼苗叶绿素降解、株高增长和地上部非结构性碳水化合物（NSC）消耗最快，植株恢复能力最低，耐淹涝能力最差，但与IR64相比，GA对导入耐淹

涝基因 *Sub*1 的 IR64-Sub1 材料淹涝耐性的抑制明显减弱，外源 1-氨基环丙烷-1-羧酸（ACC）促进伸长效果明显低于外源 GA 处理。淹水前喷施多效唑（PB）可有效抑制植株水下伸长，延缓叶绿素降解，减缓 NSC 消耗，保留更多 NSC，为淹水胁迫解除后水稻快速恢复提供有利条件。

为揭示海藻糖（Trehalose，Tre）及蔗糖（Sucrose，Suc）对种子萌发的抑制效果，分别用 1%、2%和 3%的 Tre 和 Suc（图 3-14A，图 3-14D）对水稻‘中花 11’种子进行处理，结果表明，在外源 Tre 和 Suc 的影响下，水稻种子的萌发随着 Tre 和 Suc 浓度的增加，受到不同程度的延迟，且外源 Tre 与 Suc 的浓度越高，水稻种子萌发的延迟越明显。利用 1 μmol/L ABA 重复萌发实验，发现与 Tre 和 Suc 相比，ABA 对种子萌发的抑制效果更强。

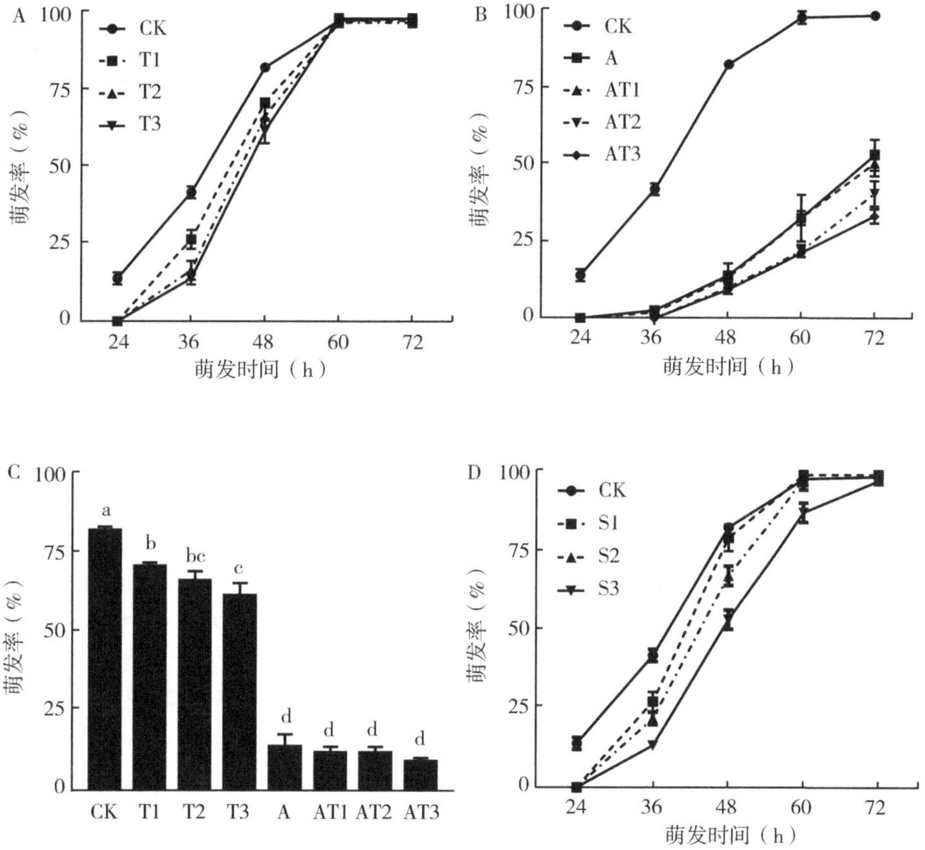

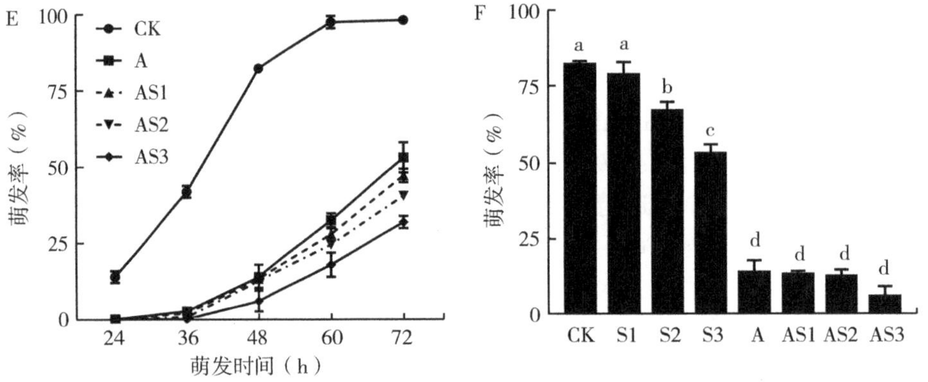


**图 3-14　Tre 和 Suc 处理水稻种子萌发率**

注：A，不同浓度 Tre 处理水稻种子萌发率；B，1 μmol/L ABA 与不同浓度 Tre 处理水稻种子萌发率；D，不同浓度 Suc 处理水稻种子萌发率；E，1 μmol/L ABA 与不同浓度 Suc 处理水稻种子萌发率；C、F，48 h 时各处理的萌发率；误差线表示 3 次重复的标准差；柱上标以不同小写字母表示差异达 5%水平显著。

施加外源 ABA 后，水稻种子的萌发率显著降低，发芽极其缓慢（图 3-14B，图 3-14E）。同时对水稻种子施加外源 ABA 和 Tre 或 Suc 时，只有高浓度（3%）的 Tre 或 Suc 会进一步加强 ABA 对种子萌发的抑制作用，而低浓度的 Tre 和 Suc 均不会加剧 ABA 对种子萌发的抑制作用（图 3-14C，图 3-14F），表明高浓度的 Tre 或 Suc 可能通过 ABA 延迟种子萌发[42]。

通过 3%的 Tre 或 Suc 处理萌发中的水稻种子，种子中可溶性糖含量在萌发后期显著低于对照（图 3-15A），结果表明 Tre 和 Suc 是通过 ABA 抑制种子内部可溶性糖的生成来抑制种子萌发。再利用 ABA 分解缺陷突变体的 2 个单独株系 *sg*3 和 *sg*11 进行萌发实验（图 3-15B），结果表明，与野生型相比，2 个突变体株系的萌发速度更为缓慢；进行 Tre 和 Suc 处理后，其内部的可溶性糖含量同样低于未处理的突变体种子，且在萌发后期两种处理均导致突变体中可溶性糖低于野生型种子（图 3-15C，图 3-15D），说明 Tre 与 Suc 抑制可溶性糖含量的方式与 ABA 密不可分，可能是通过提高 ABA 含量或抑制 ABA 的降解从而导致可溶性糖含量低于对照[42]。

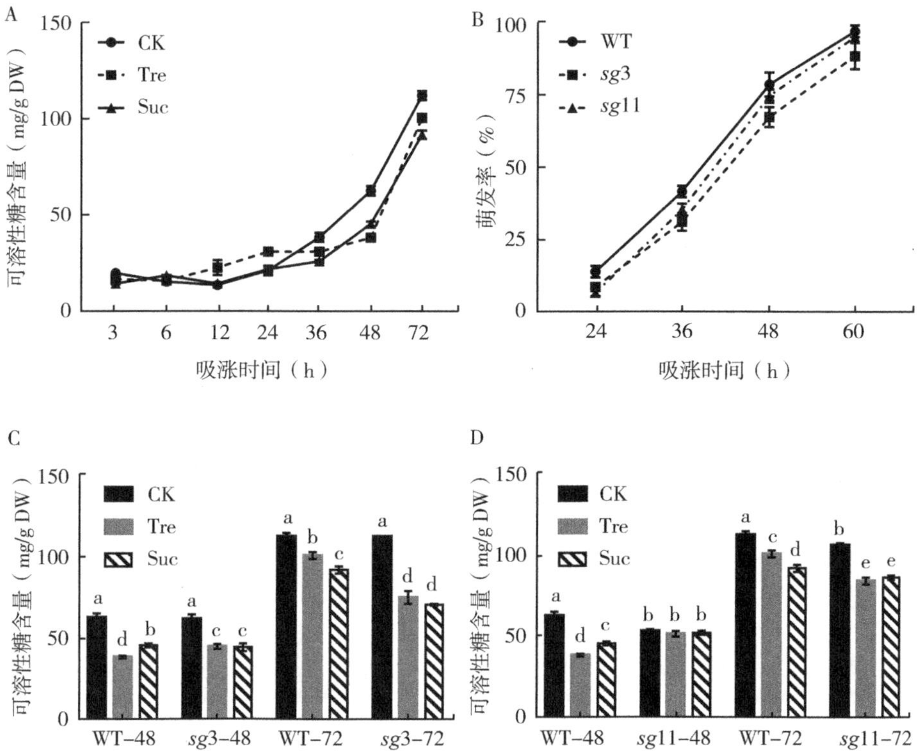


**图 3-15　Tre 与 Suc 处理水稻种子可溶性糖的含量**

注：A，Tre 与 Suc 处理水稻可溶性糖含量；B，突变体种子萌发率；C，Tre 和 Suc 处理后突变体 *sg*3 的可溶性糖含量；D，Tre 和 Suc 处理后突变体 *sg*11 的可溶性糖含量。WT、*sg*3、*sg*11，野生型 ZH11，ABA 分解敲除突变体 *sg*3 和 *sg*11；WT-48，各处理进行 48 h 时可溶性糖含量；WT-72：各处理进行 72 h 时可溶性糖含量；误差线表示 3 次重复的标准差。

## （二）营养调节剂对油菜生理生化特性的影响

氨氧基乙酸盐（AOA）对种子的耐渍性具有较好的调节作用，使用氨氧基乙酸盐（AOA）对油菜‘沣油 737’浸种，在胚根伸长期渍水后观测不同调节剂预处理对油菜种子细胞结构的影响，用透射电镜观察蒸馏水和 AOA 浸种预处理种子在渍水过程中胚芽和胚根细胞结构变化。如图 3-16 所示，AOA 浸种预处理种子在渍水 24 h 后胚芽细胞自噬结构明显较不渍水对照增多。在不渍水条件下，AOA 预处理的细胞自噬活性与蒸馏水浸种（$dH_2O$）差异不显著；在渍水 24 h 后，蒸馏水浸种的细胞自噬活性有增加的趋势但差异不显著，而 AOA 预处理的细胞自噬活性急剧增高；在渍水 36 h 后，蒸馏水浸种的细胞自噬活性增强，但 AOA 预处理的细胞自噬活性与不渍水处理差异不显著。在不渍水条件下，尽管 AOA 预处理的胚根相对细胞自噬活性随着培养进程而呈增高趋势，但与同期蒸馏水浸种预处理（$dH_2O$）均无显著差异。在渍水 24 h 后，无论是蒸馏水浸种还是 AOA 预处理，胚根细胞自噬活性变化不显著；在渍水 36 h 后，蒸馏水和 AOA 浸种预处理的胚根细胞自噬活性均较同期不渍水处理有所降低，但差异未达到显著水平，结果表明，用氨氧基乙酸盐（AOA）对油菜胚芽预处理可增强渍水 24 h 后细胞自噬活，从而适应渍水环境[43]。

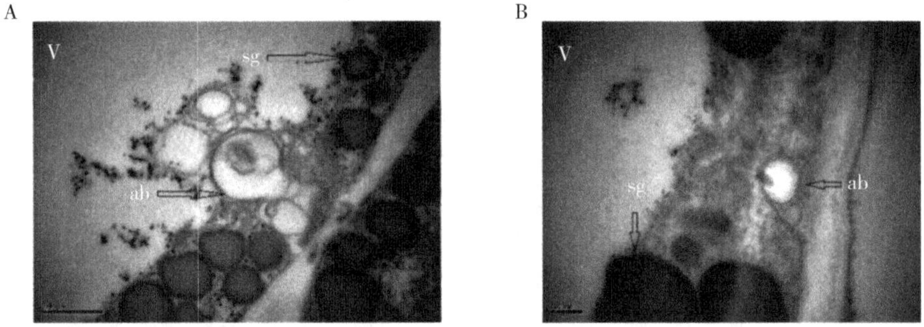


**图 3-16　AOA 预处理的渍水（A）和不渍水（B）种子胚芽细胞结构[43]**

注：V，液泡；ab，自噬小体；sg，淀粉粒。

在适宜的浓度范围内，硼、尿素、锌、钼、6-苄基腺嘌呤（BA）和萘乙酸（NAA）对花粉萌发均有促进作用[44]，0.01%的硼砂和 0.1%的尿素、0.1 mg/L 的硫酸锌、10～40 mg/L 的钼酸钠、1 mg/L 的 BA 和 10 mg/L 的 NAA 促进花粉萌发及花粉管生长的作用最显著。

## 第四节　生物菌肥对稻油生产的影响

微生物肥料是以微生物的生命活动导致作物得到特定肥料效应的一种制品，是农业生产中使用肥料的一种。国内外多年试验证明，用根瘤菌接种大豆、花生等豆科作物可提高共生固氮效能，确实有增产效果，合理应用其他菌肥拌种或施用微生物肥料，对非豆科农作物也有增产效果，而且有化肥达不到的效果。

相关研究表明，施用适量菌肥能够提高软枣猕猴桃的净光合速率，增加其有机物的积累量，对植株的生长发育能起到显著的促进作用[45]。高浓度生物菌肥处理能改善土壤的团粒结构、阳离子交换量和可溶性盐浓度值[46]。

## 一、生物菌肥对稻油产量和品质的影响

### （一）生物菌肥对水稻产量品质的影响

相关研究表明[47]，在水稻齐穗期、灌浆期和成熟期施加生物菌可肥明显提高水稻的干物重，分蘖期、拔节期处理间干物重变化无显著差异。随着氮肥用量的增加，土壤中氮肥水平的提高，农学氮素利用效率有降低的趋势，从表 3-19 中可以看出，在相同氮肥水平处理下，施用生物菌肥大大提高了水稻的农学氮素利用效率，在 N1 水平下提高 54%，在 N2 水平下提高 25%，由此可见，生物菌肥具有可以部分替代氮肥的作用。水稻的氮肥利用率表现为 W1N1>W1N2>W0N1>W0N2，增施生物菌肥处理的水稻氮素利用率与对照达到极显著差异。N1 水平下增施生物菌肥对水稻氮肥利用率增益效果最为显著，表明增施生物菌肥可以极显著提高栽培稻的氮肥利用率，继续增加氮肥用量，水稻的氮素利用率降低的更多。由 W1N1>W0N2 可知，单一加大氮肥施用量处理的氮素利用率无法超过生物菌肥与氮肥配合施用的处理 W1N1，说明生物菌肥可以部分替代氮肥，同时能够提高氮肥的利用率。因为 W1N1>W1N2，所以在 N2 水平下，施用生物菌肥虽然能提高氮肥利用率，但是相比中等氮肥水平下施用生物菌肥无法达到经济效益最大化。氮肥偏因素生产力的变化规律与农学氮素利用率完全一致，N1 水平下增施生物菌肥，水稻氮肥偏因素生产力比 N2 水平下施用生物菌肥高 2.9%，N2 水平下水稻氮肥偏因素生产力有降低趋势，处理间达到了极显著差异[47]。

**表 3-19　生物菌肥对水稻氮素利用率的影响[47]**

| 处理 | 农学氮素利用效率<br>（NAE） | 氮肥利用率<br>（RE） | 氮肥偏因素生产力<br>（NPFP） |
|---|---|---|---|
| W0N1 | 24.37 cC | 46.92 bB | 43.95 bB |
| W1N1 | 30.80 aA | 57.96 aA | 60.3 aA |
| W0N2 | 19.09 cC | 42.32 bB | 41.96 cC |
| W1N2 | 23.82 bB | 45.77 aA | 58.51 aA |

注：W0N1 表示生物肥 0 kg/hm$^2$，氮肥 120 kg/hm$^2$；W1N1 表示生物肥 15 kg/hm$^2$，氮肥 120 kg/hm$^2$、W0N2 表示生物肥 0 kg/hm$^2$，氮肥 150 kg/hm$^2$、W1N2 表示生物肥 15 kg/hm$^2$，氮肥 150 kg/hm$^2$。

不同氮肥水平下，施用生物菌肥能够提高‘丹粳 17’‘丹粳 21’‘中丹 4 号’稻米籽粒的长宽比，显著降低垩白粒率和垩白度，增加稻米的胶稠度、粗脂肪含量和直链淀粉含量，提高了稻米的食味值，改善了稻米的食用品质[48]。调节肥追施枯草芽孢杆菌和基调肥均带巨大芽孢杆菌菌剂能够通过增加穗数和粒数提高产量，增产幅度为 4.64%～5.56%[49]。

在水稻‘隆两优华占’孕穗期和灌浆初期叶面喷施 DG 叶面阻控剂（液体硅肥）；在翻耕前随基肥施入 SMA 微生物菌剂（侧孢短芽孢杆菌，地衣芽孢杆菌，生物活性钙，有机物载体）、XFJ 有机肥（发酵腐熟有机质物料，高活性功能菌，饲料级沸石粉、淀粉）和 LXM 钙硅类钝化剂（有效硅≥15%；有效钙≥40%）3 种修复剂，结果发现，与对照相比，施用 DG 叶面阻控剂后土壤有效态镉含量不降反增，糙米镉含量有所降低，但效果不显著；施用 SMA 微生物菌剂后土壤 pH 值、土壤有效态镉含量、糙米镉含量随施用量增加表现出先降再增的趋势，施用 XFJ 有机肥和 LXM 钙硅类钝化剂后能够提高土壤 pH 值，降低土壤有效态镉含量和糙米镉含量，土壤有效态镉含量、糙米镉含量随施用量增加而降低[50]。

## （二）生物菌肥对油菜产量品质的影响

在温室环境条件下直接滴灌小球藻液体生物肥，可促进光合碳同化产物更多的流向油脂和蛋白合成途径，增加小油菜油脂和蛋白含量，提高小油菜的产量和营养品质[51]。施用海藻肥有利于增加紫油菜的生物量（表 3-20，表 3-21），施用 T3（1 200 倍）的处理效果最好，其鲜重相当于对照的 1.5 倍，根冠比优于其他处理和对照；较低浓度的海藻肥处理有利于增加株高，其中施用 T4（1 600 倍）处理后的紫油菜株高相当于对照的 1.3 倍[52]。

**表 3-20　海藻肥对紫油菜形态指标的影响**

| 处理 | 株高（cm） | 叶片数（片） | 叶长（cm） | 叶宽（cm） | 叶面积（$cm^2$） |
|---|---|---|---|---|---|
| CK | 11.86±0.47 bc | 5.6±0.51 a | 7.20±0.28 c | 3.52±0.13 b | 19.10±1.35 c |
| T1 | 10.36±0.47 c | 5.8±0.37 a | 7.82±0.54 c | 4.32±0.29 ab | 25.52±3.09 bc |
| T2 | 12.26±0.55 b | 5.4±0.51 a | 8.42±0.19 bc | 4.38±0.48 ab | 27.87±3.58 b |
| T3 | 13.46±0.83 ab | 5.6±0.24 a | 9.10±0.43 b | 4.44±0.09 a | 30.39±1.97 ab |
| T4 | 14.78±0.39 a | 6.2±0.37 a | 10.40±0.55 a | 4.70±0.17 a | 36.74±2.55 b |
| T5 | 14.26±0.44 a | 6.0±0.32 a | 7.98±0.30 bc | 4.66±0.37 a | 28.16±3.09 b |
| T6 | 13.14±0.59 ab | 5.8±0.49 a | 8.22±0.33 bc | 4.06±0.17 ab | 25.03±1.38 bc |
| 群组间 *F* 值 | 7.504 | 0.422 | 6.891 | 2.170 | 4.435 |

**表 3-21　海藻肥对紫油菜生物量的影响**

| 处理 | 地上鲜重 (g) | 地下鲜重 (g) | 地上干重 (g) | 地下干重 (g) | 总鲜重 (g) | 总干重 (g) | 根冠比 |
|---|---|---|---|---|---|---|---|
| CK | 4.77±0.43 b | 0.84±0.10 a | 0.42±0.04 a | 0.07±0.01 ab | 5.61±0.64 a | 0.49±0.06 ab | 0.17±0.01 a |
| T1 | 6.35±0.71 ab | 0.80±0.07 a | 0.46±0.04 a | 0.06±0.01 b | 7.15±0.96 a | 0.52±0.07 ab | 0.12±0.02 ab |
| T2 | 6.41±0.55 ab | 1.10±0.10 a | 0.57±0.06 a | 0.09±0.01 a | 7.51±0.59 a | 0.66±0.08 a | 0.16±0.02 a |
| T3 | 7.15±0.24 a | 0.69±0.04 a | 0.45±0.01 a | 0.05±0.00 b | 7.83±0.36 a | 0.50±0.01 ab | 0.11±0.00 b |
| T4 | 7.12±0.56 a | 0.70±0.16 a | 0.41±0.02 a | 0.05±0.01 b | 7.81±0.86 a | 0.46±0.02 b | 0.12±0.01 ab |
| T5 | 6.92±0.41 ab | 0.77±0.13 a | 0.49±0.03 a | 0.06±0.00 ab | 7.69±0.64 a | 0.55±0.04 ab | 0.12±0.00 ab |
| T6 | 6.04±0.52 ab | 0.79±0.20 a | 0.43±0.04 a | 0.06±0.01 ab | 6.84±0.92 a | 0.49±0.06 ab | 0.14±0.01 ab |
| 群组间 *F* 值 | 1.623 | 0.766 | 1.225 | 2.225 | 1.162 | 1.366 | 2.359 |

## 二、生物菌肥对稻油生理生化特性的影响

### （一）生物菌肥对水稻生理生化特性的影响

施用生物肥可以明显提高水稻的茎数及有效穗数，提高水稻的分蘖能力，提高水稻茎秆的充实度，提高抗倒能力[53]。以高性能碱性阳离子生理活性调节剂为主要活性成分的液体生物肥料 NEL 能明显提高水稻成穗率、有效穗和结实率，从而达到提高单位产量的目的，其中在分蘖期+孕穗期+抽穗期喷施 NEL 生物活性肥的处理，产量较对照增产 5.4%，达极显著水平[54]。

### （二）生物菌肥对油菜生理生化特性的影响

殷颖[55]以紫油菜为材料，研究海藻肥的不同浓度配比施用量对紫油菜生理指标的影响，通过施用不同浓度海藻肥溶液，测定其生理指标，试验设置 6 个处理，分别为施用海中宝海藻肥溶液浇灌，依次为稀释原液 400 倍（T1）、800 倍（T2）、1 200倍（T3）、1 600倍（T4）、2 000倍（T5）、2 400倍

（T6），以不施用海中宝海藻肥溶液为空白对照（CK），结果发现，T3、T4处理下，紫油菜的含水量、花青素含量、可溶性蛋白、维生素 C 等指标最高；T4 至 T6 处理下的叶绿素含量最高；各处理的硝态氮含量均小于1 000 mg/kg，T6 处理下的硝态氮含量最低，且随着稀释倍数的上升硝态氮的含量随之降低。海藻肥施用浓度为1 200～1 600倍时最适合紫油菜的栽培，综合品质最佳。

施用 4 种不同生物菌肥以及不同浓度对盆栽油菜产量的影响不同，结果发现 4 种生物菌肥处理的油菜的平均产量均高于 CK（表 3-22），差异显著，尤其处理 10 的产量最高，比对照 CK 产量增长了 156.6%。说明北京菌根真菌 0.8 g/盆与有机肥 2 g/盆混合配施产量最大，并且菌根真菌对盆栽油菜产量的影响很大，但是随着菌根真菌浓度增大，油菜产量会大幅度减少。在单施一种南京菌肥中，处理 9>处理 8>处理 7，油菜产量最高达 458.6 g/盆，说明在施南京菌肥中随着施肥浓度的增大，油菜产量增加。在施相同浓度的不同生物菌肥中，处理 8>处理 2>处理 5>处理 11，处理 9>处理 3>处理 6>处理 12，说明在施相同浓度的生物菌肥情况下施加南京菌肥的产量最大[56]。

施加 4 种生物菌肥后油菜叶绿素含量均高于 CK（表 3-23），其中含量最高的为处理 11，即北京菌根真菌 1.6 g/盆与 10 g/盆的有机肥混合配施的叶绿素含量最大，比 CK 增加了 65.6%。在单施一种山西菌肥 2 中，处理 6>处理 5>处理 4，表明随着生物菌肥的浓度增加，叶绿素含量有增大的趋势。在施相同浓度的不同生物菌肥中，处理 12>处理 3＝处理 6>处理 9。研究结果表明，不同的溶磷真菌能提高作物叶绿素含量，从而提高作物品质。原因是叶绿素参与植物的光合作用，将光能转化为化学能，储存在植物体内，因此叶绿素含量高能够促进光合作用，从而提高作物品质。4 种不同的生物菌肥对盆栽油菜还原糖含量的影响很大，从表 3-24 可以看出还原糖含量基本都高于 CK，其中处理 6 最大为 2.48 g/kg，比 CK 高 92.2%。表明施加 20 g/盆的山西菌肥 2 的还原糖含量最高。在单施一种生物菌肥中，处理 9>处理 8>处理 7，表明在施加南京菌肥中，随着浓度的增加，还原糖含量有增加的趋势。处理 12>处理 11>处理 10，表明在施加北京菌根真菌与有机肥的混合配施中，随着浓度的增加，还原糖含量增加。在施相同浓度的不同生物菌肥中，处理 2>处理 11>处理 8>处理 5[56]。

施加 4 种菌肥后，油菜硝酸盐含量均高于 CK（表 3-24），差异显著，其中处理 12 硝酸盐含量最大，即 407.3 mg/kg，比 CK 增加 70.91%，即北京菌根真菌 2.4 g/盆与 20 g/盆的有机肥混合配施的硝酸盐含量最大。在单施一种生物菌肥中，处理 3>处理 2>处理 1，表明在施加山西菌肥 1 中随着浓度的增加硝酸盐含量增加；处理 6>处理 5>处理 4，表明在施加山西菌肥 2 中，随着浓度的增加，硝酸盐含量增加。在施相同浓度的不同生物菌肥处理中，处理 7>处理 10>处理 1>处理 4，最大为 366.0 mg/kg。表明在施相同浓度 2 g/盆的生物菌肥中施加南京菌肥的硝酸盐含量最高[56]。

**表 3-22　4 种生物菌肥对盆栽油菜产量的影响**

| 处理 | 每盆产量/g | | | | 差异显著性 |
|---|---|---|---|---|---|
| | 重复一 | 重复二 | 重复三 | 平均值 | |
| 1 | 266.4 | 252.5 | 260.5 | 259.8 | fg |
| 2 | 319.2 | 303.9 | 332.6 | 318.6 | d |
| 3 | 268.1 | 285.9 | 267.3 | 273.8 | ef |
| 4 | 235.6 | 245.2 | 252.6 | 244.5 | g |
| 5 | 317.5 | 314.2 | 313.6 | 315.1 | d |
| 6 | 232.3 | 253.1 | 259.3 | 248.2 | g |
| 7 | 282.2 | 281.1 | 285.9 | 283.1 | e |
| 8 | 393.4 | 378.8 | 400.5 | 390.0 | c |
| 9 | 457.4 | 451.3 | 467.0 | 458.6 | b |
| 10 | 577.1 | 556.6 | 569.9 | 567.9 | a |
| 11 | 214.3 | 224.7 | 225.9 | 221.7 | h |
| 12 | 208.5 | 215.3 | 243.3 | 222.4 | h |
| CK | 233.0 | 215.0 | 226.0 | 221.3 | h |

注：处理 1，山西菌肥 12 g/盆；处理 2，山西菌肥 110 g/盆；处理 3，山西菌肥 120 g/盆；处理 4，山西菌肥 22 g/盆；处理 5，山西菌肥 210 g/盆；处理 6，山西菌肥 220 g/盆；处理 7，南京菌肥 2 g/盆；处理 8，南京菌肥 10 g/盆；处理 9，南京菌肥 20 g/盆；处理 10，北京菌根真菌+有机肥 0.8+2 g/盆；处理 11，北京菌根真菌+有机肥 1.6+10 g/盆；处理 12，北京菌根真菌+有机肥 2.4+20 g/盆；CK，不施菌肥。

**表 3-23　4 种生物菌肥对盆栽油菜品质的影响**

| 处理 | 叶绿素（mg/g） | 还原糖（g/kg） | 硝酸盐（mg/kg） |
|---|---|---|---|
| 1 | 1.14 bc | 1.86 bc | 310.3 e |
| 2 | 0.94 d | 2.28 ab | 315.0 e |
| 3 | 1.07 bcd | 1.90 bc | 325.0 de |

（续表）

| 处理 | 叶绿素（mg/g） | 还原糖（g/kg） | 硝酸盐（mg/kg） |
| --- | --- | --- | --- |
| 4 | 1.02 cd | 1.71 cd | 267.7 f |
| 5 | 1.03 cd | 1.11 e | 280.7 f |
| 6 | 1.07 bcd | 2.48 a | 315.3 e |
| 7 | 0.94 d | 1.44 cde | 366.0 b |
| 8 | 1.05 bcd | 1.71 cd | 327.3 de |
| 9 | 1.01 cd | 1.80 bcd | 330.7 cde |
| 10 | 1.08 bcd | 1.74 cd | 359.7 bc |
| 11 | 1.54 a | 1.88 bc | 351.3 bcd |
| 12 | 1.41 a | 2.38 a | 407.3 a |
| CK | 0.93 d | 1.29 de | 238.3 g |

**表 3-24　4 种生物菌肥对盆栽油菜土壤养分含量的影响**　单位：mg/kg

| 处理 | 土壤速效磷（P） | 土壤速效钾（K） | 土壤碱解氮（N） |
| --- | --- | --- | --- |
| 1 | 13.40 abc | 95.08 ab | 17.16 c |
| 2 | 11.27 bcde | 92.73 bc | 33.83 ab |
| 3 | 12.33 abcd | 91.90 abc | 33.83 ab |
| 4 | 12.53 abcd | 94.69 a | 25.67 bc |
| 5 | 8.87 e | 96.77 abc | 30.60 abc |
| 6 | 10.27 cde | 93.59 bc | 26.33 bc |
| 7 | 12.80 abc | 91.83 bc | 42.53 a |
| 8 | 11.60 bcde | 93.39 abc | 25.70 bc |
| 9 | 14.27 ab | 92.40 bc | 37.13 a |
| 10 | 13.93 ab | 93.97 abc | 35.40 ab |
| 11 | 15.40 ab | 91.73 abc | 25.83 ab |
| 12 | 15.40 a | 91.73 bc | 25.83 bc |
| CK | 9.30 de | 90.93 c | 18.60 c |

# 参考文献


[1] 马彦平，朱盼盼，娄伟. 不同品类中微量元素肥料对纽荷尔脐橙增产提质效应的研究［J］. 肥料与健康，2022，49（2）：17-22.

[2] 李泽梅，刘雪莹，祝宁，等. 中微量元素肥料对番茄生长及果实品质的影响［J］. 蔬菜，2021（10）：25-28.

[3] 陈河江. 微量元素水溶肥料在西瓜上的应用效果初探［J］. 农家参谋，2021（19）：72，156.

[4] 刘翠先，吴明伟，李建波，等. "世多乐"中微量元素肥料对"烟富"苹果产量及品质的影响［J］. 中国农技推广，2021，37（5）：57-58，72.

[5] 康艳，王刚. 微量元素水溶肥料在葡萄上的试验效果初探［J］. 陕西农业科学，2016，62（1）：53-54，58.

[6] 梁琼月，莫良玉，许鸿源，等. 氨基酸复合微肥对罗汉果产量及品质的影响［J］. 广西农学报，2017，32（4）：13-16.

[7] 苏培娇，胡宝期，林群艳，等. 硼锰铜复合微肥不同施用技术对超级稻产量效益的影响［J］. 农业科技通讯，2015（11）：64-66.

[8] 胡时友，刘凯，马朝红，等. 中微量元素肥料配合施用对水稻生长和产量的影响［J］. 湖北农业科学，2016，55（20）：5196-5198，5206.

[9] 胡时友，刘凯，马朝红，等. 中微量元素肥料配合施用对水稻产量和品质的影响［J］. 农村经济与科技，2016，27（23）：84-86.

[10] 杨志珍，黄河. 施用微量元素肥料对水稻产量与品质的影响［J］. 湖南农业科学，2003（1）：34-35

[11] JI C，LI J，JIANG C，et al.. Zinc and nitrogen synergistic act on root-to-shoot translocation and preferential distribution in rice［J］. J Adv Re，2021，20（35）：187-198

[12] 黄席权，刘波，姚鹏，等. 油菜叶面喷施富乐硼微肥的增产效果［J］. 湖南农业科学，2022（5）：48-50.

[13] 王一斐，周江明，黄俊峰. 硼镁钙肥对油菜生长及产量的影响

[J]. 中国农技推广，2019，35（10）：83-85.
[14] 杜萌，马凌霄，任海，等. 微肥对水稻生长发育影响研究 [J]. 北方水稻，2021，51（2）：21-23.
[15] 唐乐丹. 新型专用肥料对水稻生长发育、产量及抗倒性的影响 [D]. 武汉：华中农业大学，2019.
[16] 段晓琴，赵永亮. 锌硒微肥对油菜苗期锌、硒积累及生理效应的影响 [J]. 江苏农业科学，2009（4）：106，147.
[17] 常涛，谢鑫，官梅，等. 不同微肥处理下油菜产量与高光谱反射率关系分析 [J]. 光谱学与光谱分析，2021，41（2）：552-557.
[18] 梁鑫，程玉渊，刘园，等. 打顶后喷施生长素和油菜素内酯对烤烟品质的影响 [J]. 湖南农业大学学报（自然科学版），2021，47（2）：161-165.
[19] 王卫平. 花期施用外源生长素类物质对番茄果实果糖代谢影响的研究 [D]. 沈阳：沈阳农业大学，2011.
[20] 刘广洋，刘中笑，张延国，等. 乙烯利和追肥处理对番茄品质的影响 [J]. 江苏农业科学，2020，48（5）：121-126.
[21] 练华山，李欣欣，林立金，等. 表油菜素内酯对夏黑葡萄幼苗生长的影响 [J]. 浙江农业学报，2021，33（10）：1889-1896.
[22] 邓先朝，李晓益. 乙烯利对苦瓜生长发育及制种产量的影响 [J]. 中国蔬菜，2000（4）：22-24.
[23] 唐小洁，张鹏，孙善国，等. 植物生长调节剂对机插水稻抽穗后茎秆性状及产量的影响 [J]. 中国稻米，2017，23（5）：46-49，53.
[24] 叶喜琴. 植物生长调节剂芸乐收对水稻‘甬优 1540’的影响 [J]. 吉林农业，2019（13）：60.
[25] 郑乐娅，吴文革，阎川，等. 植物生长调节剂对水稻光合速率和产量构成因素的影响 [J]. 作物杂志，2011（3）：63-66.
[26] 李赞堂，王士银，姜雯宇，等. 穗分化期外施 24-表油菜素内酯（EBR）促进水稻源、库及籽粒灌浆的生理机制 [J]. 作物学报，2018，44（4）：581-590.
[27] 杨兰，荣湘民，宋海星，等. 生长调节剂对油菜产量及氮素利用效率的影响 [J]. 湖南农业科学，2012（5）：27-29，33.

［28］ 马霓，刘丹，张春雷，等. 植物生长调节剂对油菜生长及冻害后光合作用和产量的调控效应［J］. 作物学报，2009，35（7）：1336-1343.
［29］ 项斌，林舜华，高雷明. 紫花苜蓿对 $CO_2$ 倍增的反应：生态生理研究和模型拟合［J］. 植物学报，1996（1）：63-71.
［30］ 文廷刚，王伟中，杨文飞，等. 水稻茎秆形态特征与抗倒伏能力对外源植物生长调节剂的响应差异［J］. 南方农业学报，2020，51（1）：48-55.
［31］ 杜逸凡，方希林，曾红丽，等. 外源多效唑、ABA、2,4-D 和 NAA 对水稻秧苗生长特性的影响［J］. 分子植物育种，2020，18（8）：2687-2694.
［32］ 屈成，杨漫，刘芬，等. 不同植物生长调节剂对水稻种子萌发及幼苗生长的影响［J］. 种子，2018，37（11）：46-50.
［33］ 向言词，官春云，黄璜，等. 植物生长调节剂 IAA、GA 和 6-BA 对芥菜型油菜和甘蓝型油菜富集镉的强化［J］. 农业现代化研究，2010，31（4）：504-508.
［34］ 王佳，常云霞，徐克东，等. 几种植物生长调节剂对低温胁迫下油菜幼苗生长抑制的缓解效应［J］. 热带作物学报，2013，34（12）：2348-2352.
［35］ 周欣，姚璇，聂立璇，等. 植物生长调节剂处理对油菜胚根伸长期耐渍性的影响［J］. 中国油料作物学报，2019，41（6）：914-920.
［36］ 崔赛，王同华，张振乾. 油菜素内酯浸泡种子对甘蓝型油菜幼苗的影响［J］. 农业生物技术学报，2022，30（2）：249-259.
［37］ 彭亚静，汪新颖，张丽娟，等. 根层调控对小麦—玉米种植体系氮素利用及土壤硝态氮残留的影响［J］. 中国农业科学，2015，48（11）：2187-2198.
［38］ 胡小淳. 植物生长调节剂和营养元素外施对杂交水稻再生特性及产量的影响［D］. 长沙：湖南农业大学，2004.
［39］ 童春义，肖苏尧，王贝，等. 壳寡糖—硒纳米植物营养调节剂的研制与应用［J］. 湖南大学学报（自然科学版），2008（10）：60-64.
［40］ 解振兴，张居念，林祁，等. 植物生长调节剂对再生稻头季抗倒

伏能力和两季产量的影响［J］. 中国水稻科学，2019，33（2）：158-166.
［41］ 武辉，向镜，陈惠哲，等. 外源调节剂对淹涝水稻幼苗株高及碳水化合物消耗的影响［J］. 应用生态学报，2018，29（1）：149-157.
［42］ 赵英杰，滕振宁，于辉辉，等. 海藻糖与蔗糖促进脱落酸合成抑制水稻种子萌发［J］. 分子植物育种，2022：1-11［2022-07-21］.
［43］ 周欣. 植物生长调节剂对油菜种子胚根伸长期耐渍性调控及作用机制［D］. 武汉：华中农业大学，2018.
［44］ 李秀菊，朱坤华，张永军，等. 营养元素与植物生长调节剂对油菜花粉萌发的影响［J］. 中国油料作物学报，1999（1）：25-27.
［45］ 马乐，姜雅轩，雷培，等. 生物菌肥对软枣猕猴桃品种‘魁绿’和‘佳绿’生长发育的影响［J］. 经济林研究，2022（2）：183-190
［46］ 查倩，殷向静，奚晓军，等. 生物菌肥对葡萄园土壤改良效果初探［J］. 上海农业科技，2022（3）：110-112.
［47］ 吴云艳，王鑫厚. 生物菌肥对水稻氮素利用率及产量的影响［J］. 东北农业科学，2021，46（5）：18-20，70.
［48］ 王鹏，吴云艳. 生物菌肥对丹东地区水稻产量性状和品质的影响［J］. 中国稻米，2019，25（2）：86-88.
［49］ 姜巍，王安东，杜明，等. 生物肥对寒地水稻产量影响的研究［J］. 现代化农业，2017（6）：14-16.
［50］ 胡青云，唐佑根，张志强，等. 4种修复剂对镉污染农田土壤及糙米的降镉效果［J］. 湖南农业科学，2021（3）：51-54.
［51］ 张靖洁. 微藻生物肥改善土壤肥力及根际菌群和提高小油菜产量品质效应的研究［D］. 太原：山西农业大学，2020.
［52］ 殷颖，赵洪，刘畅，等. 海藻肥对紫油菜生长与品质的影响［J］. 中国农学通报，2018，34（18）：48-53.
［53］ 田廷伟，冯永祥，李金峰，等. ‘世绿’生物肥对水稻生长影响的研究［J］. 黑龙江八一农垦大学学报，2006（1）：38-41.
［54］ 舒服，邓华凤，何强，等. NEL生物活性肥对P88S/747经济性

状及稻米品质的影响［J］. 湖南农业科学，2008（3）：62-63，65.
［55］ 殷颖. 海藻肥和奥绿缓释肥对紫油菜生长及品质的影响［D］. 上海：上海交通大学，2017.
［56］ 王若男，洪坚平. 4种生物菌肥对盆栽油菜产量品质及土壤养分含量的影响［J］. 山西农业大学学报（自然科学版），2016，36（11）：774-778，792.

# 第四章　稻油轮作对土壤养分变化的影响

土壤肥力是土壤的基本属性和质的特征，由一系列物理、化学和生物过程引起，是土壤物理、化学和生物学性质的综合反映。土壤肥力从环境条件和营养条件两方面供应和协调作物生长、发育。土壤肥力包括土壤养分状况和土壤理化性质等。土壤养分是影响土壤肥力水平的重要因素，受农田建设、耕作制度、施肥水平等影响。土壤理化性质受自然因素、人类活动的影响，其中人类特定的耕作活动是主要影响因素。除了以上因素对土壤肥力产生直接影响，土壤微生物的多样性构成的土壤微环境生态系统会随着栽培作物及环境条件的改变而发生变化，进而引起土壤有机质含量和肥效转换的改变，进而影响土壤的理化性质。

长期连作种植模式下，单一施肥条件容易引发土壤盐渍化，加之肥料使用单一，容易造成土壤养分失衡。轮作通过在同一田地上有序地轮换种植不同作物，或轮换采用不同复种方式实现用地和养地的结合，提高作物产量，改善农田生态环境。合理轮作相对于连作的种植方式，能够改善土壤理化性质，平衡土壤养分，维持土壤微生物的多样性及增加有益菌的数量，造就良好的土壤环境，提高作物的产量和品质。

轮作模式不同，对土壤理化性质的影响不一。水旱轮作是我国南方普遍采用的耕作制度，在种植面积上，稻油轮作仅次于稻麦轮作，其中稻—油两熟模式是理想的水旱轮作方式。稻油轮作模式一方面解决了作物季节矛盾的问题，另一方面实现了土地的用养结合，充分利用了光热资源，达到省工节本、增产增收的效果。

## 第一节　稻油轮作对土壤养分的影响

### 一、耕作模式与土壤养分

土壤的耕作是直接作用于土壤，改变其结构，进而改变土壤养分，为作物生长提供一定的耕层环境。优良的土壤结构是实现作物高产稳产的基础。长期采用连续单一的耕作模式，会造成土壤结构性变差，严重降低作物产量。土壤耕作措施能够有效改变土壤的速效养分含量，改善土壤养分，提高作物产量。

免耕条件下土壤养分积累主要体现在土壤表层，耕层积累较少。在稻油两熟的种植方式下，土壤有机质、全氮、全磷、全钾、碱解氮、速效磷和速效钾含量随着土壤深度而递减。除了全钾，土壤养分主要集中在20~30 cm土层。在10~20 cm土层，翻耕的全钾含量比免耕高出12.54%。免耕的速效磷含量比翻耕高16.19%；在40~50 cm土层，翻耕的全磷含量比免耕高5.77%；在50~60 cm土层，免耕的全磷、全钾、碱解氮、速效磷含量比翻耕的分别高12.82%、15.54%、16.86%和37.33%。从土壤剖面养分含量平均值可知，免耕的有机质、全氮、全磷、全钾、碱解氮和速效磷含量均高于翻耕[1]。

轮耕作处理不仅能提高表层土壤养分含量，还能打破犁底层，降低土壤容重，增加土壤通透性，有利于养分向耕层以下分布，提高耕层以下养分含量，有利于均衡养分在土层间的分布，避免出现养分富集现象。深耕对土壤扰动大，会加速土壤氮的矿化损失；而旋耕、深松在改善土壤环境的同时，对土壤扰动较小，减少碳、氮的损失，有利于土壤氮固存。土壤在深松扰动下，提高土壤透气性，促进有机质分解，增加土壤中有效养分的含量。深松结合覆盖分解的秸秆，能够控制了土壤养分的流失，同时，深松能够打破犁底层，起到有效增加土壤养分的作用。张洋等[2]研究发现，在东北黑土区免耕加深松的轮耕模式能够有效增加犁底层以下的土壤氮磷钾和有机质含量。王平等[3]研究半干旱黄土丘陵区的耕作模式发现，深松、免耕及深松轮耕的轮耕模式有利于改善耕层结构和提高土壤养分，增产增效显著。

## 二、稻油轮作与土壤养分

土壤养分除了氮、磷、钾以外，还有钙、硫、镁及铁、锰、硼、铜、钼、锌、硅等营养元素和土壤有机质。土壤有机质是土壤肥力的重要指标，有机质含量增加可增强土壤保肥、供肥能力，提高养分有效性。不同轮作模式是影响土壤地力的重要因素之一，作物轮作的种植模式可以通过不同作物吸收土壤中的不同营养成分，达到平衡土壤养分含量的作用，从而促进作物生长发育。另外，作物轮作可以降低植物自毒作用，改善土壤生物群落结构，降低病虫害的发生率。

### （一）轮作对土壤中氮的影响

自然环境对土壤有机氮结构组成起决定作用，而人为耕作管理则对土壤有机氮含量影响更大。轮作条件下种植农作物可以有效增加土壤有机氮含量，提高土壤供氮水平。尤其是在轮作作物中增加豆科类养地作物比例，土壤养分状况明显改善[4]。全氮含量是土壤各形态氮素含量之和，一定程度上可表达土壤的供氮水平。

轮作制度会对土壤有机氮含量及组分产生明显影响，周年轮作中不同种植季节环境条件的差异、有机物残落以及土壤微生物量和活性等均会影响土壤有机氮的含量及组分。长期人工施入的化肥氮主要向酰胺态氮转化，秸秆氮主要向氨基糖态氮转化，有机肥氮则向氨基酸态氮转化最多。有研究表明，同一土壤经过不同轮作模式耕作后，水旱和旱地轮作下土壤能增加总酸解态氮，但各组分比例变化不同。主要是由于水旱轮作中频繁出现干湿交替，影响了土壤理化性质和生物学特性，进一步影响了土壤氮素供应[5]。

稻油轮作模式下，不同施氮水平下，土壤碱解氮、全氮含量呈交替波动上升下降趋势，轮作中油菜季，土壤碱解氮、全氮含量在苗期和越冬期（120 d 前）呈上升趋势，随后由于作物快速生长对养分吸收增多，其含量呈下降趋势直至成熟期。不施氮的变化趋势和施氮相同，但碱解氮含量下降时间来得早一些，在油菜直播 90 d 后出现下降趋势直至成熟期。油菜季结束，土壤处于休闲状态时，土壤碱解氮、全氮含量上升，水稻季苗期和分蘖期出现降低趋势，随着拔节抽穗期追施氮肥，二者含量上升，在灌浆结实期碱解氮出现下降趋势，但全氮含量则根据处理施氮处理不同，未呈现一致的表现规律[6]。

油后种植早稻和中稻的氮素总积累量和氮肥吸收利用率均明显高于休闲后种植早稻和中稻的。在 4 个试验点进行不同的轮作方式（油菜—空闲、空闲—中稻、油菜—中稻、空闲—早稻—晚稻、油菜早稻—晚稻）试验比较，发现油后种植早稻平均氮素总积累量和氮肥吸收利用率分别增加 4.39 $kg/hm^2$ 和 2.43%，种植中稻则相应增加 6.93 $kg/hm^2$ 和 3.85%。种植晚稻的氮素总积累量和氮肥吸收利用率在不同地区有增加和减少，效果不一。4 个试验点油后种植早稻、中稻、晚稻平均产量比空闲后种植的平均产量分别提高 10.03%、8.75%、4.59%。扣除肥料、农药成本后，油菜—早稻—晚稻的轮作模式可以获得最高经济效益[7]。

秸秆还田能够增加耕层（0~20 cm）土壤全氮和有机质，提高油菜籽产量，而且不同油菜品种在不同年度稻草还田翻耕均比不还田有增产效果[8]。另外，有研究表明，不同轮作模式下秸秆还田与氮肥配施对杂交籼稻的加工、外观和食味品质有显著影响，增施氮肥能显著提高糙米率、精米率和整精米率[9]。例如，在大叶芥菜—水稻轮作和油菜—水稻轮作模式下，施氮肥量在 125 kg/hm$^2$ 和 105 kg/hm$^2$，氮肥运筹为基肥：蘖肥：穗肥为 3：3：4，可以实现提质、丰产[10]。

氮对于水稻分蘖有重要作用，施氮与不施氮处理的水稻分蘖数差异显著。施氮可以提高水稻强势粒最大灌浆速率、平均灌浆速率，而且延长强、弱势粒最大灌浆活跃期和有效灌浆期[11]。此外，油菜是直根系作物，与水稻进行水旱轮作有利于改善土壤结构。对于含硫苷丰富的油菜，可以克服稻田连作障碍和清洁生产，实现水稻可持续超高产。秸秆还田时，油菜作绿肥翻压还田能够增加土壤有机质和全氮含量，同时提高氮肥利用率，因此可考虑在油—稻轮作时降低氮肥的使用。在相同施氮条件下，经过长期不同轮作方式和绿肥翻压还田，水稻籽粒灌浆速率也有显著差异。因此，针对不同轮作模式，优化氮肥使用对于提高水稻产量和籽粒灌浆速率有重要意义。

### （二）轮作对土壤中磷的影响

地壳中磷的含量平均约为 0.28%（以 $P_2O_5$ 计），我国大多数土壤含磷量（0~20 cm 土层）在 0.04~0.25 波动。总体上，我国自北向南、自西而东土壤含磷量逐渐递减。在植物所需的土壤营养元素中，磷是有效性最低的元素之一。在世界范围内，磷的缺乏都是影响作物产量及分布的关键因素。所谓磷的缺乏是指土壤的有效态磷的缺乏，那么在土壤总磷量不低的情况下，土壤有效磷缺乏的主要原因是施入土壤的有效磷的利用率较低，仅占 15%左右，其余多被酸性土壤中的 $Fe^{3+}$、$Al^{3+}$ 和碱性土壤中的 $Ca^{2+}$ 固定，或被土壤胶体吸附，成为不能被植物利用的无效态磷。

不同的轮作模式对土壤磷的吸收作用不同。油稻轮作条件下，油菜可以促进难溶性磷的吸收利用，在缺磷胁迫下油菜根系能够分泌较多的有机酸活化土壤中的磷，帮助转化吸收。同时，油菜属于需磷量较高的作物，当由麦稻轮作改为油稻轮作时，土壤磷素盈余明显降低，甚至出现磷的亏缺，影响作物产量，在其试验过程中，油菜受倒春寒冻害影响，产量降低时，使得该年土壤中磷的盈余有所增加[12]。

另外，不同的施肥管理对土壤磷素的积累变化有一定影响（图 4-1）。从 2005—2016 年，不施肥、单施氮肥、施氮钾肥处理的土壤磷素累积一直处于亏缺状态，且随时间推移亏缺量增加；NP 和 NPK 处理的土壤磷素累积在 2011 年之前处于盈余状态，在 2012 年更改品种后（由麦稻改为油稻）出现亏缺状态；M，NPKM，NPKM’处理的土壤磷累积一直处于盈余状态，且后 2 种处理的土壤磷累积盈余最明显。

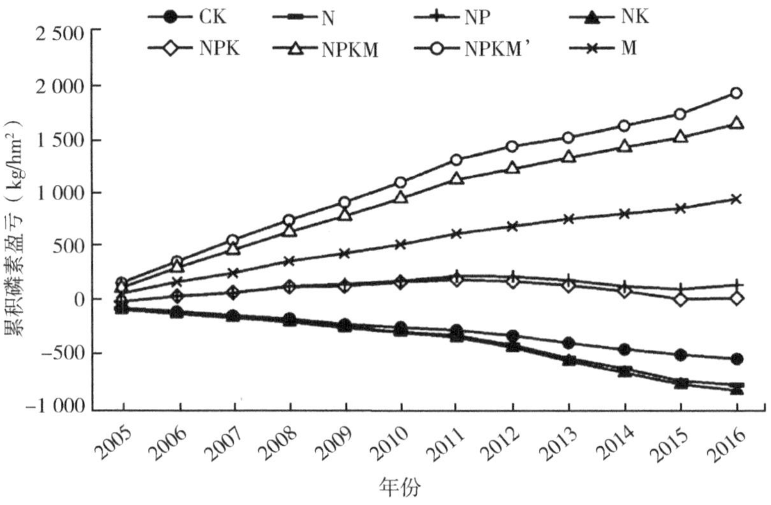


**图 4-1　长期不同施肥管理下土壤累积磷素盈亏变化趋势[12]**

注：CK，不施肥；N，单施化学氮肥；NP，施用化学氮、磷肥；NK，施用化学氮、钾肥；NPK，施用化学氮、磷、钾肥；M，单施有机肥猪粪；NPKM，施用化学氮、磷、钾和有机肥猪粪；NPKM’，施用 1.3 倍氮磷钾，有机肥猪粪同 M 处理。

由于不同作物生长时期对土壤的养分需求时期不同，使得土壤中养分在施肥后变化不一，大多呈现先上升后下降的趋势。水稻—油菜轮作模式下，在油菜的整个生长周期中，0～10 cm 和 10～20 cm 土层全磷在 3 月达到最低，之后含量持续上升到成熟期。土壤速效磷含量呈波动下降趋势，成熟期速效磷含量略有升高。多地点试验发现，油菜后种植早稻和中稻对于磷素总积累量和磷肥吸收利用率有积极作用，相较于休闲后种植早稻和中稻平均磷素总积累量分别增加 0.8 kg/hm$^2$ 和 1.79 kg/hm$^2$，平均磷肥吸收利用率分别增加 0.86%和 1.99%。对于种植晚稻则呈现结果不一，有些地区平均磷素总积累量和平均磷肥吸收利用率增加，有些地区则出现降低[7]。

研究发现[6]，施氮水平不同，土壤速效磷也受到影响，呈现交替波动上升下降趋势。稻—油轮作模式下，油菜季苗期和越冬期，速效磷呈上升趋势，随后下降直至成熟期结束。土壤休闲期，土壤速效磷略上升，水稻季苗期至抽穗期，速效磷含量下降，灌浆结实期，不同施氮量土壤速效磷含量表现趋势不一致。油菜季结束后，以 2 倍施氮量增加土壤速效磷含量最多，但不同施氮量间速效磷增加量差异并不显著，而且从整个生育期来看，影响也不明显。

在磷水平较低的土壤上进行秸秆还田，可显著提高水稻土壤磷素的吸收利用，而且秸秆还田能显著提高土壤有效磷浓度，在土壤磷素盈余状态下也不会进一步造成土壤磷过量盈余。秸秆还田在促进农作物生产和提高土壤供磷能力方面发挥重要作用，同时可有效避免因磷肥过量施用造成的资源浪费和环境污染风险。

另外，在其他作物种植过程中也发现轮作模式下速效磷含量高于连作模式，而且土壤有效磷含量随土层深度增加而呈现降低趋势，因此，采用深耕加行间深松的耕作方式会促进土壤速效磷含量的增加。

### （三）轮作对土壤中钾的影响

土壤中钾含量远高于氮和磷，约为全氮和全磷总量的 10 倍。土壤全钾中矿物钾占 90%~98%，这一部分是不能够被植物吸收利用的。钾在植物体内的含量仅次于氮，主要作用是改善作物品质和提高作物产量。

油稻轮作周年后土壤速效钾含量降低幅度高于休闲后轮作系统；油稻稻轮作系统的土壤速效钾含量降低幅度低于油稻和油—空闲轮作系统。油菜全钾含量变化呈缓慢上升趋势，种植前后对比，0~10 cm 和 10~20 cm 土层均有略微上升趋势，但幅度较小。速效钾含量变化呈波动上升趋势，收获后土壤速效钾含量达到最大值，0~10 cm 土层速效钾含量同种植前比上升 98%，10~20 cm 土层含量同种植前比上升 192%。在江西南昌、安福、星子、都昌 4 个点进行不同轮作方式研究，发现油后种植早稻和中稻的钾素总积累量相较于休闲后种植早稻和中稻分别增加 2.26 $kg/hm^2$ 和 3.47 $kg/hm^2$，平均钾肥吸收利用率分别增加 2.51%和 3.85%[6]。

油稻轮作种植模式下，不同施氮水平对速效钾的含量变化有一定影响。油菜季，土壤速效钾在苗期和越冬期呈现上升趋势，随着作物快速生长吸收养分增加，其含量下降，至角果成熟期略有回升。在土壤休闲期，土壤速效钾含量略有上升，水稻季苗期至抽穗期含量下降，至灌浆结实期再次出现小幅回升。水稻季结束后，增施氮肥能降低土壤速效钾，但对于整个生育期来讲，影响并不大。

长期秸秆还田能够显著增加农田系统氮素和钾素的盈余量，因此可适当减少氮、钾化肥的投入量。李继福等[13]研究认为，在土壤供钾能力较高的田块进行周年秸秆还田，水稻季钾肥适宜用量平均为 52.0 $kg/hm^2$，即可达到施用钾肥的生产水平；冬油菜季钾肥适宜用量平均为 61.9 $kg/hm^2$，此时比单施钾肥和秸秆还田处理获得较高产量。

对于其他作物轮作的种植模式，发现速效钾高于连作模式。例如，小麦—玉米轮作时，玉米季土壤中速效钾含量呈上升趋势，而且旋耕—行间深松的耕作模式更加有利于提高土壤速效钾含量[14]。

### （四）轮作对土壤有机质的影响

土壤有机质的含量与土壤肥力水平密切相关。虽然有机质仅占土壤总量的很小一部分，但它在土壤肥力上起着多方面的作用。在其他条件相同或相近的情况下，有机质的含量与土壤肥力水平呈正相关。土壤有机质经矿质化过程释放大量的营养元素为植物生长提供养分。土壤有机质还是土壤 N、P 最重要的营养库，是植物速效性 N、P 的主要来源。土壤有机质在分解转化过程中，产生的有机酸和腐殖酸对土壤矿物部分有一定的溶解能力，可以促进矿物风化，有利于某些养分的有效化。一些与有机酸和富里酸络合的金属离子可以保留在土壤溶液中，避免形成沉淀而影响其有效性。

土壤有机质是作物实现高产的保障，连作会大量消耗土壤有机质，轮作能够使得有机质含量趋于平衡。在油菜季，2017 年，与不施肥无秸秆的对照处理相比，施肥增加了土壤有机质 4.7%~16.9%。2018 年，秸秆还田处理显著提高土壤有机质含量 8.4%~12.0%；施肥提高土壤有机质含量 4.3%~8.5%。与仅施肥相比，施肥配合秸秆还田处理显著增加了土壤有机质含量 3.4%~9.2%。综合两年数据来看，与不施肥不加秸秆的处理相比，秸秆还田可显著提高土壤有机质含量 6.1%~12.3%；施肥显著提高有机质含量 5.4%~12.8%。施肥结合秸秆还田处理的土壤有机质含量则高于其他任何处理[15]。

水稻季，2017 年，施肥和施肥+秸秆还田处理显著提高土壤有机质含量 5.1%~10.6%和 3.3%~7.3%。综合两年数据来看，施肥+秸秆还田能显著提高土壤有机质含量。由此可知，施肥和秸秆还田可不同程度地提高土壤有机质，但二者配合使用对土壤有机质影响程度最大（表 4-1）[15]。

**表 4-1 秸秆还田与施肥对农田土壤有机质的影响（g/kg）[15]**

| 生长季 | 年份 | 无肥无秸秆 | 秸秆还田 | 施肥 | 秸秆+施肥 |
|---|---|---|---|---|---|
| 油菜季 | 2017 | 24.64±1.03 | 26.79±0.24 | 27.69±0.74 | 28.79±0.31 |
| | 2018 | 25.35±0.25 | 27.93±0.17 | 26.96±0.27 | 28.65±0.50 |
| 水稻季 | 2017 | 25.42±0.09 | 25.69±0.11 | 25.48±0.07 | 26.83±0.43 |
| | 2018 | 26.87±0.57 | 27.58±0.70 | 28.97±0.13 | 31.09±0.56 |

长期连作会导致土壤剖面 30~50 cm 的微量元素全量低于别的土层，并且随着连作年限增加会有所降低。土壤剖面营养元素的分布虽受淋溶和人为扰动的影响，但是主要的影响因素是植物循环，像油菜等深根系作物能将较深土层的营养物质吸收，然后作物残体在土壤表面分解，结果会导致土壤表层的营养成分增加。稻田水旱复种轮作模式下，在年内和年间都更加有利于固定有机碳，增加土壤有机质、土壤速效氮、磷、钾[16]。综上，各种轮作方式后土壤有机质含量均呈增长趋势，秸秆还田更是在短时间内使得土壤有机质快速增长。

稻油轮作模式下，不同施氮条件影响着土壤有效钙、镁含量。不同氮处理土壤有效钙、镁含量均呈交替波动上升下降趋势。油菜季，土壤有效钙、镁含量在苗期和越冬期（120 d 前）呈上升趋势，120 d 后缓慢下降，在角果成熟期（180~210 d）有效镁含量略有回升。当土壤处于休闲状态时，土壤有效钙、镁含量下降，进入水稻季，苗期和分蘖期（240~275 d）土壤有效钙、镁含量继续呈现下降趋势，拔节抽穗期（275~310 d）后略有回升，灌浆结实期（310~337 d）又再次出现下降。油菜季结束后，分析土样显示，1/2N、N 处理与不施氮相比，有效钙和有效镁含量均增加，3/2N、2N 处理有效钙和有效镁含量则出现下降，说明适量施氮可以增加土壤有效钙、镁含量，过高反而会降低其含量。水稻季结束后，土壤有效钙、镁在低氮处理下含量增加，在高氮处理下含量降低。可见适量施氮可以提高稻—油轮作体系土壤有效钙、镁含量，过高的氮肥施用则不利于有效钙、镁含量的提高[6]。

稻油轮作模式下，有效铁、铜含量呈波动下降和上升趋势，有效锰呈波动下降上升再下降趋势，有效锌呈波动上升下降趋势。油菜季，土壤有效铁、锰、铜含量在油菜直播 90 d 前均呈下降趋势，90~120 d 略有回升；土壤有效锌含量在油菜直播 120 d 前呈上升趋势，蕾薹期后（120~210 d），土壤有效铁、锰、铜、锌含量呈下降趋势至油菜收割后达到最小值。土壤休闲期，土壤有效铁、锰、铜含量急剧上升，有效锌略有上升。进入水稻季，土壤有效铁、铜含量上升至成熟期，土壤有效锰含量在苗期和抽穗期呈上升趋势，之后呈下降趋势直至成熟期结束。土壤有效锌在苗期和分蘖期呈上升趋势，之后直到水稻季结束一直呈现下降趋势。与不施氮的基础土样相比，施氮土壤有效铁、锰含量有所增加；土壤有效铜含量差异不显著，说明施氮对土壤有效铜含量影响不明显；施氮对油菜季土壤有效锌影响较小，但可明显降低水稻季土壤有效锌含量[6]。

## 第二节　稻油轮作对土壤微生物的影响

### 一、土壤微生物概述

土壤的形成与生物的活动息息相关，土壤中含有多种生物，包括细菌、真菌、放线菌等微生物，藻类、原生动物等真核生物，以及蚯蚓、软体动物等。土壤中各类生物主要参与自然界中物质转化、能量传递以及各种生化反应，同时作为土壤养分储存库，为作物的生长发育提供营养物质，以此达到改善土壤结构和肥力，进而对地上生态系统产生影响。土壤微生物参与土壤生物化学物质循环、能量流动，其种类和数量也受到土壤肥力、施肥措施及田间管理模式的影响。微生物生态和土壤功能紧密联系，微生物的结构变化将直接影响土壤的理化性质。保持微生物的多样性对于土壤质量和安全及农业生产都具有重要意义。

土壤酶主要来自植物根系的分泌物、土壤微生物的代谢活动以及动植物残体等。土壤酶的种类很多，在各种生化反应中起到催化作用，刺激碳、氮、磷、硫等物质的循环，其活性能够客观反映土壤的肥力状况。随着土壤深度增加，土壤酶活性呈下降趋势，0~10 cm 土层的土壤酶活性显著高于 10~20 cm 土层。土壤酶活除了取决于加入的有机肥及土壤的类型、pH 值等，还与土地管理方式、农作物种类及耕作制度有关。

#### （一）土壤微生物与土壤团聚体

土壤团聚体是土壤的基本结构组成单元，在土壤形成中具有重要作用，它可以影响土壤微生物群落结构和活性。土壤团聚体之间的空隙为微生物提供繁殖的场所以及水、气体和营养物质的流动，推动整个生态系统的功能。土壤团聚体的形成离不开土壤微生物和土壤有机质，除此之外，微生物分解土壤中有机质生成的营养物质能够被植物和微生物吸收，进而对团聚体的稳定性产生影响。

翻耕对土壤的扰动会导致大部分有机质的流失和土壤团聚体的破坏。免耕能够防止土壤的腐蚀，提高土壤有机质含量，促进大团聚体的形成和有机碳积累，在农作物根际和土壤微生物的相互作用下形成适合农作物生长的土壤构造。

### （二）根际土壤微生物

根际土壤主要是指根表面粘附的土壤和距离活性根表面 1~2 mm 的土壤。根际土壤微生物在土壤营养元素和植物之间起着桥梁作用，植物根分泌化学物质经过沉积为微生物提供营养物质，反过来，根际微生物将有机物转化为无机物被植物直接利用。

根际土壤微生物受植物生长发育影响，不同的生育阶段，植物分泌不同的物质满足自身需求，同时改变土壤微生物的组成，从而起到控制根际微生物的结构和功能。土壤微生物区系对土壤质量有重大影响，进而可以改变植物性状。一般认为细菌型土壤是土壤肥力提高的生物学标志，真菌型土壤是地力衰竭的标志。在土壤微生物中，细菌约占土壤微生物总量的 1/4，数量巨大，其中根际土壤中细菌数量约为非根际的 10~100 倍，其活性也明显高于非根际。

### （三）土壤微生物与环境

土壤微生物群落受温度、氧气、水分、pH 值等多种环境因子的影响。这些因素的改变会直接或间接地影响微生物的生长和活性，所以气候变化也被认为是改变生态环境的最大压力所在。正是由于土壤微生物与环境之间的这种紧密联系，土壤微生物也可以用来作为预测环境变化的指标之一。在通气良好的土壤环境中，细菌和真菌会占很大优势。在缺氧的土壤环境中，细菌也几乎可以进行全部的生化反应。在高温和 pH 值较高的过碱环境下，放线菌占主要优势；在湿度过高的土壤环境中放线菌数量很少，在干旱环境下放线菌数量保持较高的水平，而细菌数量明显减少。在酸性和盐渍化土壤环境中真菌的群落比例较大，细菌和放线菌不适宜生长。

不同的土地利用模式通过改变土地环境对土壤微生物群落结构及多样性产生影响。土壤肥力、施肥措施、田间管理模式等都会改变土壤微生物的种类、数量及生物活性。由于土地资源有限，农业上通过施加化肥来提高农作物产量，肥料的使用会带来土壤微生物的群落结构和活性的改变。

## 二、轮作模式对微生物的影响

### （一）轮作对土壤生物学性质的影响

微生物是土壤碳氮素转化过程的关键参与者，其通过酶的催化作用介导代谢过程。研究表明，化肥施用及有机物料通过矿化和降解释放氮补充土壤氮库，促进固氮细菌的生长繁殖，显著提高固氮微生物种群的丰度，避免固氮微生物与作物竞争氮素，有利于促进作物生长。水稻种植能够明显促进固氮微生物种群丰度和活性，对其他如固碳功能微生物和氮硝化功能微生物种群丰度和活性的影响甚微。

1. 稻油轮作模式下微生物量碳的变化

对于土壤微生物量碳的研究发现，稻—油轮作显著高于冬闲稻田；种植模式不同土壤微生物量碳差异很大，垄作模式下最大，常规平作次之，水旱轮作最小。另外，不同的种植模式，微生物量碳的垂直分布规律表现出一致性，随着土壤深度的加深，微生物量碳含量变低。土壤微生物量氮的变化特征无论是在不同种植模式，还是在土层中的垂直分布规律，均与土壤微生物量碳具有极大的相似性。

研究发现[17]，同等施肥条件下，水旱轮作可以促进微生物对氮素的固定，达到肥料的高效利用。油稻轮作模式下，连续两年化肥和玉米秸秆联合施用，以及化肥和蚕豆秸秆结合施用的 2 个不同处理下比较。秸秆通过粉碎翻压还田。利用秸秆还田对土壤进行处理后，与单施化肥相比，在油菜季，玉米秸秆和化肥配施提升 21%左右，蚕豆秸秆和化肥配施提升 15%左右，在水稻季微生物量碳也有明显提升。玉米秸秆配施化肥使得油菜产量提升 28.6%~62.1%，与蚕豆秸秆配施化肥相比，增产 16.7%~17.5%。与单施化肥相比，玉米秸秆配施化肥使得水稻增产 32.6%~35.8%，与蚕豆秸秆配施化肥相比，增产 24.5%~27.9%。总体而言，秸秆还田后土壤微生物量碳明显升高。

翻耕与免耕处理相比，二者土壤微生物量碳含量变化趋势一致，在水稻种植阶段呈“W”形变化趋势，在分蘖后期、扬花期土壤微生物量碳含量较低，在孕穗期较高；在油菜生长季，前期土壤微生物量碳呈上升趋势，后期呈下降趋势。在水稻和油菜的不同生长时期，翻耕处理的土壤微生物量碳含量均高于免耕。在水稻种植移栽前，高 20.58%，在水稻收割后高出

16.79%；在油菜开花期和成熟期分别高 42.70%和 38.02%。说明油菜生长后期，选择翻耕处理更有利于后茬稻田土壤微生物碳含量的积累[18]。

2. 稻油轮作模式下微生物量氮的变化

微生物量氮是土壤有机质中封存氮素的主要存在形式，被认为是土壤活性氮的储存库，其含量变化表征土壤微生物对氮素的固持能力。

研究发现[18]免耕和翻耕 2 种不同耕作方式对土壤微生物量氮的影响趋势一致，且翻耕处理在作物不同生长时期均高于免耕。在水稻季，稻田土壤微生物量氮含量先上升（移栽至黄熟期）后下降（收割后）；在油菜季，土壤微生物量氮峰值出现在蕾薹期，生长前期随着油菜生长逐渐上升，蕾薹期之后开始下降。在水稻分蘖后期、孕穗期、黄熟期、收割后这 4 个时期翻耕处理土壤微生物量氮显著高于免耕，分别高出 31.70%、38.42%、41.82%、98.96%。在油菜出苗期和蕾薹期翻耕处理土壤微生物量氮显著高于免耕。综上，耕作方式的不同会导致稻田土壤微生物量氮含量不同，其中翻耕处理的土壤微生物量氮含量要高于免耕。

秸秆还田能够显著提高土壤微生物氮含量，与单施化肥相比，油菜收获后土壤中硝态氮残留量可降低 54.8%~55.6%，显著降低氮素流失风险，提高土壤氮素固持能力。不同处理的油菜和水稻地上部含氮量与产量变化趋势基本一致。与单施化肥相比，玉米秸秆配施化肥和蚕豆秸秆配施化肥处理的油菜地上部含氮量分别增加 14.5%~20.2%和 5.2%~9.0%；水稻地上部含氮量分别增加 68.3%~87.4%和 35.7%~55.0%。土壤氮素残留量过高，不仅造成氮素资源浪费，还会危害环境[17]。

3. 稻油轮作模式下微生物丰度变化

土壤微生物数量庞大，传统分离培养方法用于分析微生物存在局限性，分子生物学上采用磷脂脂肪酸（PLFA）分析法分析表征土壤微生物的生物量。相比于稻稻连作，稻稻油轮作处理后 PLFA 总量可提高 19.69%~49.12%，细菌 PLFA 提高 22.67%~31.42%，真菌 PLFA 量降低 12.21%~27.17%。可见稻稻油轮作更加有利于提高土壤细菌数量，降低土壤真菌数量。水稻土壤微生物 PLFA 含量随着生育期有显著变化。水稻在施加氮肥和不施氮肥土壤条件下，均在返青期 PLFA 含量达到最大。施氮土壤微生物 PLFA 为 80.8 nmol/g，不施氮肥为 46.8 nmol/g，随后随着生育期进程逐渐降低。油菜土壤微生物 PLFA 含量也随着生育期变化，且施氮与不施氮均在越冬期后呈下降趋势。不施氮肥在成熟期达到最大 64.19 nmol/g，施加氮肥在越冬期达到最大 87.53 nmol/g。由于根际分泌物的影响，油菜根际 PLFA

量高于非根际，但水稻则无差别，可能是由于水稻的种植密度大，加之根系发达，导致根际与非根际的区别不明显。整体而言，水稻和油菜种植后总PLFA量高于种植前，明显提高微生物的丰度；施氮PLFA高于不施氮，说明氮肥可以提高微生物量[19]。

通过比较施氮与不施氮条件下水稻和油菜土壤微生物多样性指数实验[20]（表4-2），发现水稻土壤微生物Shannon指数（土壤微生物群落丰富度）和Simpson指数（土壤微生物群落优势度）在施加氮肥和不施加氮肥处理中都是在返青期最大，并且根际高于非根际。Shannon指数在不同生育期有显著差异，施加氮肥在盛花期最低，不施加氮肥在齐穗期最低。说明水稻土壤微生物的丰富度受生育期影响，施氮肥与否对其无显著影响。Simpson指数和Mclntosh指数（土壤微生物群落均匀度）随生育期进程而降低，且在返青期最大，说明不同生育期微生物群落均匀度有显著差异，且在返青期微生物的均匀度最后。油菜土壤微生物Shannon指数在抽薹期和盛花期施氮肥高于不施氮肥，说明这两个时期土壤微生物丰富度施氮处理高于不施氮肥处理。Mclntosh指数在油菜不同生育期差异显著，均在成熟期最大，施加氮肥根际Mclntosh指数在越冬期和成熟期低于不施氮肥处理，说明不施氮肥均匀度更好一些。比较水稻和油菜多样性指数，发现油菜Shannon和Simpson指数显著高于水稻，说明油菜土壤微生物丰富度和优势度高于水稻；油菜Mclntosh指数在生长早期低于水稻，说明水稻土壤微生物均匀度高于油菜。

稻稻油轮作相对于稻稻轮作，土壤中细菌多样性指数增加，微生物细菌类群多样性提高。从1985年开始，湖南安仁县渡口乡进行了长期的稻稻油轮作和稻稻连作的栽培方式，至2015年7月、10月和2016年4月分别在早稻收割期、晚稻收割期和油菜收割期采集土样分析，发现两类耕作土壤均为变形菌的数目较多，认定变形菌为该地区水稻和油菜种植后土壤中的优势菌群。稻稻油轮作土壤中变形菌数目高于稻稻连作，除了变形菌，稻稻油轮作芽单胞菌门比例高达13%，稻稻连作则是酸杆菌门比例较高，达到14%。这两种耕作方式下土壤中各个菌类分布差异明显，菌群分布不同，导致土壤微生物多样性的存在[21]。

4. 施肥对微生物的影响

水稻和油菜土壤微生物都是细菌占70%，真菌占20%，在整个水稻生育期内，土壤施氮与不施氮的条件下，真菌细菌比没有显著变化；但油菜随生育期发生显著变化，且在盛花期和成熟期施氮处理真菌细菌比低于不施氮处理。水稻土壤微生物群落结构主要受革兰氏阳性菌和放线菌含量影响，油

**表 4-2　水稻和油菜土壤微生物多样性指数方差分析（平均值±标准偏差）**

| | 时期 | 部位 | 不施氮肥 | | | 施氮肥 | | |
|---|---|---|---|---|---|---|---|---|
| | | | 土壤微生物群落丰富度（Shannon） | 土壤微生物群落优势度（Simpson） | 土壤微生物群落均匀度（Mclntosh） | 土壤微生物群落丰富度（Shannon） | 土壤微生物群落优势度（Simpson） | 土壤微生物群落均匀度（Mclntosh） |
| 水稻 | 种植前 | 根际 | 2. 76±0. 06 d | 0. 926±0. 005 d | 3. 04±0. 09 cd | 2. 42±0. 14 bc | 0. 893±0. 018 c | 2. 52±0. 23 bcd |
| | 返青期 | 根际 | 2. 51±0. 16 bcd | 0. 902±0. 018 cd | 2. 83±0. 04 cd | 2. 55±0. 09 c | 0. 909±0. 009 c | 2. 990. 15 d |
| | | 非根际 | 2. 26±0. 05 ab | 0. 870±0. 017 bcd | 2. 64±0. 28 bc | 2. 17±0. 21 abc | 0. 852±0. 044 bc | 2. 68±0. 11 d |
| | 分蘖期 | 根际 | 2. 04±0. 10 a | 0. 830±0. 021 ab | 2. 34±0. 15 ab | 1. 96±0. 22 ab | 0. 784±0. 077 ab | 1. 94±0. 33 b |
| | | 非根际 | 2. 48±0. 14 bc | 0. 902±0. 012 cd | 3. 21±0. 11 d | 1. 84±0. 14 a | 0. 76010. 053 a | 1. 08+0. 11 a |
| | 齐穗期 | 根际 | 2. 06±0. 10 a | 0. 841±0. 017 abc | 2. 18±0. 01 a | 2. 30±0. 20 abc | 0. 866±0. 031 bc | 2. 38±0. 09 bcd |
| | | 非根际 | 2. 00±0. 07 a | 0. 820±0. 014 ab | 2. 21±0. 15 a | 2. 36±0. 34 bc | 0. 842±0. 034 bc | 2. 51±0. 36 bcd |
| | 成熟期 | 根际 | 2. 39±0. 22 b | 0. 785±0. 072 a | 1. 99±0. 36 a | 2. 30±0. 13 abc | 0. 874±0. 017 bc | 2. 25+0. 10 bc |
| | | 非根际 | 2. 27±0. 11 ab | 0. 872±0. 025 bcd | 3. 08±0. 23 cd | 2. 23±0. 07 abc | 0. 866±0. 006 bc | 2. 40+0. 32 bcd |
| | 收割后 | | 2. 71±0. 07 cd | 0. 921±0. 006 d | 2. 73±0. 17 bc | 2. 60±0. 08 c | 0. 908±0. 010 c | 2. 88±0. 34 cd |
| 油菜 | 种植前 | | 1. 62±0. 16 a | 0. 761±0. 034 a | 1. 620. 27 b | 1. 24±0. 15 a | 0. 379±0. 127 a | 0. 19±0. 03 a |
| | 越冬期 | 根际 | 2. 98±0. 06 c | 0. 939±0. 008 b | 2. 26±0. 26 bc | 2. 78±0. 06 cd | 0. 925±0. 004 b | 1. 81±0. 29 b |
| | | 非根际 | 2. 68±0. 16 c | 0. 907±0. 014 b | 1. 59±0. 12 b | 2. 81±0. 04 cd | 0. 929±0. 004 b | 2. 14±0. 17 b |
| | 抽薹期 | 根际 | 2. 72±0. 14 c | 0. 919±0. 015 b | 1. 87+0. 14 bc | 0. 90±0. 15 cd | 0. 925+0. 008 b | 1. 92±0. 11 b |
| | | 非根际 | 2. 84±0. 05 c | 0. 932±0. 004 b | 2. 6610. 42 d | 2. 85±0. 05 cd | 0. 931±0. 004 b | 0. 20±0. 06 b |
| | 盛花期 | 根际 | 2. 69±0. 02 c | 0. 917±0. 000 b | 0. 83±0. 19 bc | 2. 90±0. 06 cd | 0. 935±0. 004 b | 2. 15±0. 22 b |
| | | 非根际 | 2. 63±0. 19 c | 0. 925±0. 001 b | 2. 36±0. 34 bc | 2. 82±0. 11 cd | 0. 926+0. 011 b | 2. 11+0. 09 b |
| | 成熟期 | 根际 | 2. 96±0. 05 c | 0. 940±0. 004 b | 2. 73±0. 16 d | 2. 66±0. 12 c | 0. 914±0. 013 b | 2. 24±0. 27 b |
| | | 非根际 | 2. 63±0. 19 c | 0. 908±0. 021 b | 1. 93±0. 16 bc | 2. 97±0. 03 d | 0. 939±0. 002 b | 3. 06±0. 10 c |
| | 收割后 | | 2. 13±0. 43 b | 0. 805±0. 087 a | 0. 73±0. 30 a | 2. 32±0. 06 b | 0. 852±0. 007 b | 0. 45±0. 12 a |

注：表中不同字母表示有显著性差异，$P<0.05$。

菜土壤微生物群落结构主要受革兰氏阴性菌和真菌含量影响。在不同生育期，植物选择特定的细菌类群，水稻生育期内显著变化的是疣微菌门、变形菌门、芽单胞菌门和绿弯菌门；油菜不同生育期内显著变化的是酸杆菌门、绿弯菌门、拟杆菌门。水稻土样 pH 值显著影响细菌群落结构，油菜土壤细菌群落结构主要受含水率和碳氮比的调控[22]。

一般而言，大多微生物可将肥料中的有机磷、无机磷同化为微生物量磷，以此提高土壤中微生物量磷的含量，施肥种类不同，结果影响不同，有机肥营养全面、肥效更长，能够改善土壤团聚体结构、增加土壤导水率等土壤条件，比无机肥具有突出优势。秸秆作为一种重要的有机肥，还田后能够增加土壤微生物的丰富度，改变微生物群落结构。

从 2011 年水稻季开始进行肥效田间试验，采用一年两熟的水稻—冬油菜轮作制度，设置施磷与不施磷 2 个处理，研究长期施用磷肥对稻油轮作土壤微生物多样性的影响。2019 年油菜收获后，采样分析土壤微生物群落结构差异，结果显示，长期施用磷肥会降低细菌和真菌的群落数量（图 4-2），会使得细菌和真菌群落丰富度和多样性降低[23]。

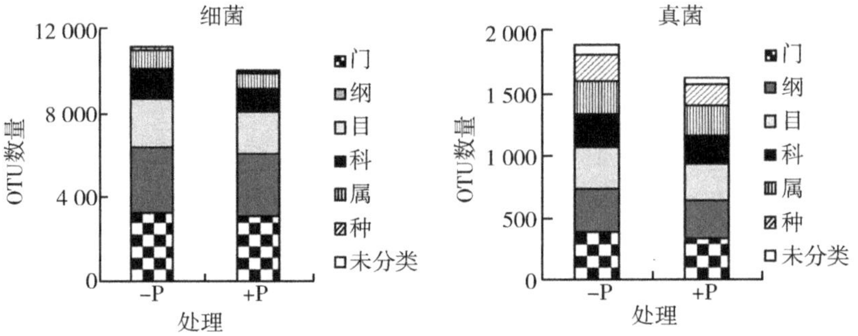


**图 4-2　OTU 划分和分类地位鉴定**

从门分类水平上看，施用磷肥后细菌中绿弯菌门、酸杆菌门、己科河菌门、浮霉状菌门和硝化螺旋菌门相对丰度增加，其他菌群相对减少，真菌中子囊菌门、毛霉菌门和担子菌门相对丰度减少，而其他菌群相对丰度增加。总之，长期施用磷肥会显著改变门分类水平下土壤细菌和真菌群落结构分布和丰度（图 4-3）[23]。

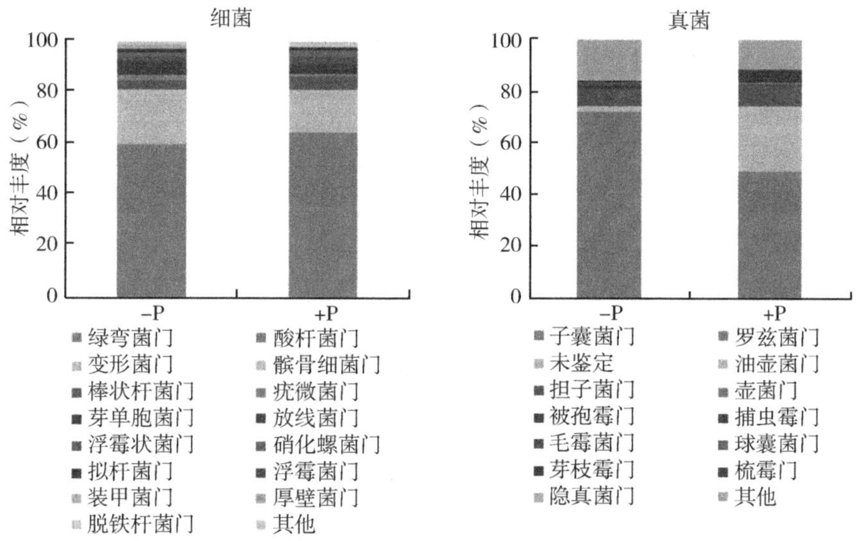


**图 4-3 细菌和真菌门水平上的相对丰度**

## （二）轮作模式对微生物数量的影响

土壤中微生物主要为细菌、真菌、放线菌 3 类。它们对土壤中有机质的分解、能量传递发挥重要作用。土壤微生物数量的多少可以用来衡量土壤肥力高低。

连作导致有害微生物作用增强，抑制有益微生物的作用，相反，轮作能够改善土壤的通透性，利于有益微生物的作用。研究表明，在蔬菜种植过程中，轮作田中土壤微生物的数量成倍增加，活性也有所提高，在数量和活性方面均远大于连作田地[24]。

水稻易感的纹枯病，是一种由立枯丝核菌引起的病害，当土壤微生物数量达到一定比例时会引发土传病害。水稻—油菜轮作栽培时，作物根际圈存在不同种类微生物与根系之间交互作用，微生物群落结构随之发生变化，起到减少染病概率的作用[25]。针对枯草芽孢杆菌的研究[21]，采用荧光定量分析，结果显示微生物数量稻稻油轮作土壤中数量明显高于稻稻连作，该实验在 2015 年 7 月、10 月和 2016 年 4 月 3 个不同时期采样检测，发现土壤枯草芽孢杆菌生长与耕作方式有较大的相关性，稻稻油轮作土壤中枯草芽孢杆菌数量比稻稻连作分别增加 37.5%、27.06%和 20.20%（表 4-3），表明轮作有利于提高土壤中枯草芽孢杆菌数量，从而促进作物生长。

**表 4-3　稻稻油轮作和稻稻连作土壤枯草芽孢杆菌的数量比较[21]**

| 土壤样品 | 2015 年 7 月土样 | | 2015 年 10 月土样 | | 2016 年 4 月土样 | |
|---|---|---|---|---|---|---|
| | Ct 值 | 拷贝数 ($\times 10^3$ copies/μL) | Ct 值 | 拷贝数 ($\times 10^3$ copies/μL) | Ct 值 | 拷贝数 ($\times 10^3$ copies/μL) |
| 稻稻油 | 20. 81±0. 22 | 1. 87±0. 06 | 21. 71±0. 33 | 1. 08±0. 02 | 21. 56±0. 16 | 1. 19±0. 07 |
| 稻稻 | 21. 35±0. 17 | 1. 36±0. 08 | 22. 07±0. 28 | 0. 85±0. 03 | 21. 84±0. 22 | 0. 99±0. 05 |

### （三）轮作提高土壤微生物多样性

轮作模式下的土壤微生物种类及活性比单一栽培方式具有优势，轮作可以改变土壤环境，破坏有害微生物在土壤中的生存环境，减少有害微生物对作物的影响，有助于作物产量提高。大多报道认为耕作对土壤微生物多样性或活性有影响，轮作比连作更有利于维持土壤微生物的多样性及活性，认为引发连作障碍的主要原因之一是连作土壤中微生物多样性下降，细菌及放线菌数量减少，土传真菌病害大量繁殖。同时，微生物会分泌一些化合物，抑制甚至毒害植物，其中真菌是主要的一部分，这也被认为是连作障碍的根本原因。轮作能够明显减轻连作障碍。在轮作条件下，地上部分的植物种类增加，从而使得进入土壤中的物质、能量流的多样性和数量增加，为根际土壤微生物繁殖提供更加丰富的能源和碳源，促使地下部分土壤微生物种类和数量也相应增加。

耕作对土壤微生物多样性的影响与土壤有机碳含量和土壤酸碱性有关。对近中性、有机碳含量高的土壤，耕作大多对微生物无显著的影响；但是对酸性和有机碳含量低的土壤，耕作可显著降低微生物生物量和多样性。

多种轮作模式显示轮作土壤微生物具有更高的多样性。例如豆类—小麦轮作和单一小麦连作相比，土壤微生物多样性更高。水旱轮作模式下，不同土层土壤中的细菌丰度及群落多样性均高于常年连作棉花的田地，而且增产效果明显。稻—麦轮作改为蔬菜连作后，微生物数量发生显著改变，细菌数量下降，真菌及放线菌数量上升，这也说明连作不利于维持土壤微生物群落的多样性，轮作可以改善这种状况。

## 三、轮作年限对土壤微生物的影响

### （一）轮作年限与土壤微生物数量

微生物生物量的大小可以影响微生物新陈代谢活动的强弱，而微生物生长与死亡的交替过程即为养分的固定与释放过程。随着轮作年限的增加，细菌数量明显降低。这一规律在多种作物的轮作模式下均有体现，例如大蒜根际土壤微生物总量随轮作年限的变化规律与细菌基本相同，大蒜/黄豆单一模式轮作种植 2 年左右大蒜根际土壤细菌、微生物总量均达到最大，轮作种植 15 年时土壤细菌、真菌、放线菌和微生物总量均达最低；轮作 30 年时土壤真菌放线菌达到最大量，细菌数量大幅降低，菌群之间的不均衡会增加大蒜根际发病风险。相对于单作烤烟，烟蒜轮作和套作时，土壤中解钾菌和解磷菌在物质转化和养分利用方面贡献突出，能够提高植烟土壤细菌、真菌和放线菌数量，增加根际土壤效果。解钾菌和解磷菌含量一方面受施肥影响，另一方面受连作年限影响，化肥配施有机肥可以提高二者数量；但随着连作年限增加，解磷菌和解钾菌数量会逐渐减少[26]。

### （二）轮作年限与土壤微生物多样性

很多学者研究认为[27]，随着作物种植年限的增加，土壤会从细菌型向真菌型转化，促使地力减退。例如，大蒜/黄豆单一模式轮作种植 8 年和 15 年时大蒜根际微生物结构多样性达到最高，轮作年限再延长则微生物结构多样性降低。同时，大蒜/黄豆单一模式轮作种植年限延长会显著降低大蒜根际土壤微生物群落的功能多样性，轮作种植 8 年，大蒜根际土壤微生物整体功能活性最高，轮作种植 30 年时功能活性最低。

## 第三节　稻油轮作对土壤理化性质的影响

土壤的理化性质主要包括物理性质如土壤的质地、容重、比重、通气性、透水性、耕性等，化学性质如土壤中所含有机质、氮、磷、钾、酸碱度等。其中涉及的酸碱度、体积质量、孔隙度、有机碳、全量氮磷钾及其速效养分含量等物理化学指标，对于评价土壤质量有极其重要的作用。

油菜轮作对土壤理化性质有很大的改善作用，首先，基于油菜密集的根系，其物理穿透作物对土壤结构起到一定的改良效果。其次，油菜作为绿肥或秸秆还田，能够为土壤提供新的腐殖质，有利于创造好的土壤结构[28]。

### 一、耕作模式对土壤理化性质的影响

土地的耕作模式是影响土壤物理、化学性质的关键因素。土地耕作在于从不同层面改变土壤理化性质，调节土壤环境条件，创建利于作物生长的环

境，达到作物增产的目的。不同耕作模式能一定程度地改变土壤体积质量和孔隙度、酸碱度，氮磷钾等养分含量以及生物学性状。土壤体积质量、孔隙度和含水量的变化对区域土壤的水分、养分等有重要影响，进而影响水循环和作物的生长发育。

针对油稻轮作，采用不同的耕作方式处理，探究其理化性质的变化，结果表明垄作免耕有机质含量最高，且在0~40 cm土层中出现表聚现象，厢作翻耕土壤有机质含量最低。观察土壤剖面理化性质，不同耕作方式下有机质均表现为随土层深度的增加而显著降低，其中垄作免耕现将最显著，其次为厢作翻耕，垄作免耕休闲最小[29]。

不同耕作方式处理下，土壤pH值为6.5~7.9，其中垄作免耕和厢作免耕pH值最低，与常规平作差异显著。随着土层深度增加，土壤pH值会略有增加，在不同土层（0~20 cm，20~40 cm，40~60 cm），常规平作处理土壤pH值均显著高于垄作免耕和厢作免耕，可能是因为免耕系统中氮肥常停留于表层，加之有机物料矿化产生的$NH4^{+}$将土壤胶粒所吸附的氢和铝离子置换出来，使土壤pH值降低；同时，硝化作用产生的$H^{+}$也会降低土壤pH值。另外，免耕容易引起土壤板结，降低通气使得Eh下降，引起pH值降低。但耕作方式对土壤pH值的影响在不同土壤类型和农业气候带的情况不同，例如在广西地区进行的实验发现，免耕稻田pH值要高于常耕稻田。

## 二、轮作对土壤物理性质的影响

轮作导致耕种次数和机械压实增加，从而破坏土壤结构，致使土壤紧实度增加，造成土壤容重显著增加，孔隙度减小，小的孔隙度导致土壤持水能力降低。合理的轮作可以有效提高根系活力，促进作物对水分及养分的吸收，促进作物生长发育。

水旱轮作的种植模式对土壤物理性状的影响主要体现在增加了团粒结构，尤其是微团聚体，提高氧化还原电位，改善孔隙和滞水特征，使有机质得以更新。同时，由于水旱交替轮换导致土壤系统季节间的干湿交替，引起土壤水热条件的强烈变化，促使土壤理化性质及生物学性状改变。水稻秸秆还田对于提高稻田土壤机械及水稳定性团聚体的结构水平有积极作用。

### （一）稻油轮作对土壤容重的影响

土壤容重是指田间自然状态下单位容积土体（包括土粒和孔隙）的质量或重量与同容积水重比值（同容积水的质量与此时的土壤体积在数值上

相同)，可以反映土壤的松紧状况。翻耕的耕作方式可以增加土壤孔隙度，提高含水率。免耕的耕作方式减少了对土壤的扰动次数，降低了土壤有机碳的矿化速率，再加上土壤表面施肥及植物残体在土壤表层的积聚，使土壤养分在土壤表层富集。

稻油轮作模式下，前茬为油菜秸秆还田处理时，0~21 cm 土层土壤容重均小于秸秆离田处理（表 4-4），说明秸秆还田可以有效降低土壤容重。在前茬为油菜秸秆还田或离田处理条件下，翻耕处理的土壤容重在 0~7 cm、8~14 cm、15~21 cm 土层中均小于旋耕处理，说明翻耕更能降低土壤容重[30]。

**表 4-4　耕作方式和秸秆还田对土壤容重的影响**

| 处理 | | 0~7（g/cm³） | 8~14（g/cm³） | 15~21（g/cm³） |
|---|---|---|---|---|
| 秸秆还田 | 翻耕 | 1. 113 | 1. 13 | 1. 16 |
| | 旋耕 | 1. 147 | 1. 14 | 1. 23 |
| 秸秆离田 | 翻耕 | 1. 145 | 1. 16 | 1. 19 |
| | 旋耕 | 1. 115 | 1. 18 | 1. 24 |

连续 5 年秸秆还田，对于稻油轮作地区土壤，除了配合低氮处理的地区，0~5 cm 土层容重相对于试验开始前的基础土样降低了 0~0. 17 g/cm³。5~15 cm 土层所有处理均比试验前高 0. 17~0. 24 g/cm³。说明连续秸秆覆盖对 0~5 cm 土层容重有显著降低的作用，这主要是因为连续的秸秆覆盖和免耕使得有机物聚集在表层土壤，促使表层土壤容重降低。由于秸秆的腐解产物难以达到 5 cm 以下的深层土壤，连续多年的免耕使得土壤板结，容重增加[31]。可见，随着油稻水旱轮作年限的增加，表层土壤容重逐渐降低，亚表层土壤容重则随着轮作年限的增长呈现不断增加的趋势。但对于短期免耕处理，土壤容重可能不会降低，只有多年免耕处理比传统耕作明显降低土壤干容重[32]。

2018 年，在丘区三台分析油菜不同耕作方式对水稻季土壤容重的影响，发现在 0~10 cm 土层，土壤容重由小到大依次是免耕、翻耕、旋耕；在 10~20 cm 土层，土壤容重由小到大依次是旋耕、免耕、翻耕；在 20~30 cm 土层，土壤容重由小到大依次是免耕、翻耕、旋耕；就全耕层而言，油菜免耕处理对土壤容重改善效果显著。不同水稻耕作方式下水稻季土壤容重分析结果显示，0~10 cm 土层，土壤容重旋耕<免耕<翻耕；在 10~20 cm 土层，

土壤容重免耕<翻耕<旋耕；在土层 20~30 cm 处，土壤容重翻耕<免耕<旋耕；就全耕层而言，水稻旋耕可显著改善土壤容重。稻油周年轮作方式下，油菜免耕—水稻翻耕的方式下全耕层土壤容重被显著改善[30]。在平原区眉山，不同油菜耕作方式的水稻季土壤容重分析表明油菜旋耕有利于改善土壤容重，不同水稻耕作方式的水稻季土壤容重分析表明水稻翻耕可改善土壤容重。但稻油周年轮作的种植模式下，油菜免耕—水稻翻耕的周年轮耕方式有利于土壤容重的改善。不同耕作方式在不同地区对土壤容重的改善效果不同，要依据土壤性质采取不同的耕作措施，使得土壤发挥最大优势，促进水稻的生长发育及产量形成[30]。

### （二）稻油轮作对土壤孔隙度的影响

土壤孔隙度可以表征土壤通气、透水和植物根系穿插的难易程度，对土壤水、肥、气、热和生物活性有调节作用。研究发现[31]稻油轮作区，连续多年秸秆还田条件下，土壤孔隙度会随容重发生相应变化。其中 0~5 cm 土层土壤孔隙度比基础土样提高 0.9%~5.5%（低氮处理的地区除外）。5~15 cm 土层土壤孔隙度比试验前低约 10%。在前茬为油菜秸秆还田或离田的条件下，水稻翻耕处理的土壤总孔隙度在各土层均显著大于水稻旋耕处理的各土层，说明翻耕有利于提高土壤总孔隙度。油菜秸秆还田处理后，在 0~21 cm 土层平均土壤总孔隙度大于秸秆离田处理。说明秸秆还田可以提高土壤孔隙度。可见秸秆还田搭配合理的耕作方式对提高土壤总孔隙度有一定的效果。

### （三）稻油轮作对土壤团聚体的影响

有研究发现[33]，南方稻田冬季不同复种轮作模式均可显著提高 0~50 cm 土层中土壤团聚体平均质量直径（MWD）和平均几何直径（GMD），且以冬季种植油菜的轮作处理表现最为突出，对于土壤水稳定性团聚体的稳定性提高作用显著。采用干筛法和湿筛法测定 0~5 cm 土层土壤的非水稳定性和水稳定性团聚体，发现秸秆还田处理的土壤非水稳性团聚体比对照处理提高 2.00%~3.06%。但当氮肥用量过高时（大于 159 $kg/hm^2$），秸秆还田+各种化肥处理之间的团聚体差异不明显。所有秸秆还田处理的水稳性团聚体与对照处理间差异很大，表明秸秆还田对水稳性团聚体形成有显著的促进作用。在秸秆还田的处理中，减磷和减钾处理不利于水稳性团聚体的形成，因此秸秆还田与平衡施肥均能有效改善理化性质。

## 三、轮作对土壤化学性质的影响

### （一）轮作对土壤 pH 值的影响

土壤的酸碱性是土壤的基本特性，能够很大程度地影响土壤肥力和作物生长。偏酸或偏碱的土壤会不同程度降低土壤养分的有效性。在前茬为油菜秸秆还田处理下，翻耕处理的土壤 pH 值大于旋耕处理，可能是翻至土壤中下层的秸秆腐烂产生酸性物质所致；在前茬为油菜秸秆离田处理下，旋耕处理的土壤 pH 值则大于翻耕处理的土壤。可见不同的耕作方式结合秸秆还田会引起水稻田土壤 pH 值的改变。

2017 年，在丘区三台，稻油周年轮作采取翻耕、旋耕、免耕的不同耕作方式组合，发现在 0~10 cm 土层，各处理的 pH 值在 7.26~7.58，油菜免耕—水稻翻耕的土壤 pH 值在直播稻最适 pH 值范围内；在 10~20 cm 土层，各处理 pH 值在 7.45~7.69，油菜免耕—水稻免耕处理的土壤 pH 值在直播稻最适 pH 值范围内；在 20~30 cm 土层，各处理 pH 值在 7.44~7.63，油菜翻耕—水稻旋耕处理的土壤 pH 值在直播稻最适 pH 值范围内。2018 年，在丘区三台，0~10 cm 土层 pH 值在 7.14~7.23，油菜翻耕—水稻翻耕处理的土壤 pH 值在直播稻最适 pH 值范围内，在土层 10~20 cm 处土壤 pH 值在 7.32~7.65，油菜旋耕—水稻翻耕在直播稻最适 pH 值范围内，土层 20~30 cm 处 pH 值在 7.20~7.52，油菜翻耕—水稻旋耕处理的土壤 pH 值在直播稻最适 pH 值范围内。就全耕层而言，两年内，油菜免耕—水稻翻耕处理的土壤 pH 值在直播稻最适 pH 值范围内，说明此种轮耕有利于改善土壤 pH 值，促进直播稻的生长，但各处理间差异不显著，表明短期的耕作方式改变，对土壤 pH 值影响不大[30]。

在平原区眉山，稻油轮耕模式下，发现两地区稻油周年轮耕方式对土壤 pH 值的改善效果不同，但二者土壤 pH 值变化趋势相同，随着土壤耕作时间的增加，土壤 pH 值逐渐得到改善，均向着直播稻适宜生长的 pH 值范围内变化。

水旱轮作条件下，土壤季节性干湿交替引起土壤中养分元素形态和有效性变化，淹水状态下，土壤对碳酸盐有较强的缓冲能力，其 pH 值变化趋势倾向于中性，经过长期水旱轮作后稻田土壤 pH 值表现为降低趋势，那么土壤养分元素的化学平衡受之影响发生改变。随着稻油水旱轮作年限的增加，土壤 pH 值会有所减小，而且免耕土壤的 pH 值降低更加明显。

### （二）轮作对土壤有机质和全氮的影响

土壤有机质是土壤固相部分的重要组成成分，为植物生长提供营养，通常在同等条件下，有机质的含量在一定含量范围内与土壤肥力呈正相关。有机质在改善土壤物理性质中的作用是多方面的，其中最主要、最直接的作用是改良土壤结构，促进团粒状结构的形成，从而增加土壤的疏松性，改善土壤的通气性和透水性。腐殖质是土壤团聚体的主要胶结剂，土壤中的腐殖质多数和矿质土粒相互结合形成团聚体，大、小孔隙分配合理，且具有较强的水稳性，是较好的结构体。在干旱区，有机质通过改善黏性，降低土壤的胀缩性，防止土壤干旱时出现的大的裂隙（即龟裂）。

土壤腐殖质是亲水胶体，具有巨大的比表面积和亲水基团，据测定腐殖质的吸水率为500%左右，能够提高土壤的有效持水量。腐殖质为棕色呈褐色或黑色物质，被土粒包围后使土壤颜色变暗，从而增加土壤吸热能力，提高土壤温度，因此，土壤有机质含量高的土壤其土壤温度相对较高，且变幅小，保温性好。

在前茬为油菜秸秆还田时，翻耕处理的土壤有机质在土壤中上层大于旋耕处理；在前茬为油菜秸秆离田处理时，翻耕处理的土壤有机质大于旋耕处理。说明耕作方式对土壤有机质含量有一定影响，另外，发现短期的秸秆还田对有机质的影响甚微，那么秸秆还田配合耕作方式可有效提高土壤有机质含量。

稻油轮作系统的周年土壤有机质含量均有提升。稻油轮作的种植模式促使土壤有机质逐年积累，使得土壤有效磷、速效钾含量增加，这一轮作系统可以在一定程度上促进水稻的稳产增产。免耕条件下，随着免耕年限的加长，土壤有机质含量不断增加，而且表层有机质含量增加较快，亚表层增加较慢。

稻油轮作模式下，翻耕处理的土壤全氮大于旋耕处理，但同一耕作方式下，不同土层间全氮含量差异不显著。可见耕作方式对土壤不同土层全氮含量影响较小。在水稻不同耕作方式下，两年内前茬油菜秸秆还田的土壤全氮与秸秆离田处理间差异不显著，说明短期秸秆还田对土壤全氮影响较小。在前茬为油菜秸秆不同处理时，翻耕土壤全氮大于旋耕处理，说明耕作方式对土壤全氮有一定的影响。随着免耕年限的增加，土壤表层及亚表层全氮含量均有所增加，相对于翻耕土壤差异显著。在秸秆还田耕作模式下，土壤全氮含量在作物大部分生育期确实显著高于传统耕作土壤，土壤肥力明显改善，作物产量显著增加。

研究发现[34]，长期施用有机肥有利于改善土壤物理性质，培肥土壤，对于土壤有机质含量的提高也有显著作用，也能够提升土壤氮、磷、钾等养分的供应能力。在水旱轮作模式下，结合秸秆还田，每季有机肥施用量要≥4 500 kg/hm$^2$时才有较好的培肥效果，每季9 000 kg/hm$^2$有机肥施用量效果最佳。

### （三）轮作对土壤速效成分的影响

川中丘陵地区秸秆覆盖还田能够增加土壤中速效氮含量，但冯跃华认为，免耕措施下，0~5 cm 土层的速效氮和速效钾高于传统翻耕，但 5~20 cm 免耕层则恰好相反；而速效磷在整个土壤耕层中都是免耕高于翻耕。而且另有研究发现，随着年限的增加，效果越加明显。免耕表层土壤有效磷和速效钾含量随着耕作年限加长，二者均有增加趋势。无论是免耕还是翻耕，土壤亚表层速效氮相比第一年有下降趋势，但免耕土壤下降更快。有效磷和速效钾含量无明显变化规律。

此外，油菜秸秆还田或者离田，以及翻耕或者旋耕的不同耕作方式对土壤全磷和全钾含量均无明显影响。油菜秸秆还田或者离田对土壤速效氮、速效磷的作用较小。翻耕处理土壤中速效钾含量高于旋耕处理，秸秆还田处理的土壤中速效钾含量高于秸秆离田处理，说明翻耕的耕作方式和秸秆还田处理对提高土壤速效钾养分含量有一定的积极作用。

在不同有机肥施用量处理下，发现有机肥替代部分化肥能有效提高土壤氮的养分状况；土壤有效磷含量随着有机肥施用量的增加而显著提高，表明有机肥对于提高稻田土壤磷的养分供应有显著作用；土壤速效钾也随着有机肥施用量增加而显著提高，而且不同施用量之间差异显著，认为有机肥配施化肥的土壤供钾能力优于单施化肥[34]。

## 四、土壤理化性质与连作障碍

连作障碍是指连续在同一土壤上栽种同种作物或近缘作物引起的作物生长发育异常，一般会导致作物生长发育不良，产量、品质下降，甚至死苗。种植单一作物品种时，肥料使用也较为单一，长此以往，导致土壤养分不平衡，引发土壤盐渍化，改变土壤理化性质。

连作会导致土壤的 pH 值改变，随着连作年限的增加，pH 值下降，导致土壤酸化，全球大约有 40%的耕种土壤因为酸化而导致作物生产显著降低。除了土壤 pH 值，土壤容重、速效磷和速效钾的含量也会随着连作年限增加而降低；相反，土壤总含盐量、有机质和速效氮含量会随着连作年限增加而增加，引发土壤盐渍化。另外，长年连作会导致土壤颗粒变小，通气性变差等一系列问题的发生。研究表明，轮作可以一定程度解决这些问题。

春玉米—大豆轮作相比于春玉米连作，轮作模式经济效益低于连作，但从长远来看，该种轮作模式下土壤碱解氮含量增加，这对于保持地力有很大的好处[35]。

设施草莓—空心菜水旱轮作的栽培方式可以提高土壤有机质含量。轮作模式下，土壤有效氮含量降低，土壤有效磷含量降低，且土层越深，降低越多；土壤中的速效钾含量也随着土层加深而逐渐降低，种植空心菜对 10~20 cm 土层的氮、磷、钾有较为明显的吸收利用。空心菜对土壤中氮、磷、钾和有机质的利用，适当缓解了土壤的酸化，提高了土壤 pH 值[36]。

甘草连作后土壤有机质下降，而轮作处理后，土壤有机质含量有所增加。轮作模式下甘草种植地中碱解氮含量显著高于连作模式，且表层土碱解氮高于深层土壤，这主要是由于甘草发达的根系具有较强的吸收能力，导致深层土壤中碱解氮含量减少。轮作地的土壤速效磷含量高于连作地，且随着土层深度的增加，速效磷含量逐渐减少。轮作地的速效钾、全钾含量同样高于连作地，且轮作模式能够促进土壤速效钾的增加[37]。

## 五、保护性耕作对于土壤理化性质的影响

不同的耕作方式对于土壤的理化性质产生不同的影响，合理的耕作方式能够改善土壤结构，为作物提供良好的生长环境。对于稻田土壤，耕作方式更是导致土壤有机碳库变化的重要因素。传统农业耕作方式与不加保护的农田土壤是沙尘物质的重要来源，土壤侵蚀和土壤肥力退化是旱地粮食作物产量下降的主要原因。保护性耕作能增加土壤持水性、减少土壤水分蒸发、改善土壤结构和容重，调整土壤水肥气热条件，促使达到稳产、增产。国内外普遍认为免耕是促进旱作农田生态可持续发展的重要措施。

秸秆还田对于土壤表层大团粒数量的增加有显著效果，增幅约为 20%。还田的秸秆腐解时会产生水分补给土壤，提高土壤含水量。

秸秆覆盖还田后能够有效增加耕层土壤有机质含量以及土壤剖面有机质含量。主要是因为土壤有机质含量取决于土壤原有有机质的矿化和作物残茬之类的外源有机物的补充。首先，秸秆含有丰富的有机成分和营养元素，秸秆还田后可以为土壤有机质的增加产生显著的正效应。其次，秸秆覆盖可以

促进固氮微生物和豆科作物的固氮作用，从而增加土壤中的氮素含量。最后，秸秆可以直接补充一部分钾和磷，加之分解产生的酸性物质对某些固磷化合物具有一定的溶解力并削弱黏土矿物对钾的固定，从而提高额土壤中固定态的磷和固定态的磷，促使土壤中速效磷和速效钾含量明显上升，尤其体现在表层土壤（0~5 cm）中。

## 参考文献

[1] 崔孝强，阮震，刘丹，等. 耕作方式对稻—油轮作系统土壤理化性质及重金属有效性的影响［J］. 水土保持学报，2012，26（5）：75-79.
[2] 张洋，王鸿斌. 不同耕作模式对黑土区土壤理化性质及玉米生长发育的影响［J］. 江苏农业科学，2018，46（18）：58-64.
[3] 王平，陈娟，谢成俊，等. 轮耕条件下土壤改良及春玉米增产增收效果研究［J］. 干旱地区农业研究，2018，36（5）：59-67.
[4] 高盼，刘玉涛，王宇先，等. 半干旱区玉米—大豆轮作对土壤物理性质和化学性质的影响［J］. 黑龙江农业科学，2018（9）：29-32.
[5] 贾倩，廖世鹏，卜容燕，等. 不同轮作模式下氮肥用量对土壤有机氮组分的影响［J］. 土壤学报，2017，54（6），237-248.
[6] 段庆波. 湖北省油—稻轮作下作物施肥效果和养分吸收规律及土壤养分变化特征研究［D］. 武汉：华中农业大学，2011.
[7] 刘宝林，邹小云，宋来强，等. 稻田不同轮作系统作物产量、效益和氮素吸收及前后作土壤养分动态比较研究［J］. 江西农业学报，2017，29（12）：5-11，35.
[8] 王天尧，何庆虎，周祖清，等. “稻—油”轮作秸秆还田及耕作模式对油菜产量的影响［J］. 农业科技通讯，2019（9）：120-122.
[9] 林青. 稻田复种轮作系统下作物生产力及土壤生态环境效应的研究与综合评价［D］. 南昌：江西农业大学，2011.
[10] 林郸，李郁，孙永健，等. 不同轮作模式下秸秆还田与氮肥运筹对杂交籼稻产量及米质的影响［J］. 中国生态农业学报，2020，28（10）：1581-1590.
[11] 田贵生，王志宾，李小坤，等. “稻—再—油或肥”轮作和施氮

对水稻产量及籽粒灌浆特性的影响［J］. 中国农业科技导报，2021（1）：154-161.
［12］ 吴春艳，刘晓霞，陈义，等. 不同施肥管理下水旱轮作水稻土磷含量的演变［J］. 浙江农业学报，2019，31（7）：105-114.
［13］ 李继福，薛欣欣，李小坤，等. 水稻—油菜轮作模式下秸秆还田替代钾肥的效应［J］. 植物营养与肥料学报，2016（2）：35-43.
［14］ 郭海斌. 耕作方式与秸秆还田对冬小麦—夏玉米一年两熟农田土壤生物性状和作物生长的影响［D］. 郑州：河南农业大学，2014.
［15］ 龚静静. 油稻轮作秸秆还田对农田土壤养分及径流氮磷 COD 流失的影响［D］. 合肥：安徽农业大学，2019.
［16］ 王兰，黄国勤，孙丹平，等. 稻田水旱复种轮作对作物产量及土壤养分的影响［J］. 生态学杂志，2018，37（11）：109-115.
［17］ 王华英. 秸秆还田提高水稻：油菜轮作土壤固氮能力及作物产量［J］. 农家参谋，2018（18）：82，101.
［18］ 唐先亮. 耕作方式对稻油两熟农田温室气体排放及土壤养分的影响［D］. 长沙：湖南农业大学，2016.
［19］ 杨敬林，李林，胡德勇. 长期稻—稻—油菜轮作对土壤理化性质及微生物群落结构的影响，河南农业科学，2017，46（9）：45-49，61.
［20］ 赖松松，氮肥对水稻—油菜轮作系统中微生物群落结构的影响［D］. 武汉：华中农业大学，2016.
［21］ 王璟，杨敬林，廖健程，等. 稻—稻—油菜轮作对土壤枯草芽孢杆菌数量的影响研究［J］. 江西农业大学学报，2019，41（1）：49-55，168.
［22］ 张立成，邵继海，林毅青，等. 稻—稻—油菜轮作对土壤微生物活性和多样性的影响［J］. 生态环境学报，2017，26（2）：26-32.
［23］ 陈凤，王晓双，甘国渝，等. 长期施用磷肥对稻—油轮作土壤磷组分及微生物多样性的影响［J］. 华中农业大学学报，2021（1）：174-184.
［24］ 刘会芳，韩宏伟，王强，等. 不同蔬菜与番茄轮作对设施土壤微

生物多样性，酶活性及土壤理化性质的影响［J］．微生物学报，2021，61（1）：170-185.
［25］ 杨敬林，张立成，廖健程，等．水稻—油菜轮作土壤拮抗立枯丝核菌的筛选和鉴定［J］．西南农业学报，2019，32（11）：58-62.
［26］ 李妮，宋付朋，杨岩，等．轮作年限对大蒜根际土壤微生物群落的影响［J］．水土保持学报，2013，27（5）：212-216，221.
［27］ 胡诚，陈云峰，乔艳，等．秸秆还田配施腐熟剂对低产黄泥田的改良作用［J］．植物营养与肥料学报，2016，22（1）：59-66.
［28］ 黄佑岗．稻油两熟制下耕作方式与秸秆还田对作物生长和土壤特性的影响［D］．贵阳：贵州大学，2018.
［29］ 肖琴．稻油周年轮耕对直播稻土壤特性，农艺性状和产量的影响［D］．成都：四川农业大学，2019.
［30］ 刘禹池，曾祥忠，冯文强，等．稻—油轮作下长期秸秆还田与施肥对作物产量和土壤理化性状的影响［J］．植物营养与肥料学报，2014（6）：136-145.
［31］ 李善斌．稻油轮作连续免耕直播对作物产量及土壤理化性状的影响［J］．中国农业信息，2016（6）：62-63.
［32］ 王志强，刘英，杨文亭，等．稻田复种轮作休耕对土壤团聚体分布及稳定性的影响［J］．土壤学报，2018，55（5）：106-118.
［33］ 冯跃华，邹应斌，王淑红，等．免耕对土壤理化性状和直播稻生长及产量形成的影响［J］．作物研究，2004，18（3）：19-22.
［34］ 张祺，孙万春，俞巧钢，等．长期施用有机肥对稻田土壤理化性状的影响［J］．浙江农业科学，2022（7）：1441-1444，1448.
［35］ 王平，陈娟，谢成俊，等．轮耕条件下土壤改良及春玉米增产增收效果研究［J］．干旱地区农业研究，2018，36（5）：9-67.
［36］ 钱亚明，赵密珍，王西成，等．设施草莓—空心菜水旱轮作对土壤理化性质的影响［A］．中国园艺协会：草莓研究与进展，2015：267-271.
［37］ 祖勒胡玛尔·乌斯满江，朱军，李晓瑾，等．甘草不同种植模式与土壤微生态关联性的研究［J］．中国现代中药，2016，18（11）：100-104.

# 第五章　不同轮作模式对作物产量和品质的影响

水稻是我国的主要粮食作物，以稻米为主食的人口占全国约有 65%；油菜是我国最大的油料作物，但当前我国食用油缺口高达 60%[1]。水稻和油菜是湖南的优势作物，水稻种植面积和稻谷产量均居全国之首，2010 年以来，油菜平均播种面积稳定在 12.27 万 $hm^2$ 左右，对国家粮油生产安全有着至关重要的作用。水稻与旱地作物油菜的水旱轮作种植模式，是当前我国长江中下游地区普遍的和具有代表性的轮作种植模式。稻油、稻稻油是长江流域最典型的大田种植模式，在湖南省和江西省等地区同时存在。我国人均耕地面积占有量很小，为解决粮油问题，轮作是有效利用土地的耕作模式[2]。

## 第一节　稻油轮作模式对稻油产量品质的影响

### 一、稻油轮作模式下稻油高产高效栽培技术

水稻和油菜是我国的主要粮油作物。水稻以种植双季稻、单季稻为主，油菜以旱地为主。水田以单一种植水稻，造成土壤严重污染，制约了水稻的正常生长及产量。而水田种植稻油的传统栽培模式是育苗移栽，其用工量大、投入成本高、种植效益低，且会对土壤耕作层和团粒结构造成破坏。为了解决土壤污染、提高农业经济效益，农业农村部提出稻油轮作休耕制度[3]，其具有节本增效、改良土壤、粮油双丰收的成效，可促进农业可持续发展，达到经济效益、生态效益、社会效益的大幅提高，确保农产品质量安全，为人们食用优质粮油提供保障。

## （一）稻油轮作模式下水稻高产高效栽培技术

1. 选择高产优质水稻品种

农作物种子是农业生产中最重要的生产资料，是发展现代农业的核心要素。品种选择的好坏，直接影响当季农作物的产量。在稻油轮作种植模式生产中，水稻种植方式采取育秧机插、人工移栽或抛秧，水稻和油菜的全生育期总和不能超过 360 d，这样即使发生自然灾害性天气，也能确保水稻和油菜的正常生长，达到高产稳产的目的。选择优良品种时，应选择根系发达、株高适中、抗倒性强、抗逆性好、适宜性广、抗病虫害、高产稳产、米质优、分蘖（枝）能力好的品种[4]。可从表 5-1 中选择适宜稻油模式种植的优质、高产、抗逆性强的水稻品种。

**表 5-1　适合稻油两熟种植模式的优质水稻品种**

| 品种名称 | 季别 | 审定（引种）编号 |
|---|---|---|
| ‘隆两优华占’ | 单季稻 | 国审稻 20170008 |
| ‘晶两优华占’ | 单季稻 | 国审稻 20176071 |
| ‘晶两优 1212’ | 单季稻 | 国审稻 20186010 |
| ‘隆两优 899’ | 单季稻 | 皖审稻 2016056 |
| ‘晶两优 534’ | 单季稻 | 国审稻 2016605 |
| ‘隆两优 534’ | 单季稻 | 国审稻 20170001 |
| ‘卓两优 141’ | 单季稻 | 国审稻 20196103 |
| ‘晶两优 1377’ | 单季稻 | 国审稻 20186002 |
| ‘科两优 1168’ | 单季稻 | 国审稻 20196028 |
| ‘深两优 5814’ | 单季稻 | 国审稻 20170013 |
| ‘甬优 1538’ | 单季稻 | 赣审稻 20200049 |
| ‘Y 两优香 1 号’ | 单季稻 | 湘审稻 2009031 |

2. 油菜秸秆还田

秸秆粉碎还田是一项省工、节本、养地的重要途径，同时还可改变当地秸秆焚烧的坏习惯，是防止大气污染、改善人居环境的一项利民措施。油菜秸秆粉碎还田采用油菜大型收割机一边收割脱粒，一边粉碎秸秆抛撒田中，然后放水泡田补施氮肥，用大型拖拉机旋耕灭茬进行埋茬整田，10 d 后再放水耙平插秧[4]。

3. 适期播种，培育壮秧

根据稻油轮作模式种植特性，应适时早播还要适当增加用种量，以保证水稻和油菜的基本苗，为稻油丰产提供保障。

4. 合理密植

当大田平整、耕作层适度沉实时，采用机插大田，一般要插植 22.5 万穴/$hm^2$ 以上，每穴 1~2 株苗。人工栽插株行距控制为 20 cm×26 cm，每穴栽插 1~2 株苗，力争有效穗数达到 330 万穗/$hm^2$。

5. 合理科学施肥

采用有机肥与化肥相结合，基肥为主，追肥为辅，做到前促、中稳、后补，基肥占总肥量的 50%，分蘖肥占总肥量的 30%，穗肥占总肥量的 20%；另外，在抽穗前喷施含多种微量元素的叶面肥，维持叶片绿色的功能，做到秆青籽黄。

6. 防治病虫草害

水稻防除杂草做到“前封后杀”，封闭除草结合第一次追肥，用 50%吡嘧·二氯喹 600~750 g/$hm^2$ 拌入肥料中施入；苗后除草可根据田间杂草情况而定，有则防，无不防。可用 20%氰氟草酯 1.2~1.5 L/$hm^2$，采取细水喷雾于杂草植株上，药液淋湿杂草，效果最佳。病虫害主要防治“三虫二病”，即二化螟、稻纵卷叶螟、稻飞虱、稻瘟病、纹枯病为主，兼防稻蓟马、三化螟[5]。

## （二）稻油轮作模式油菜高产高效栽培技术

1. 选择高产优质油菜品种

在稻油轮作种植模式生产中，选择优良品种时，应选择全生育期 210~230 d，可在 9 月中下旬播种，且抗寒性、抗倒性强、抗逆性好、适宜性广、抗病虫害、高产稳产优质的杂交双低油菜品种[4]。可从表 5-2 中选择适宜稻油模式种植的优质、高产、抗寒性强、抗倒性强的油菜品种。

**表 5-2 适合稻油两熟种植模式的优质油菜品种**

| 品种名称 | 类型 | 审定编号 |
|---|---|---|
| ‘沣油 737’ | 甘蓝型半冬性细胞质雄性不育三系杂交种 | 国审油 2011015 |
| ‘徽豪油 12’ | 甘蓝型三系杂交种 | 国审油 2016001 |
| ‘浙杂 903’ | 甘蓝型半冬性隐性核不育两系杂交种 | 国审油 2013015 |
| ‘秦优 33’ | 甘蓝型杂交种 | 国审油 2008019 |

（续表）

| 品种名称 | 类型 | 审定编号 |
| --- | --- | --- |
| ‘秦优 10 号’ | 甘蓝型双低油菜半冬性质不育三系杂交种 | 国审油 2006003 |
| ‘中油杂 19’ | 甘蓝型半冬性化学诱导雄性不育两系杂交品种 | 国审油 2013013 |
| ‘丰油 10 号’ | 甘蓝型半冬性细胞质不育三系杂交种 | 国审油 2010014 |
| ‘浙杂 903’ | 甘蓝型半冬性隐性核不育两系杂交种 | 国审油 2013015 |

2. 水稻秸秆还田

通过结合水稻机收对水稻秸秆进行低留桩粉碎还田作为肥料利用后种植油菜，既避免了水稻秸秆燃烧造成对环境的污染，又可替代一部分化肥，减少化肥施用。实施水稻秸秆粉碎还田后种植油菜，可以促进油菜生长、提高角果数、果粒数，油菜产量明显增产，效益明显提高；实施水稻秸秆还田后种植油菜，其化肥施用量以减施 10%比较经济合理[6]。

3. 油菜播种

油菜播种方式以直播最佳，省工节本。播种时间要抓住晴好天气，在 10 月 15 日前播完，播种量应根据油菜收获方式而定，采取人工收获的适当稀植，增加植株的分枝数，用种量为 3.00～3.75 kg/hm$^2$，基本苗保证在 22.5 万～30.0 万株/hm$^2$；机械收获的应合理密植，从而减少植株的分枝数，有利于成熟期整体一致，用种量为 3.75～4.50 kg/hm$^2$，基本苗为 30.0 万～37.5 万株/hm$^2$。直播方法有两种：一是采取半机械化。机耕整地，人工撒播，机械浅旋盖种，人工开好三沟；二是采取全程机械化。施肥、整地、播种、开沟、喷施封闭除草剂一体化播种机播种。出苗后，油菜长至 2～3 片真叶期，开始间苗补苗[7]。

4. 苗期管理

做好苗期管理是实现油菜高产的关键环节。苗期重点抓好抗旱促全苗、及时补苗、施提苗肥等管理。对于墒情差的田块，可以适当灌保墒促全苗，应以厢沟水浸湿厢面为宜，防止厢面漫灌；播后 4 d 左右，检查田间出苗情况，发现断垄缺苗情况要及时补播；草害较重的田块，在油菜 4～5 叶、杂草 2～3 叶期间喷施氟吡甲禾灵等油菜专用除草剂除草；油菜 3～5 叶期结合中耕除草施尿素 75～150 kg/hm$^2$ 提苗[8-9]；注意防治菜青虫，遇秋季干旱要浇水抗旱，确保苗田湿润，幼苗正常生长。

5. 科学配方施肥

油菜要高产，肥料是关键。做到有机肥与无机肥结合，有机肥和无机肥为主，硼肥为辅，有机肥可用商品有机肥和农家肥，无机肥主要用三元复合肥和尿素。施纯 N 225 kg/hm$^2$、$P_2O_5$ 90 kg/hm$^2$、$K_2O$ 120 kg/hm$^2$，特别注意加施硼肥，硼砂用量为 15 kg/hm$^2$，以防油菜花而不实。施肥原则：基肥占总肥量的 50%，定苗后追肥占总肥量的 30%，薹肥占总肥量的 20%。

6. 病虫草害绿色防控

在油菜病虫害绿色防控上，油菜苗期菜青虫、蚜虫，采用 20%啶虫脒、氯虫苯甲酰胺防治；花期主要是防治油菜菌核病，采用 40%菌核净、戊唑·嘧菌酯防治在油菜初花期至盛花期喷施 2 次。在草害防控上，结合机耕去除大田老草残茬；油菜直播后做好杂草封闭处理，采用禾耐斯（乙草胺含量为 90%）或 90%乙草胺封闭除草；做好油菜越冬期杂草防控工作，主要用 10. 8%高效氟吡甲禾灵、精喹禾灵、烯草酮等防除杂草[10]。

## 二、稻油轮作制中栽培方式对油菜产量和经济效益的影响

### （一）稻油模式下不同栽培方式对油菜产量的影响

稻油轮作是中国南方主要耕作制度。油菜育苗移栽是稻油轮作制中油菜主要的栽培方式，在一定时期促进了油菜生产的快速发展。但是，面对农村劳动力大量转移和老龄化日趋严重的现实，这种精耕细作式的劳动密集型栽培模式已经不符合生产现状。且目前油菜品种多为中晚熟品种，茬口冲突严重，导致中国至今尚有较多的冬闲田土未开发利用。因此，开展节本高效、可操作性强的实用栽培技术对实现稻油轮作高产高效栽培具有重要的现实意义[11]。

从表 5-30 和表 5-4 可看出，处理 1、处理 4、处理 5 的油菜籽产量比对照增产，分别增产 3. 53%、1. 62%、1. 33%，不显著，但是处理 5 多收一季菜薹，产量为 2 400 kg/hm$^2$。处理 2、处理 3、处理 8 均比对照显著性减产，减产幅度在 8. 33%～15. 15%；处理 7 比对照减产 1. 11%，不显著[11]。

**表 5-3　展示技术**

| 编号 | 展示技术 | 品种 | 技术要点 |
|---|---|---|---|
| T1 | 免耕移栽 | ‘渝油 21’ | 免耕，板田 35 cm×30 cm 打窝，单株移栽。（密度 95 250 株/hm$^2$） |
| T2 | 免耕穴播 | ‘渝油 21’ | 免耕，板田 35 cm×30 cm 打窝，直播，每窝 1. 5 苗。（密度 142 860 株/hm$^2$） |

（续表）

| 编号 | 展示技术 | 品种 | 技术要点 |
|---|---|---|---|
| T3 | 免耕宽行 | ‘渝油 21’ | 免耕，板田 60 cm×30 cm 打窝，直播，每窝 4 苗。（密度 22.2 万株/$hm^2$） |
| T4 | 免耕撒播 | ‘渝油 21’ | 免耕，沟泥覆厢面，填平裂缝，撒播，用种量 3 kg/$hm^2$，覆盖稻草。（密度 22.5 万株/$hm^2$） |
| T5 | 油蔬两用 | ‘渝油 21’ | 免耕，晒田。育苗，宽窄行移栽，药肥前移。（密度 109 050 株/$hm^2$） |
| T6（CK） | 育苗移栽 | ‘渝油 21’ | 机耕，晒田。育苗，35 cm×30 cm 打窝移栽。（密度 95 250 株/$hm^2$） |
| T7 | 高密直播 1 | ‘渝油 21’ | 机耕，行距 25 cm 条沟直播，高密度 49.95 万株/$hm^2$ |
| T8 | 高密直播 2 | ‘中双 11 号’ | 机耕，行距 25 cm 条沟直播，高密度 49.95 万株/$hm^2$ |

**表 5-4　产量结果**

| 编号 | 技术 | 品种 | 菜籽 | | | | 菜薹 | |
|---|---|---|---|---|---|---|---|---|
| | | | 大区产量（kg） | 折合产量（kg/$hm^2$） | 较 CK 增减（%） | 产量名次 | 大区产量（g） | 折合产量（kg/$hm^2$） |
| T1 | 免耕移栽 | ‘渝油 21’ | 16.53 aA | 2 479.5 | 3.53 | 1 | — | — |
| T2 | 免耕穴播 | ‘渝油 21’ | 13.55 cC | 2 032.5 | -15.15 | 8 | — | — |
| T3 | 免耕宽行 | ‘渝油 21’ | 14.64 bcC | 2 196 | -8.33 | 6 | — | — |
| T4 | 免耕撒播 | ‘渝油 21’ | 16.18 aAB | 2 427 | 1.33 | 3 | 16 | 2 400 |
| T5 | 油蔬两用 | ‘渝油 21’ | 16.23 aAB | 2 434.5 | 1.62 | 2 | — | — |
| T6（CK） | 育苗移栽 | ‘渝油 21’ | 15.97 aAB | 2 395.5 | 0.00 | 4 | — | — |
| T7 | 高密直 1 | ‘渝油 21’ | 15.79 abB | 2 368.5 | -1.11 | 5 | — | — |
| T8 | 高密直 2 | ‘中双 11 号’ | 13.80 cC | 2 070 | -13.59 | 7 | — | — |

注：同列数据同类处理后的不同大小写字母分别表示差异达 0.01 和 0.05 显著水平。

## （二）稻油模式下不同栽培方式对油菜经济效益的影响

各处理的投入产出情况见表 5-5。产出、投入、现金收益、纯收入几个指标最高的为油蔬两用，该技术在传统育苗移栽的基础上，仅增加了摘薹用工及摘薹后增施肥料的费用，就实现了一种两收，既收获了油菜籽，又收获了双低菜薹，是效益最好的一种油菜栽培技术。其次是免耕撒播，其产出高于试验平均水平，该技术应是最为轻简化的油菜栽培技术，其劳动力成本在各处理中是最低的，仅为 2 700.00元/hm²，节本增效显著。从试验分类平均可以看出，免耕的纯收入明显高于翻耕，育苗移栽的纯收入高于直播，但两者差异不大。因而大力研究、示范、推广免耕油菜对解决当前农村劳动力短缺、油菜种植劳动力强度较大的问题有重要的现实意义[11]。

**表 5-5　投入产出情况表**

| 编号 | 技术 | 总产出（元 hm²） | 投入（元/hm²） | | | 效益（元/hm²） | | | 纯收入位次 |
|---|---|---|---|---|---|---|---|---|---|
| | | | 总投入 | 其中：物资 | 劳动力 | 现金收益 | 纯收入 | 增收额 | |
| T1 | 免耕移栽 | 11 157.75 | 4 875.00 | 1 575.00 | 3 300.00 | 9 582.75 | 6 282.75 | 1 278.00 | 3 |
| T2 | 免耕穴播 | 9 146.25 | 4 575.00 | 1 575.00 | 3 000.00 | 7 571.25 | 4 571.25 | -433.50 | 8 |
| T3 | 免耕宽行 | 9 882.00 | 4 575.00 | 1 575.00 | 3 000.00 | 8 307.00 | 5 307.00 | 302.25 | 5 |
| T4 | 免耕撒播 | 10 921.50 | 4 275.00 | 1 575.00 | 2 700.00 | 9 346.50 | 6 646.50 | 1 641.75 | 2 |
| T5 | 油蔬两用 | 15 755.25 | 6 600.00 | 1 950.00 | 4 650.00 | 13 805.25 | 9 155.25 | 4 150.50 | 1 |
| T6（CK） | 育苗移栽 | 10 779.75 | 5 775.00 | 1 575.00 | 4 200.00 | 9 204.75 | 5 004.75 | — | 6 |
| T7 | 高密度 1 | 10 658.25 | 4 575.00 | 1 575.00 | 3 000.00 | 9 083.25 | 6 083.25 | 1 078.50 | 4 |
| T8 | 高密度 2 | 9 315.00 | 4 575.00 | 1 575.00 | 3 000.00 | 7 740.00 | 4 740.00 | -264.75 | 7 |
| T1 | 免耕移栽 | 11 157.75 | 4 875.00 | 1 575.00 | 3 300.00 | 9 722.55 | 6 392.55 | 1 387.80 | 1 |
| 分类平均 | 免耕 | 11 372.55 | 4 980.00 | 1 650.00 | 3 330.00 | 8 676.00 | 5 275.95 | 406.95 | 4 |
| | 翻耕 | 10 251.00 | 4 975.05 | 1 575.00 | 3 400.05 | 8 409.60 | 5 469.60 | 464.85 | 3 |
| | 直播 | 9 984.60 | 4 515.00 | 1 575.00 | 2 940.00 | 9 393.75 | 5 643.75 | 1 278.00 | 2 |
| | 育苗 | 10 968.75 | 5 325.00 | 1 575.00 | 3 750.00 | 9 582.75 | 6 282.75 | 1 278.00 | 3 |

注：油菜收购价格为 4.50 元/kg，菜薹售价为 2.00 元/kg。分类平均中育苗类未含油蔬两用。

以上集中展示了多项栽培技术，包括免耕移栽、免耕穴播、免耕宽行、免耕撒播、油蔬两用、育苗移栽（对照）和高密度直播 7 种种植技术，其中，经济效益免耕>翻耕>直播>育苗。除油蔬两用高效栽培技术外，最为轻简化的免耕撒播平均产量 2 427 kg/hm²，排名第 3，纯收益 6 616.5 元/hm²，比对照育苗移栽增加纯收入 1 641.75 元/hm²，排名第 2，具有良好的节本增效效果。油蔬两用栽培技术的应用多收一季菜薹，能够大大提高油菜种植的经济效益，与传统的翻耕育苗移栽相比较，免耕撒播、免耕直播和免耕移栽等免耕轻简化栽培技术具有显著的节本增效效果。采用这类栽培技术有利于提高稻油轮作模式下作物的栽培效率和作物产量，增加粮油经济效益。

## 三、稻油轮作模式下机插秧水稻群体特征及产量形成机制

### （一）不同移栽期水稻产量及其构成因素

油菜收获普遍在5月，而水稻插秧则在4月，其间存在15~20 d的交叉期，使稻油轮作在茬口衔接上存在难度。传统上，稻油复种轮作模式多采用培育水稻大龄壮秧，人工栽插的方式解决茬口矛盾。近年来，受劳动力成本高、机械化程度低、良种良法不配套等因素制约，传统的稻油复种模式生产效益逐年走低，因此迫切需要以现代机械化生产技术对这种传统模式进行技术升级。方立魁等[12]选择在重庆推广的早、中、晚熟水稻品种为试验材料，以冬闲田机插水稻为对照，阐明了不同熟期杂交稻品种稻油复种轮作模式下机插群体动态特征与产量形成机制，为稻油轮作模式水稻全程机械化栽培技术优化提供了理论依据。

通过比较不同移栽期水稻产量及其构成因素发现（表5-6），5个品种早播处理实际产量显著或极显著高于晚播处理，其中早熟型品种增产17.6%，迟熟品种平均增产45%，中熟品种增产41.4%。从产量构成因素分析，处理间单位面积有效穗差异无统计学意义。而穗粒数、结实率和群体颖花量早播处理显著或极显著高于晚播处理。早熟品种早播处理群体颖花量较晚播处理增加40.3%，晚熟品种增加39.8%，中熟品种增加28.1%. 穗粒数早播处理较晚播处理平均增加23.4%，早熟品种增加35.2%，晚熟品种增加26.1%，中熟品种增加14.7%。播期对结实率的影响相对较小，早播处理较晚播处理平均增加4.7%，说明早播处理水稻高产主要由于群体颖花量较高，表现为“穗型大，粒数多”[12]。

**表5-6　不同移栽期水稻产量及其构成因素**

| 品种 | 播期 | 有效穗（万穗/hm²） | 穗粒数（粒） | 群体颖花量（万/hm²） | 千粒质量（g） | 结实率（%） | 理论产量（kg/hm²） | 实际产量（kg/hm²） |
|---|---|---|---|---|---|---|---|---|
| ‘天优华占’ | 晚播 | 316.5 Aa | 132.05 a | 4.18+08 A | 23.19 | 64 A | 6 173.49 A | 6 260.48 A |
| | 早播 | 328.5 Aa | 178.5 b | 5.87+08 B | 24.28 | 73 B | 10 351.21 B | 7 363.46 B |
| ‘深两优5814’ | 晚播 | 273.75 Aa | 148.50 a | 4.07+08 A | 22.12 | 74 A | 6 652.30 A | 6 378.37 A |
| | 早播 | 338.25 Aa | 177.5 b | 6.00+08 B | 22.94 | 78 A | 10 758.77 B | 9 588.96 B |
| ‘准两优527’ | 晚播 | 231.75 Aa | 149.85 a | 3.47+08 A | 26.97 | 71 A | 6 672.04 A | 6 463.74 A |
| | 早播 | 247.00 Aa | 199.0 b | 4.59+08 B | 27.90 | 77 B | 9 811.37 B | 9 028.91 B |

（续表）

| 品种 | 播期 | 有效穗（万穗/hm²） | 穗粒数（粒） | 群体颖花量（万/hm²） | 千粒质量（g） | 结实率（%） | 理论产量（kg/hm²） | 实际产量（kg/hm²） |
|---|---|---|---|---|---|---|---|---|
| ‘宜香优2115’ | 晚播 | 251.25 Aa | 135.45 a | 3.40+08 A | 31.65 | 70 A | 7 583.68 A | 6 219.82 A |
| | 早播 | 284.25 Aa | 179.5 b | 5.10+08 B | 30.79 | 81 B | 12 640.27 B | 8 508.56 B |
| ‘川优8377’ | 晚播 | 269.25 Aa | 183.40 a | 4.94+08 A | 26.03 | 66 A | 8 541.45 A | 6 744.24 A |
| | 早播 | 275.25 Aa | 190.8 b | 5.25+08 B | 28.02 | 78 B | 11 519.11 B | 9 850.03 B |

注：大、小写字母分别表示在1%和5%水平下差异有统计学意义。

## （二）不同播期水稻产量形成机制

1. 栽后地上和地下部分干物质积累

如表5-7，对不同播期水稻有效分蘖临界期、拔节期、抽穗期，地上、地下干物质积累的分析表明，在有效分蘖临界期，晚播处理地上干质量大于早播处理，而地下干质量则小于早播处理，说明晚播处理移栽后适宜的光温条件有利于水稻叶的生长。拔节期、抽穗期早播处理地上干质量与晚播处理差异无统计学意义，但是总体上有大于晚播处理的趋势。晚播品种处理间在有效分蘖临界期、拔节期差异无统计学意义，至抽穗期则表现为迟熟品种地上干物质积累高于早、中熟品种，反映出迟熟品种在抽穗前干物质的积累优势[12]。

2. 抽穗期不同播期群体特征

如表5-8，抽穗期除中熟品种‘川优8377’外，其余早、中、迟熟品种颖花、实粒均为早播处理大于晚播处理。粒质量早熟品种早播处理与晚播处理相当，中熟品种、迟熟品种早播较晚播分别增26%，78.3%。粒质量比晚播处理品种间由大到小表现为迟熟、中熟、早熟。

3. 抽穗期不同播期株型特征

如表5-9，对抽穗期各品种的株型特征分析表明，除‘深两优5814’外，其余品种剑叶披垂度早播处理大于晚播处理。倒2叶早、中熟品种披垂度早播大于晚播处理，迟熟品种差异无统计学意义；倒3叶所有品种均为早播处理大于晚播处理。品种间早、中熟品种上9叶披垂度大于迟熟品种，特别是倒8叶。对早、晚播处理比叶质量表现出晚播处理大于早播处理的趋势，品种间差异无统计学意义。株高则呈现早播处理大于晚播处理的趋势[12]。

**表 5-7　不同播期水稻移栽后单株地上部分和地下部分干物质积累**

| 品种 | 播期 | 有效分蘖临界期 | | 拔节期 | | 抽穗期 | |
|---|---|---|---|---|---|---|---|
| | | 地下 | 地上 | 地下 | 地上 | 地下 | 地上 |
| ‘天优华占’ | 晚播 | 1.23 | 9.24 | 4.33 | 48.25 | 4.93 | 78.65 |
| | 早播 | 2.27 | 4.10 | 4.32 | 43.71 | 4.03 | 80.30 |
| ‘深两优 5814’ | 晚播 | 0.95 | 7.22 | 6.74 | 40.69 | 5.18 | 90.98 |
| | 早播 | 1.45 | 3.52 | 5.86 | 45.97 | 5.27 | 84.01 |
| ‘准两优 527’ | 晚播 | 1.48 | 8.86 | 6.29 | 54.77 | 4.54 | 90.16 |
| | 早播 | 1.69 | 4.53 | 5.37 | 39.38 | 7.57 | 90.85 |
| ‘宜香优 2115’ | 晚播 | 1.15 | 7.53 | 6.20 | 48.12 | 4.37 | 82.20 |
| | 早播 | 2.06 | 5.12 | 6.23 | 39.62 | 7.81 | 86.52 |
| ‘川优 8377’ | 晚播 | 1.61 | 9.90 | 3.81 | 45.15 | 3.67 | 80.32 |
| | 早播 | 1.23 | 4.19 | 5.48 | 50.02 | 4.14 | 90.14 |

**表 5-8　不同移栽期水稻抽穗期叶面积组成与粒叶比**

| 品种 | 播期 | 颖花（朵） | 实粒（粒） | 粒质量（g） |
|---|---|---|---|---|
| ‘天优华占’ | 晚播 | 0.64 | 0.41 | 9.59 |
| | 早播 | 0.76 | 0.55 | 9.33 |
| ‘深两优 5814’ | 晚播 | 0.61 | 0.45 | 9.54 |
| | 早播 | 0.99 | 0.77 | 15.91 |
| ‘准两优 527’ | 晚播 | 0.53 | 0.38 | 9.90 |
| | 早播 | 0.92 | 0.71 | 18.81 |
| ‘宜香优 1108’ | 晚播 | 0.55 | 0.39 | 10.03 |
| | 早播 | 0.76 | 0.61 | 12.59 |
| ‘川优 8377’ | 晚播 | 0.85 | 0.57 | 11.65 |
| | 早播 | 0.73 | 0.57 | 14.73 |

**表 5-9　不同移栽期水稻抽穗期株型特征**

| 株型指标 | | ‘天优华占’ | | ‘深两优 5814’ | | ‘准两优 527’ | | ‘宜香优 2115’ | | ‘川优 8377’ | |
|---|---|---|---|---|---|---|---|---|---|---|---|
| | | 早播 | 晚播 | 早播 | 晚播 | 早播 | 晚播 | 早播 | 晚播 | 早播 | 晚播 |
| 剑叶 | 叶基角（°） | 2.67 | 5.67 | 1.33 | 4.67 | 2.00 | 5.33 | 1.33 | 5.33 | 4.33 | 6.67 |
| | 叶基角（°） | 7.33 | 6.00 | 3.67 | 7.67 | 4.00 | 5.67 | 4.00 | 5.33 | 6.67 | 6.67 |
| | 披垂度（°） | 4.67 | 0.33 | 2.33 | 3.00 | 2.00 | 0.33 | 2.67 | 0.00 | 2.33 | 0.00 |

（续表）

| 株型指标 | | ‘天优华占’ | | ‘深两优 5814’ | | ‘准两优 527’ | | ‘宜香优 2115’ | | ‘川优 8377’ | |
|---|---|---|---|---|---|---|---|---|---|---|---|
| | | 早播 | 晚播 | 早播 | 晚播 | 早播 | 晚播 | 早播 | 晚播 | 早播 | 晚播 |
| 倒 2 叶 | 叶基角（°） | 12.33 | 10.33 | 6.33 | 6.33 | 8.00 | 8.33 | 6.33 | 8.67 | 8.00 | 9.67 |
| | 叶基角（°） | 26.00 | 15.00 | 9.67 | 10.33 | 11.33 | 11.33 | 29.00 | 12.67 | 15.67 | 14.00 |
| | 披垂度（°） | 13.67 | 4.67 | 3.33 | 4.00 | 3.33 | 3.00 | 22.67 | 4.00 | 7.67 | 4.33 |
| 倒 3 叶 | 叶基角（°） | 12.67 | 12.67 | 12.33 | 8.33 | 10.67 | 10.33 | 12.33 | 10.67 | 12.67 | 12.33 |
| | 叶基角（°） | 22.00 | 19.67 | 22.67 | 12.00 | 18.00 | 13.33 | 26.67 | 15.67 | 28.33 | 18.67 |
| | 披垂度（°） | 9.33 | 7.00 | 10.33 | 3.67 | 7.33 | 3.00 | 14.33 | 5.00 | 15.67 | 15.67 |
| 比叶质量（g） | | 5.38 | 5.56 | 5.38 | 5.97 | 5.41 | 5.80 | 5.10 | 5.59 | 5.09 | 5.91 |
| 株高（cm） | | 107.30 | 105.30 | 116.00 | 106.70 | 124.00 | 111.00 | 130.30 | 112.70 | 132.00 | 123.70 |

## 四、稻油轮作制秸秆还田对稻油产量品质的影响

我国作为农业种植业大国，具有丰富的秸秆资源，长江流域作为我国主要的水稻和油菜生产区域，普遍采用水稻油菜轮作的种植模式。在 2009 年《全国农作物秸秆资源调查与评价报告》中显示，水稻秸秆占秸秆总量的 25%，油料作物秸秆占 4%以上（图 5-1）。秸秆还田能不同程度影响作物产量及产量构成。在油菜种植方面，秸秆还田后适当调控肥料基追比，既可

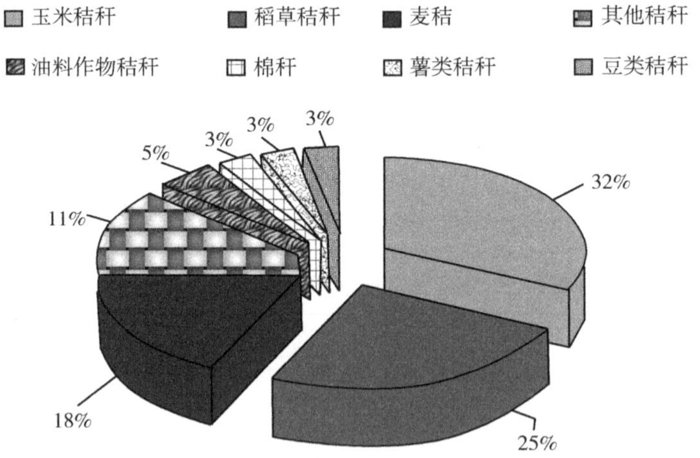


**图 5-1　各种作物秸秆占总秸秆资源量比例**

以保证油菜高产、稳产，同时还可以提高氮肥利用率[13]。在水稻种植研究中，刘禹池[14]发现秸秆覆盖还田后水稻产量显著高于相同施氮量的无秸秆覆盖还田的对照处理，油菜秸秆覆盖还田减磷和减钾的水稻产量相当或高于对照处理，秸秆还田后可以起到减施磷肥、钾肥的效果。与无秸秆还田相比，秸秆还田配合深耕或深松处理不仅能有效提高作物产量、干物质积累还能有效提高作物水分利用效率[15]。油菜秸秆还田后水稻有效穗数和每穗粒数显著提高，从而使水稻产量较不还田处理有显著增加[16]。秸秆还田后对作物籽粒品质也有不同程度的提高。在水稻免耕套种和秸秆还田下，可提高稻米蛋白质含量，降低直链淀粉含量，使胶稠度变软，稻米品质变优；在油菜品质改良方面，陈红琳等[17-18]研究发现秸秆还田后油菜籽粒含油率上升显著。

## （一）水稻秸秆还田与种植密度对油菜产量的影响

1. 水稻秸秆还田与密度配置对油菜产量及产量构成的影响

由表 5-10 可知，单株产量随密度增加下降显著，80%常规施肥处理显著低于常规施肥量，随秸秆还田量增加，单株产量上升，不同密度间变化趋势一致。随油菜种植密度增加，单株有效角果数下降显著，在 45 万株/$hm^2$ 密度下，单株有效角果数达最大值。80%常规施肥量下单株有效角果数显著低于常规施肥量。80%肥量时，随秸秆还田量增加，单株有效角果数增加显著，2 年变化趋势一致。每角果粒数处理间差异不显著。千粒重在 80%常规施肥量下低于常规施肥处理，随秸秆还田量增加，有下降趋势。成株率随施肥量减少而下降，密度越高、秸秆还田量越大，成株率越低，2 年变化趋势一致。实际产量变化主要受群体角果数变化影响，群体角果数越大，实际产量越高。低密度种植条件下应减少还田量，提高成株率，高密度种植条件下提高秸秆还田量，增加单株角果数，以获得高产。方差分析表明，单株有效角果数和实际产量在不同年份、不同种植密度、不同还田量之间变化显著，且单株有效角果数和实际产量受互作影响达极显著水平，其他指标受其互作影响不显著。每角果粒数在不同年份、密度、还田量之间变化不显著。千粒重在不同还田量间变化显著，在年份和密度之间变化不显著。单株产量在不同年份、不同种植密度、不同还田量之间变化显著。成株率在不同年份间不显著，在不同密度和还田量之间变化显著[19]。

**表 5-10　秸秆还田与密度配置对油菜产量及产量构成的影响**

| 年份 | 密度 | 还田量 | 单株角果数 | 每角果粒数 | 千粒重 | 单株产量 | 成株率 | 实际产量 |
|---|---|---|---|---|---|---|---|---|
| | | CK | 83. 8 ab | 22. 1 ab | 3. 13 ab | 5. 80 a | 95. 3 a | 2 488. 5 c |
| | | R0 | 76. 0 c | 22. 0 ab | 2. 99 b | 5. 01 abc | 90. 1 ab | 2 029. 5 h |
| | D1 | R1 | 85. 8 a | 21. 6 ab | 3. 11 ab | 5. 75 a | 89. 4 abc | 2 313. 6 f |
| | | R2 | 85. 7 a | 21. 8 ab | 3. 09 ab | 5. 78 a | 86. 1 abcd | 2 240. 0 g |
| | | R3 | 85. 4 a | 22. 3 a | 3. 05 ab | 5. 80 a | 79. 2 def | 2 067. 9 h |
| | | CK | 70. 0 e | 22. 1 ab | 3. 15 ab | 4. 87 abc | 89. 7 abc | 2 619. 8 b |
| | | R0 | 68. 7 e | 21. 5 ab | 3. 03 ab | 4. 47 bcd | 85. 6 bcde | 2 297. 0 f |
| 2016—2017 | D2 | R1 | 71. 3 de | 21. 2 b | 3. 14 ab | 4. 75 abcd | 82. 3 bcdef | 2 345. 1 ef |
| | | R2 | 73. 9 cd | 21. 8 ab | 3. 06 ab | 4. 92 abc | 80. 5 bcdef | 2 376. 3 e |
| | | R3 | 80. 9 b | 21. 6 ab | 3. 04 ab | 5. 30 ab | 78. 4 def | 2 491. 8 c |
| | | CK | 59. 8 | 22. 0 ab | 3. 22 a | 4. 23 cd | 87. 7 abcd | 2 782. 4 a |
| | | R0 | 56. 7 g | 21. 8 ab | 3. 07 ab | 3. 79 d | 82. 1 bcdef | 2 332. 7 ef |
| | D3 | R1 | 60. 3 f | 21. 7 ab | 3. 09 ab | 4. 04 cd | 80. 1 cdef | 2 428. 2 d |
| | | R2 | 69. 7 e | 21. 3 ab | 3. 04 ab | 4. 51 bcd | 76. 2 ef | 2 577. 2 b |
| | | R3 | 74. 1 cd | 21. 2 b | 3. 02 ab | 4. 75 abcd | 72. 8 f | 2 594. 0 b |
| | | CK | 86. 5 a | 22. 2 ab | 3. 07 ab | 5. 88 a | 94. 0 a | 2 488. 2 b |
| | | R0 | 80. 4 c | 21. 8 ab | 3. 01 b | 5. 28 bc | 92. 8 a | 2 204. 4 f |
| | D1 | R1 | 82. 4 b | 21. 6 ab | 3. 04 b | 5. 42 b | 86. 3 bc | 2 104. 4 g |
| | | R2 | 81. 6 bc | 22. 2 ab | 3. 00 b | 5. 42 b | 81. 1 cdef | 1 978. 8 h |
| | | R3 | 82. 1 bc | 21. 9 ab | 2. 93 b | 5. 26 bc | 80. 7 def | 1 911. 9 i |
| | | CK | 72. 2 e | 22. 0 ab | 3. 21 ab | 5. 09 cd | 87. 4 b | 2 670. 5 a |
| | | R0 | 65. 7 g | 21. 8 ab | 3. 07 ab | 4. 39 ef | 84. 6 bcd | 2 227. 8 ef |
| 2017—2018 | D2 | R1 | 63. 0 h | 22. 4 a | 3. 05 ab | 4. 30 ef | 82. 9 bcde | 2 141. 0 g |
| | | R2 | 68. 0 f | 22. 4 a | 3. 02 b | 4. 59 e | 80. 2 def | 2 210. 0 f |
| | | R3 | 74. 5 d | 21. 5 ab | 3. 06 ab | 4. 90 d | 77. 4 ef | 2 277. 6 de |
| | | CK | 60. 4 i | 21. 7 ab | 3. 32 a | 4. 35 ef | 83. 3 bcd | 2 720. 4 a |
| | | R0 | 54. 1 k | 21. 7 ab | 3. 12 ab | 3. 66 g | 81. 0 cedf | 2 222. 0 ef |
| | D3 | R1 | 56. 4 j | 21. 7 ab | 3. 05 ab | 3. 73 g | 80. 5 def | 2 254. 4 def |
| | | R2 | 57. 6 j | 21. 7 ab | 3. 08 ab | 3. 86 g | 79. 8 def | 2 310. 2 d |
| | | R3 | 64. 7 gh | 21. 1 b | 3. 07 ab | 4. 20 f | 76. 2 f | 2 403. 0 c |

（续表）

| 年份 | 密度 | 还田量 | 单株角果数 | 每角果粒数 | 千粒重 | 单株产量 | 成株率 | 实际产量 |
|---|---|---|---|---|---|---|---|---|
| 方差分析 | Y | | ** | ns | ns | ** | ns | ** |
| | D | | ** | ns | ns | ** | ** | ** |
| | R | | ** | ns | ** | ** | ** | ** |
| | Y×D | | ** | ns | ns | ns | ns | ** |
| | Y×R | | ** | ns | ns | ns | ns | ** |
| | D×R | | ** | ns | ns | ns | ns | ** |
| | Y×D×R | | ** | ns | ns | ns | ns | ** |

注：D1、D2 和 D3 分别表示种植密度为 $45\times10^4$ 株/hm²、$60\times10^4$ 株/hm² 和 $75\times10^4$ 株/hm²；CK、R0、R1、R2 和 R3 分别表示秸秆还田量为 0 kg/hm²、0 kg/hm²、6 000 kg/hm²、9 000 kg/hm² 以及 12 000 kg/hm²；表中同一列不同字母表示差异达 0.05 水平；** 表示在 0.05 和 0.01 的水平差异，ns 表示差异不显著；Y，年份；D，种植密度；R，秸秆还田量；Y×D，年份和密度间的互作；Y×R，年份和秸秆还田量间的互作；D×R，密度和秸秆还田量间的互作；Y×D×R，年份和密度及秸秆还田量间的互作。

2. 秸秆还田与密度配置对油菜成熟期农艺性状的影响

如表 5-11 所示，常规施肥条件下，根颈粗、株高、分枝数要显著高于 80%常规施肥肥量不还田。随着种植密度的增加，根颈粗、分枝数逐渐下降，在 45 万株/hm² 密度下达到最大值，但随着还田量上升根颈粗、分枝数在秸秆还田量为 $12\times10^3$kg/hm² 时最大；株高、分枝高度随密度、还田量增加而逐渐上升，且年际间变化趋势相同。结角起点随密度增加而上升，随还田量上升而下降。方差分析表明，各成熟期农艺性状在不同年份、不同种植密度、不同还田量之间均变化极显著。根颈粗受互作效应影响不显著，其他部分指标受其互作效应的影响达极显著水平[19]。

**表 5-11　秸秆还田与密度配置对油菜成熟期农艺性状的影响**

| 年份 | 密度 | 还田量 | 根茎粗 | 株高 | 分枝高 | 分枝数 | 结角起点 |
|---|---|---|---|---|---|---|---|
| 2016—2017 | D1 | CK | 15.11 a | 147.52 de | 66.24 d | 6.08 a | 93.21 de |
| | | R0 | 12.63 bcde | 140.74 f | 64.7 d | 5.05 cd | 81.87 f |
| | | R1 | 13.36 abcd | 147.53 de | 66.33 d | 5.43 b | 100.11 b |
| | | R2 | 13.79 abcd | 147.01 e | 68.40 d | 5.66 b | 93.62 de |
| | | R3 | 14.56 ab | 146.58 e | 68.31 d | 5.51 b | 89.82 e |

（续表）

| 年份 | 密度 | 还田量 | 根茎粗 | 株高 | 分枝高 | 分枝数 | 结角起点 |
|---|---|---|---|---|---|---|---|
| 2016—2017 | D2 | CK | 13.74 abcd | 153.04 c | 73.98 c | 5.33 bc | 98.54 bc |
| | | R0 | 12.36 bcde | 144.62 e | 74.14 c | 3.76 gh | 95.11 cd |
| | | R1 | 13.11 abcde | 158.84 b | 74.03 c | 4.22 f | 101.43 b |
| | | R2 | 13.40 abcd | 159.61 b | 77.27 bc | 4.44 ef | 93.67 de |
| | | R3 | 14.00 abc | 159.93 b | 78.56 b | 4.73 de | 92.58 de |
| | D3 | CK | 11.45 de | 157.55 b | 85.61 a | 4.13 fg | 106.41 a |
| | | R0 | 11.82 cde | 151.34 cd | 85.60 a | 3.38 h | 100.84 b |
| | | R1 | 10.98 c | 164.40 a | 77.85 bc | 3.77 gh | 97.20 bcd |
| | | R2 | 11.94 cde | 164.13 a | 85.16 a | 3.81 g | 90.22 de |
| | | R3 | 13.40 abcd | 159 b | 84.90 a | 3.72 gh | 89.01 e |
| 2017—2018 | D1 | CK | 13.44 ab | 142.41 f | 64.87 d | 5.93 a | 87.73 cd |
| | | R0 | 11.44 abcd | 133.53 g | 64.55 d | 4.45 fg | 86.91 d |
| | | R1 | 12.77 abc | 149.02 e | 62.26 d | 5.16 bcd | 94.22 b |
| | | R2 | 13.08 ab | 144.74 f | 64.16 d | 5.23 bcd | 90.56 c |
| | | R3 | 13.98 a | 144.85 f | 65.75 d | 5.27 bc | 89.57 cd |
| | D2 | CK | 12.50 abc | 150.71 de | 76.83 b | 5.39 b | 101.08 a |
| | | R0 | 10.24 cd | 136.56 g | 72.53 c | 4.04 h | 90.33 cd |
| | | R1 | 11.20 bcd | 150.29 de | 72.13 c | 4.80 ef | 97.53 b |
| | | R2 | 11.41 abcd | 152.81 cd | 74.14 bc | 4.51 fg | 94.87 b |
| | | R3 | 12.63 abc | 157.97 ab | 75.42 bc | 4.93 cde | 89.16 cd |
| | D3 | CK | 11.65 abcd | 155.06 bc | 84.78 a | 4.90 de | 104.34 a |
| | | R0 | 9.32 d | 150.55 de | 83.62 a | 3.95 h | 97.25 b |
| | | R1 | 10.36 cd | 159.13 a | 77.33 b | 4.22 gh | 101.32 a |
| | | R2 | 10.28 cd | 160.42 a | 83.08 a | 4.52 fg | 95.67 b |
| | | R3 | 11.59 abcd | 154.92 bc | 84.12 a | 4.16 gh | 90.52 c |

（续表）

| 年份 | 密度 | 还田量 | 根茎粗 | 株高 | 分枝高 | 分枝数 | 结角起点 |
|---|---|---|---|---|---|---|---|
| 方差分析 | Y | | ** | ** | ** | ** | * |
| | D | | ** | ** | ** | ** | ** |
| | R | | ** | ** | ** | ** | ** |
| | Y×D | | ns | * | ns | ** | ns |
| | Y×R | | ns | ns | ns | ns | ns |
| | D×R | | ns | ** | ** | ** | ** |
| | Y×D×R | | ns | ** | ns | ns | ** |

注：D1、D2 和 D3 分别表示种植密度为 $45×10^4$ 株 $hm^2$、$60×10^4$ 株 $hm^2$ 和 $75×10^4$ 株 $hm^2$；CK、R0、R1、R2 和 R3 分别表示秸秆还田量为 0 kg/$hm^2$、0 kg/$hm^2$、6 000 kg/$hm^2$、9 000 kg/$hm^2$ 以及 12 000 kg/$hm^2$；表中同一列不同字母表示差异达 0.05 水平；** 表示在 0.05 和 0.01 的水平差异，ns 表示差异不显著；Y，年份；D，种植密度；R，秸秆还田量；Y×D，年份和密度间的互作；Y×R，年份和秸秆还田量间的互作；D×R，密度和秸秆还田量间的互作，Y×D×R，年份和密度及秸秆还田量间的互作。

## （二）水稻秸秆还田与种植密度对油菜油菜籽粒品质的影响

### 1. 水稻秸秆还田与种植密度对油菜籽粒含油量及蛋白质含量的影响

含油量及蛋白质含量受种植密度和秸秆还田量影响变化规律不同，在 45 万~75 万株/$hm^2$ 密度下，肥料充足时，含油率会随着密度增加而下降，而蛋白质含量随密度增加而上升。当减少施肥量，80%常规+秸秆不还田时含油量及蛋白质变化趋势与常规施肥量处理相反。秸秆还田后第一年，籽粒含油量随秸秆还田量增加含油量下降，第二年年籽粒含油量随秸秆还田量增加而上升。而蛋白质含量变化表现出与含油量变化相反的趋势[19]。

### 2. 水稻秸秆还田与种植密度对油菜籽出油率的影响

油菜籽粒出油率受加工工艺的影响，同时也受籽粒自身含油率及籽粒自身组成成分的影响，在常规施肥田间下，出油率随种植密度增加而降低。在 80%常规施肥量时，各处理油菜籽粒出油率均随种植密度增加而上升，并且秸秆还田量增加油菜籽粒出油率上升。方差分析表明，油菜籽粒出油率受种植密度影响显著，受秸秆还田量影响极显著，并且密度和秸秆还田量互作对油菜籽粒出油率影响极显著[19]。

增加秸秆还田量，单株角果数上升，但成株率降低，提高种植密度，增加群体角果数，提高油菜实际产量，即低秸秆还田量下低种植密度，高秸秆还田量下高种植密度以达到高产的效果。秸秆还田和高种植密度主要抑制前期油菜生长，促进后期群体角果面积指数的提高，降低透光率，提升群体生物量。增加秸秆还田量还可提高油菜含油率及出油率，改善籽粒品质[19]。

### （三）油菜秸秆还田对水稻产量的影响

秸秆还田与晒田配置对水稻产量及产量构成的影响如下。

由表 5-12 所示，随晒田天数的增加，水稻单株产量呈现先上升再下降的趋势，在 8 d 时达到最大。晒田 0~8 d 秸秆还田后，单株产量上升，秸秆还田后随着秸秆还田量上升，单株产量下降，在 5. 25×10$^3$ kg/hm$^2$ 时，单株产量最高。12 d 时，秸秆还田量增加，单株产量下降显著。单株有效穗数随晒田时间增加而逐渐上升，随秸秆还田量增加而逐渐下降。每穗粒数在晒田与不晒田时秸秆还田表现出不同变化趋势，不晒田时秸秆还田后每穗粒数增加，并随还田量增加而上升，在 8. 85×10$^3$ kg/hm$^2$ 时达到最大。而晒田后在 8 d 时每穗粒数达到最大，并且秸秆还田后随秸秆还田量增加每穗粒数下降显著。千粒重受晒田影响显著，千粒重在 0 d 时最大，并随秸秆还田量增加有逐渐上升趋势，在 12 d 时下降显著。结实率随晒田天数增加呈现先上升再下降的趋势，在 8 d 时结实率达到最大，并且是否晒田对结实率表现出不同影响，在不晒田时，随秸秆还田量增加结实率下降。而 4 d、8 d 时，秸秆还田量增加，结实率下降显著。不晒田时需要提高秸秆还田量，晒田时减少秸秆还田量，并控制晒田天数为 8 d 左右以获得较高单株产量。各指标年际间变化趋势相同。方差分析表明，单株产量、单株有效穗数，每穗粒数、千粒重及结实率受晒田天数及秸秆还田量影响达到极显著水平，且各指标受晒田天数及秸秆还田量互作影响显著[20]。

**表 5-12　秸秆还田与晒田配置对水稻产量及产量构成的影响**

| 年份 | 干旱天数 | 还田量 | 单株穗数 | 每穗粒数 | 千粒重 | 结实率 | 单株产量 |
|---|---|---|---|---|---|---|---|
| 2016 | D0 | R0 | 11. 31 ef | 167. 95 e | 19. 98 cd | 66. 60 e | 25. 27 d |
| | | R1 | 11. 02 fg | 178. 93 bcd | 20. 20 cd | 74. 91 bcd | 29. 84 ac |
| | | R2 | 10. 83 g | 182. 94 bc | 20. 54 bc | 75. 12 bcd | 30. 57 abc |
| | | R3 | 10. 10 h | 183. 17 b | 20. 51 bc | 77. 81 abc | 29. 53 bc |

（续表）

| 年份 | 干旱天数 | 还田量 | 单株穗数 | 每穗粒数 | 千粒重 | 结实率 | 单株产量 |
|---|---|---|---|---|---|---|---|
| 2016 | D4 | R0 | 11.84 cd | 176.41 d | 21.12 a | 70.41 de | 31.05 abc |
| | | R1 | 11.35 ef | 182.26 bc | 19.84 de | 79.19 abc | 32.51 ab |
| | | R2 | 10.11 h | 177.38 d | 20.07 cd | 78.29 abc | 28.17 cd |
| | | R3 | 10.03 h | 175.82 d | 20.96 ab | 75.90 bcd | 28.06 cd |
| | D8 | R0 | 12.17 c | 178.76 bcd | 20.40 cd | 73.26 cd | 32.51 ab |
| | | R1 | 11.54 de | 192.23 a | 18.54 h | 82.05 a | 33.75 a |
| | | R2 | 10.82 g | 188.67 a | 19.25 fg | 81.00 ab | 31.83 abc |
| | | R3 | 10.67 g | 178.18 cd | 19.40 ef | 75.65 bcd | 27.90 cd |
| | D12 | R0 | 13.25 b | 149.94 f | 19.11 fg | 56.85 f | 21.58 e |
| | | R1 | 13.69 ab | 153.4 f | 18.49 h | 35.09 g | 13.62 f |
| | | R2 | 13.58 ab | 140.28 g | 18.71 gh | 25.66 h | 9.15 g |
| | | R3 | 14.02 a | 132.86 h | 18.78 gh | 12.59 i | 4.40 h |
| 2017 | D0 | R0 | 11.50 bcd | 168.00 e | 20.78 ab | 65.79 d | 26.41 f |
| | | R1 | 11.33 bcd | 179.91 cd | 20.81 a | 72.14 abcd | 30.62 de |
| | | R2 | 10.70 cd | 184.21 abcd | 20.81 a | 74.55 abc | 30.58 de |
| | | R3 | 10.50 | 185.08 abcd | 20.88 a | 75.89 abc | 30.79 d |
| | D4 | R0 | 11.85 bc | 177.02 d | 20.74 ab | 68.46 cd | 29.78 e |
| | | R1 | 11.67 bcd | 193.31 a | 20.61 ab | 77.57 ab | 36.05 b |
| | | R2 | 11.00 bcd | 187.64 abc | 20.77 ab | 76.18 abc | 32.65 c |
| | | R3 | 10.85 cd | 182.26 bcd | 20.78 ab | 76.26 abc | 31.33 d |
| | D8 | R0 | 12.30 b | 181.46 cd | 20.4 ab | 70.79 bcd | 32.36 f |
| | | R1 | 12.00 bc | 193.83 a | 20.50 ab | 78.81 ab | 37.58 a |
| | | R2 | 11.83 bc | 192.83 a | 20.64 ab | 80.17 a | 37.77 a |
| | | R3 | 11.00 bcd | 191.82 ab | 20.12 b | 76.46 abc | 32.46 c |
| | D12 | R0 | 14.00 a | 149.36 fg | 18.20 c | 56.09 e | 21.34 g |
| | | R1 | 14.40 a | 153.67 f | 18.00 c | 31.10 f | 12.39 h |
| | | R2 | 14.80 a | 142.30 g | 17.70 c | 21.80 g | 8.13 i |
| | | R3 | 15.00 a | 128.78 h | 17.00 d | 12.20 h | 4.01 j |

（续表）

| 年份 | 干旱天数 | 还田量 | 单株穗数 | 每穗粒数 | 千粒重 | 结实率 | 单株产量 |
|---|---|---|---|---|---|---|---|
| 方差分析 | | Y | ** | ** | ** | * | ** |
| | | D | ** | ** | ** | ** | ** |
| | | R | ** | ** | ** | ** | ** |
| | | Y×D | ns | ** | ** | ns | ** |
| | | Y×R | ns | ns | ** | ns | * |
| | | D×R | ** | ** | ** | ** | ** |
| | | Y×D×R | ns | ns | ** | ns | ns |

## （四）油菜秸秆还田对水稻产量和经济效益的影响

油菜秸秆还田，施用秸秆腐熟剂后，秸秆腐解和释放养分更快，其当季作物利用更为有效，土壤中钾素含量增加更为明显。能促进水稻的生长，改善经济性状，穗大粒多，从而提高作物产量。在农业生产中，推广秸秆+腐熟剂还田，水稻增产效果和经济效益明显，并可改良土壤，促进农民增产增收。从表 5-13 和 5-14 中可看出，油菜秸秆还田比对照增产 14.29%，新增纯收益 135.5 元/667m$^2$；油菜秸秆还田+腐熟剂比对照增产 21.16%，新增纯收益 213.8 元/667m$^2$；油菜秸秆还田+腐熟剂比油菜秸秆还田增产 6.02%，新增纯收益 78.3 元/667m$^2$[20]。

**表 5-13　水稻经济性状与产量**

| 处理 | 株高（cm） | 穗长（cm） | 有效穗（穗/667m$^2$） | 穗粒数（粒/穗） | 实粒数（粒/穗） | 结实率（%） | 千粒重（g） | 单产（kg/667m$^2$） | 与 CK 比较（%） |
|---|---|---|---|---|---|---|---|---|---|
| 1 | 94 | 23 | 137 552 | 132 | 126 | 95.5 | 28.5 | 420.2 | — |
| 2 | 98 | 24 | 139 271 | 150 | 137 | 91.3 | 29.3 | 480.2 | 14.29 |
| 3 | 103 | 25 | 141 851 | 150 | 141 | 94.0 | 29.5 | 509.1 | 21.16 |

**表 5-14　秸秆还田经济效益分析**

| 处理 | 肥料投入（元/667m$^2$） | 新增投入（元/667m$^2$） | 产值（元/667m$^2$） | 新增产值（元/667m$^2$） | 新增纯收益（元/667m$^2$） | 投入产比 |
|---|---|---|---|---|---|---|
| 1 | 100.0 | 0 | 1 260.6 | 0 | 0 | — |

（续表）

| 处理 | 肥料投入（元/667m²） | 新增投入（元/667m²） | 产值（元/667m²） | 新增产值（元/667m²） | 新增纯收益（元/667m²） | 投入产比 |
|---|---|---|---|---|---|---|
| 2 | 100.0 | 44.5 | 1 440.6 | 180.0 | 135.5 | 1∶3.04 |
| 3 | 100.0 | 52.9 | 1 527.3 | 266.7 | 213.8 | 1∶4.04 |

# 第二节　稻稻油轮作模式对稻油产量品质的影响

## 一、稻稻油三熟制下双季稻高产品种特征

### （一）稻稻油三熟制下双季稻高产品种的产量结构特征

1. 早稻品种产量及产量构成

从产量构成因素来看，早稻各产量类型品种的有效穗数无显著差异，而每穗粒数及群体颖花量表现为高产类型显著高于低产类型，表明有效穗数与每穗粒数的互作效应对早稻产量存在较大影响。各类型早稻品种结实率和千粒重也无显著差异，且无明显变化规律。各品种生育期差异不显著，但日产量随产量水平的降低而降低，其中高产类型与低产类型之间差异达显著水平（表5-15）。相关分析表明，产量与各产量构成因素间的相关性表现不一。其中，产量与有效穗数及每穗粒数呈正相关，且每穗粒数的相关系数大于有效穗数，产量与总颖花量的相关性达极显著水平；而结实率和千粒重与产量表现为微弱的负相关。通径分析表明，总颖花量对产量的效应明显大于结实率和千粒重；有效穗数和每穗粒数对总颖花量的效应总体相当。因此，稻稻油三熟制下早稻高产品种在穗粒结构上应是穗粒协调的，有效穗充足、每穗粒数较多、总颖花量大，同时有正常的结实率和较大的千粒重，生育期为105~110 d[1]（表5-16）。

2. 晚稻品种产量及产量构成

与早稻类似，晚稻各产量类型品种的有效穗数也无显著差异，但每穗粒数及总颖花量在高产类型与低产类型之间存在显著差异，可见穗粒互作对晚稻产量也同样具有较大影响。各产量类型晚稻品种结实率及千粒重无显著差异，也无明显变化规律。品种生育期无显著差异，但日产量在各类型之间差异较大，其中高产类型显著高于低产类型。相关及通

径分析表明，晚稻产量与每穗粒数、总颖花量呈显著正相关，而有效穗数、结实率和千粒重与产量呈负相关。每穗粒数对总颖花量的效应以及总颖花量对产量的效应较大。可见，油稻稻三熟制下晚稻高产品种在穗粒结构上也应是穗粒协调型的，穗数适宜、穗型较大、总颖花量足，生育期约 115 d[1]（表 5-17 至表 5-18）。

**表 5-15　早稻品种及产量构成**

| 年份 | 品种编号 | 每公顷有效穗（×10⁴） | 每穗粒数 | 每公顷总颖花量（×10⁴） | 结实率（%） | 千粒重（g） | 实产（kg/hm²） | 生育期 | 日产量[kg/（hm²·d）] |
|---|---|---|---|---|---|---|---|---|---|
| 2015 | E1 | 312.77 | 136.09 | 42 559.22 | 80.08 | 26.58 | 8 376.01 | 107 | 78.28 |
| | E2 | 304.55 | 135.95 | 41 396.14 | 80.14 | 27.86 | 8 181.55 | 105 | 77.92 |
| | E3 | 338.79 | 126.82 | 42 964.31 | 80.54 | 25.72 | 8 176.67 | 108 | 75.71 |
| | E4 | 328.19 | 120.59 | 39 565.05 | 83.96 | 27.24 | 7 874.73 | 105 | 75.00 |
| | E5 | 299.45 | 132.30 | 39 615.73 | 80.82 | 26.96 | 7 855.74 | 109 | 72.07 |
| | E6 | 293.31 | 133.81 | 39 231.57 | 79.72 | 27.53 | 7 789.99 | 108 | 72.13 |
| | E7 | 310.90 | 121.69 | 37 817.63 | 81.79 | 27.60 | 7 642.00 | 110 | 69.47 |
| | E8 | 285.24 | 130.65 | 37 265.12 | 79.60 | 27.82 | 7 612.60 | 106 | 71.82 |
| | E9 | 324.37 | 119.10 | 38 620.53 | 81.74 | 25.99 | 7 661.15 | 106 | 72.28 |
| 2016 | E1 | 309.37 | 138.60 | 42 885.49 | 82.68 | 27.35 | 8 276.25 | 107 | 77.35 |
| | E2 | 299.66 | 138.17 | 41 417.01 | 80.79 | 27.99 | 8 280.39 | 105 | 78.86 |
| | E3 | 352.63 | 121.85 | 43 001.87 | 82.57 | 26.27 | 8 136.91 | 108 | 75.34 |
| | E4 | 319.42 | 123.89 | 39 598.23 | 83.91 | 27.13 | 8 039.65 | 105 | 76.57 |
| | E5 | 298.27 | 132.82 | 39 617.28 | 80.80 | 26.86 | 8 015.98 | 109 | 73.54 |
| | E6 | 286.21 | 137.12 | 39 274.12 | 79.49 | 27.35 | 7 970.24 | 108 | 73.80 |
| | E7 | 320.12 | 118.18 | 37 862.66 | 82.57 | 27.76 | 7 722.25 | 110 | 70.20 |
| | E8 | 283.42 | 131.49 | 37 266.83 | 80.15 | 27.91 | 7 712.84 | 106 | 72.76 |
| | E9 | 318.81 | 121.18 | 38 650.95 | 83.75 | 26.54 | 7 628.06 | 106 | 71.96 |
| 平均 | 高产 | 319.63 a | 132.92 a | 42 370.67 a | 81.15 a | 26.96 a | 8 237.96 a | 106.7 a | 77.24 a |
| | 中产 | 306.17 a | 129.69 ab | 39 483.66 b | 81.43 a | 27.18 a | 7 924.39 b | 107.3 a | 73.85 ab |
| | 低产 | 307.14 a | 122.71 b | 37 913.95 c | 81.61 a | 27.27 a | 7 663.15 c | 107.3 a | 71.42 b |

注：不同小写字母表示 0.05 水平差异显著，下同。

**表 5-16　早稻品种产量与产量构成因素的相关及通径系数**

| 产量因素 | 产量结构相关系数 | | | | | 对 Y 效应 | 对 $X^3$ 效应 |
|---|---|---|---|---|---|---|---|
| | $X_2$ | $X_3$ | $X_4$ | $X_5$ | Yield | | |
| 有效穗 $X_1$ | -0.626 | 0.501 | 0.713* | -0.737* | 0.252 | — | 1.196 |
| 每穗粒数 $X_2$ | — | 0.362 | -0.762* | 0.389 | 0.572 | — | 1.110 |
| 总颖花量 $X_3$ | — | — | 0.013 | -0.446 | 0.936** | 1.101 | — |
| 结实率 $X_4$ | — | — | — | -0.406 | -0.095 | 0.042 | — |
| 千粒重 $X_5$ | — | — | — | — | -0.137 | 0.370 | — |

注：*，** 表示显著或极显著相关，下同。

**表 5-17　晚稻品种产量及产量构成**

| 年份 | 品种编号 | 每公顷有效穗（$\times10^4$） | 每穗粒数 | 每公顷总颖花量（$\times10^4$） | 结实率（%） | 千粒重（g） | 实产（$kg/hm^2$） | 生育期 | 日产量［$kg/(hm^2\cdot d)$］ |
|---|---|---|---|---|---|---|---|---|---|
| 2015 | L1 | 318.57 | 156.7 | 49 914.77 | 84 | 23.61 | 9 284.64 | 113 | 82.16 |
| | L2 | 320.6 | 149.59 | 47 969.15 | 86.1 | 24.07 | 9 028.67 | 113 | 79.9 |
| | L3 | 310.72 | 137.93 | 42 852.83 | 85.05 | 28.42 | 9 079.52 | 117 | 77.6 |
| | L4 | 301.79 | 137.04 | 41 365.17 | 86.88 | 28.84 | 8 896.89 | 114 | 78.04 |
| | L5 | 318.71 | 141.78 | 45 180.43 | 85.17 | 26.24 | 8 849.94 | 117 | 75.64 |
| | L6 | 293.53 | 150.67 | 44 216.03 | 85.58 | 25.48 | 8 766.74 | 116 | 75.58 |
| | L7 | 281.91 | 148.81 | 41 976.69 | 86.61 | 25.34 | 8 568.12 | 117 | 73.23 |
| | L8 | 294.43 | 141.03 | 41 541.2 | 85.42 | 25.76 | 8 577.67 | 117 | 73.31 |
| | L9 | 350.56 | 118.63 | 41 605.20 | 85.97 | 27.17 | 8 474.77 | 110 | 77.04 |
| | L10 | 353.93 | 116.98 | 41 409.19 | 87.68 | 24.88 | 8 250.02 | 109 | 75.69 |
| 2016 | L1 | 309.87 | 161.17 | 49 964.74 | 86.74 | 24.12 | 9 073.82 | 113 | 80.3 |
| | L2 | 320.03 | 153.19 | 49 014.06 | 86.79 | 23.97 | 9 055.37 | 113 | 80.14 |
| | L3 | 304.65 | 142.45 | 43 418.78 | 87.2 | 28.32 | 8 944.49 | 117 | 76.45 |
| | L4 | 295.4 | 140.89 | 41 622.53 | 86.82 | 28.66 | 8 749.78 | 114 | 76.75 |
| | L5 | 306.92 | 141.66 | 43 483.81 | 85.15 | 26.4 | 8 543.76 | 117 | 73.02 |
| | L6 | 283.34 | 155.34 | 44 048.27 | 85.33 | 25.56 | 8 502.6 | 116 | 73.3 |
| | L7 | 274.97 | 149.49 | 41 080.53 | 87.44 | 25.87 | 8 396.79 | 117 | 71.77 |
| | L8 | 285.88 | 144.24 | 41 232.38 | 86.02 | 25.97 | 8 367.94 | 117 | 71.52 |
| | L9 | 341.94 | 121.54 | 41 550.34 | 88.09 | 27.95 | 8 305.75 | 110 | 75.51 |
| | L10 | 355.26 | 121.82 | 43 265.48 | 88.68 | 25 | 8 320.4 | 109 | 76.33 |

（续表）

| 年份 | 品种编号 | 每公顷有效穗（×10⁴） | 每穗粒数 | 每公顷总颖花量（×10⁴） | 结实率（%） | 千粒重（g） | 实产（$kg/hm^2$） | 生育期 | 日产量[$kg/(hm^2 \cdot d)$] |
|---|---|---|---|---|---|---|---|---|---|
| 平均 | 高产 | 314.07 a | 150.17 a | 47 189.05 a | 85.98 a | 25.42 a | 9 077.75 a | 114.3 a | 79.43 a |
| | 中产 | 314.07 a | 150.17 a | 47 189.05 a | 85.98 a | 25.42 a | 9 077.75 a | 114.3 a | 79.43 a |
| | 低产 | 317.36 a | 132.82 b | 41 707.63 b | 86.99 a | 25.99 a | 8 407.68 c | 113.3 a | 74.30 b |

**表 5-18 早稻品种产量与产量构成因素的相关及通径系数**

| 产量因素 | 产量结构相关系数 | | | | | 对 Y 效应 | 对 $X^3$ 效应 |
|---|---|---|---|---|---|---|---|
| | $X_2$ | $X_3$ | $X_4$ | $X_5$ | Yield | | |
| 有效穗 $X_1$ | −0.714* | 0.104 | 0.501 | −0.084 | −0.202 | — | 1.114 |
| 每穗粒数 $X_2$ | — | 0.621 | −0.696* | −0.429 | 0.673* | — | 1.416 |
| 总颖花量 $X_3$ | — | — | −0.447 | −0.668* | 0.763* | 1.197 | — |
| 结实率 $X_4$ | — | — | — | 0.123 | −0.322 | −0.073 | — |
| 千粒重 $X_5$ | — | — | — | — | −0.112 | 0.496 | — |

注：*、** 表示显著和极显著相关，下同。

稻稻油三熟制下双季稻高产品种均表现为穗粒结构协调，即穗数适宜、每穗粒数较多、总库容大。同时也可能与油稻稻三熟制下双季稻品种的生育特性有关。与两熟制下的一季稻和双季稻相比，油稻稻三熟制下双季稻品种生育期较短，在生产实际上播期也偏迟，故其有效分蘖期较短，产生较多的有效穗数以攻取高产的难度往往较大[1]。在保证一定穗数的前提下，只要选择大穗品种即可增加库容。因此，在油稻稻三熟制下，选择穗型较大的品种更有利于通过稳穗数、增粒数、扩库容的途径实现高产[1]。

## （二）稻稻油三熟制下双季稻高产品种的群体发育特征

与普通水稻品种相比，高产品种一般具有生长旺盛、成穗率高、后期干物质生产能力强、源库协调等特征[21-22]。稻稻油三熟制下双季稻高产品种分蘖力中等、成穗率较高、全生育期特别是花后干物质生产量大、中后期LAI 及单茎叶面积较高、粒叶比协调。在确保适宜穗数的条件下，通过减少无效分蘖（即生长冗余），压低高峰苗数，提高群体的分蘖成穗率是提高水稻群体质量的一条重要途径[23]。一般而言，穗型较大的高产品种分蘖力适中，但分蘖成穗率较高，因此有利于高产优质群体的形成。就干物质生产而言，水稻的籽粒产量来源于抽穗前积累的干物质和抽穗后生产的干物质，且很多研究认为应该通过促进抽穗前干物质生产来实现增产[24]。稻稻油三熟制下抽穗后的干物质积累对水稻高产的形成具有重要作用，在保证前期适宜干物质积累的基础上，促进水稻后期生长也同样可以取得高产。另外，库大源足、源库协调是水稻高产的内在要求，也是品种演变的一个显著特征。水稻库（即穗粒数）的变异主要是由源（即叶面积）的差异造成的[25]，且每穗粒数与单茎叶面积呈显著正相关。有研究结果显示，高产类型的品种均表现为每穗粒数多、总颖花量大，能在保证较高 LAI（包括单茎叶面积）的基础上维持较高的粒叶比，最终实现源库协调并获得高产[1]。

### （三）稻稻油三熟制下双季稻高产品种的优化搭配

水稻产量的高低与生育期长短密切相关，穗型较大、产量潜力大的高产品种一般生育期较长。然而，也有研究表明，随着水稻品种的演进，产量与每穗粒数均显著提高，而生育期却呈逐渐缩短的趋势，说明选用穗型较大的中早熟品种同样可以获得高产。相比两熟制下的一季稻和双季稻，生育期短是油稻稻三熟制下双季稻品种的重要特征。但品种的生育期缩短无疑会使其产量潜力降低，必须通过增加品种的日产量来减轻因生育期缩短对产量造成的负面影响[26-27]。同时有研究也发现，油稻稻三熟制下双季稻不同产量水平品种的生育期并无显著差异。因此，油稻稻三熟制下早、晚稻应选择生育期适宜、日产量也较高的高产品种进行优化搭配。水稻品种的选择及布局还必须以最适于当地的温光气候条件的品种类型为优先原则，充分利用水稻生长季节的有效温光资源，从而挖掘优良品种的高产潜力[1]。

## 二、稻稻油三熟制下早熟高产油菜品种特征

长江中游地区水稻收获后，除现有冬季作物外，还有 1 000万 $hm^2$ 的冬闲田资源潜力可挖掘，但我国冬闲田利用程度并不充分，水田油菜产量低，其主要原因在于稻稻油季节矛盾十分突出，且缺少适合双季稻区种植的早熟高产油菜品种。目前，长江流域所种植的油菜品种多为中晚熟品种，产量潜力较高[28]，但生育期多在 220 d 以上，5 月上中旬才能成熟，且随着直播及抛秧技术的普及，早稻播种提前，4 月中下旬就基本完成，中晚熟油菜品种不能适应双季稻区种植。发展稻稻油三熟种植模式能够保证我国粮食安全并增加油菜的种植面积，早熟油菜可以解决与双季稻的茬口矛盾，且冬季前长势强，含油量高，方便机器收割[29-31]。培育优良的早熟油菜品种是发展稻

稻油三熟制种植模式的关键所在。

## （一）早熟冬油菜品种各器官干物质及养分积累特征

1. 早熟与常规熟期冬油菜品种收获期干物质及养分积累量比较

叶片是冬油菜开花前进行光合作用的关键器官，是冬油菜物质积累的必要基础。在苗期结束时，去除50%的叶片会使冬油菜的产量下降30%。尽管苗期是两种熟期品种叶部干物质积累关键期，但二者存在差异，主要表现为；早熟品种在苗期的净增量占比低于常规熟期品种，而开花期的净增量占比则相反。关于这种差异的原因，已有两方面的解释，一方面是因为早熟品种植株矮秆、分枝少，叶片相较常规熟期品种少；另一方面是早熟品种苗期短，抽薹开花时期早，叶部在薹花阶段仍存在相当比例的干物质积累[32-34]。

冬油菜叶片干物质积累量下降的同时，茎部干物质积累量迅速增加，也就是说，苗期以后叶片的光合产物用于叶部生长的干物质比例逐渐降低，用于建造茎部的比例增加，茎叶生长为籽粒的形成奠定了坚实的物质基础。虽然开花期是两种熟期品种茎部净增量最大的时期，但开花期占比常规熟期品种（50.4%~51.2%）较早熟品种（39.9%~43.2%）平均高约9个百分点，且茎部干物质净增量第二大的时期，常规熟期品种在蕾薹期、早熟品种在角果发育期。可见，常规熟期品种的茎部干物质积累先于早熟品种。根部干物质量大小是衡量油菜地下部分生长状况的重要指标，且根部干物质积累量与地上部的生长及籽粒产量密切相关。根部干物质净增量，常规熟期品种在苗期或开花期最大，且此后净增量呈负值，而早熟品种虽然也是开花期净增量最大，但此后仍存在少量增加，可以看出早熟品种根部干物质积累滞后于常规熟期品种。在表5-20的结果中显示，早熟品种在冬前生长略差的情况下，与常规熟期品种的籽粒产量无显著差异，可能和生育后期仍维持一定的根系生长有关[34]。

作物生育后期均存在干物质的转移分配，生育后期生殖器官干物质积累量占植株干物质总积累量的比例越大，越有利于经济产量的提高[35]。在生殖器官干物质的积累特征两种熟期品种差异不明显，但是角果发育期早熟品种的生殖器官干物质占比高于常规熟期品种。另外，早熟品种的开花期（50 d）明显长于常规熟期品种（35 d），而开花期是硫苷产生的关键时期，硫苷是油菜抗病虫害的重要物质[36]。因此，开花期的延长可能有利于提高油菜抗病虫害的能力，同时开花期延长带来的观光旅游效益可进一步刺激当地经济的长远发展。

**表 5-19　冬油菜种植时间及生育期划分概况**

| 品种 | 播种日期 | 收获日期 | 播种后天数（d） | | | | |
|---|---|---|---|---|---|---|---|
| | | | 苗期 | 蕾薹期 | 花期 | 角果期 | 收获期 |
| ‘湘油 420’<br>‘湘油 103’ | 10 月 10 日 | 4 月 24 日 | 80 | 81～115 | 116～165 | 166～190 | 191～195 |
| ‘湘油 1035’<br>‘湘杂油 710’ ×<br>‘1035’ | 10 月 10 日 | 5 月 9 日 | 110 | 111～140 | 141～175 | 176～205 | 206～210 |

**表 5-20　两种熟期冬油菜品种收获期干物质及养分积累量比较**

单位：$kg/hm^2$

| 品种 | 总干物质 | 籽粒产量 | 收获指数 | 氮 | 磷 | 钾 |
|---|---|---|---|---|---|---|
| ‘湘油 420’ | 11 333 ab | 2 274 a | 20.1 ab | 118.5 a | 39.0 a | 286.4 b |
| ‘湘油 103’ | 9 684 b | 2 059 ab | 21.3 a | 111.4 a | 32.1 b | 245.0 c |
| ‘湘油 1035’ | 12 914 a | 2 097 ab | 16.2 b | 101.6 b | 37.7 a | 299.2 ab |
| ‘湘杂油 710’ ×<br>‘1035’ | 11 350 ab | 1 894 b | 16.7 b | 116.0 a | 32.8 b | 314.8 a |

注：早熟冬油菜品种为‘湘油 420’‘湘油 103’，常规熟期冬油菜品种为‘湘油 1035’‘湘杂油 710’ ×‘1035’。

2. 两种熟期冬油菜的器官养分积累差异

叶片是油菜贮存养分的主要器官。油菜对不同养分的积累呈先增加后降低的趋势，这是因为一方面，油菜自身为落叶量较大的作物，叶片的脱落会带走一部分养分；另一方面，叶部养分的转移，为油菜的生殖生长提供充足的营养来源。胡宇倩等[34]的研究表明，苗期是油菜叶部氮磷钾素积累量最大的时期。开花之前氮磷钾素主要分配在油菜叶片之中，开花之后地上部各器官的氮、磷素会逐渐向籽粒转移，主要在角果及籽粒中进行积累，钾素则主要积累在茎部，而器官的养分积累量相应降低。此外，虽然叶部养分积累最大的时期两种熟期品种均在苗期，但是苗期的净增量占比常规熟期品种高于早熟品种，而薹花期的净增量占比则相反，即早熟品种叶部对养分的积累滞后于常规熟期品种。已有常规熟期油菜器官养分积累研究表明，茎部养分在生育前期持续积累，开花期达到积累最高峰，苗、薹期为养分净增量最大时期；根部养分积累的关键期为苗期，蕾薹期达到最大积累量；生殖器官氮素净增量在开花期和角果发育期相近，但开花期略高，磷素、钾素净增量在角果发育期最大[37-38]。胡宇倩等[34]的研究表示，茎部养分积累趋势两种熟期品种间差异较小，均表现为苗、薹、花 3 个时期的净积累占比相近，开花期养分积累比例略高于苗、薹期，在开花后期至角果发育初期达到最高峰；根部氮素净增量最大时期两种熟期品种为苗期，而根部磷、钾素净增量最大时期早熟品种（蕾薹期或开花期）滞后于常规熟期品种（苗期）；生殖器官养分积累也表现为早熟品种迟于常规熟期品种，主要体现在早熟品种的养分积累角果发育期，而常规熟期品种则在开花期，且最大净增量所占比例明显高于早熟品种，早熟品种的最大磷、钾素净增量在角果发育期具有明显优势，而常规熟期品种则在开花期优势明显。

### （二）早熟油菜的界定及选择依据

根据国家油菜审定标准，早熟油菜品种应该比主栽品种生育期提早 3 d 或者以上。但是，在江西、湖南、广西和福建，光温条件充足，油菜后茬作物以双季稻为主，直播早稻要求 4 月 10 日左右播种，抛秧早稻要求 4 月 15 日左右抛秧，插秧早稻要求 4 月 25 日左右插秧。因此，在这些三熟制区域对油菜熟期的要求更为严苛，油菜早熟品种的定义也有所不同。为保证后茬双季稻正常生长，在这些区域种植的油菜品种应该具有特早熟特性，保证 4 月 10 日左右成熟[39]。

### （三）早熟油菜的独特生长发育特性

油菜早熟品种具有独特的生长发育特性，包括：苗期半直立或者直立，叶色偏淡，苗期缩短，苗冬前长势强，耐迟播；花芽分化早，开花早，花期持续时间长，易遇低温阴雨产生分段结实；生育期短，熟期早，可避开高温逼熟；矮秆、抗倒和少分枝，适于机械收获[32,33,40]。官春云等[32]通过对不同品种各生育期与成熟期的相关分析证明了以终花期早晚来进行熟期早期鉴定的科学性。

### （四）早熟油菜的遗传特性

对于油菜熟期性状的遗传研究，不同研究所得结论略有差异。有研究认为油菜成熟期受非加性基因控制[41]。也有报道认为，油菜成熟期受加性和非加性基因共同影响，加性基因效应比非加性基因效应更为重要[42]。邹晓芬等[43]认为油菜成熟期性状虽由加性和非加性基因共同控制，但以基因的非加性效应为主。开花期作为油菜熟期选择的重要依据，其遗传模式在不同研究中得到的结论也不尽相同。Zhou 等[44]认为油菜开花期和成熟期都可以稳定地遗传，但油菜熟期很大程度受到生长环境的影响。综合前期研究结果可知，油菜成熟期是包含了对应的环境条件在内的。但是，在同一地区种植的不同熟期特性的油菜品种，在各年份均表现显著的成熟期上的差别。因此，选育的早熟油菜品种在相同生态环境下其早熟性是稳定的。

### （五）特早花甘蓝型油菜的开花特征及特早花候选基因鉴定

1. 特早花油菜品种‘迎春一号’的开花特征

为了准确鉴定‘迎春一号’的开花特征，设计了15个播种期，分别覆盖全年的1月、2月、3月、7月、8月、9月、10月、11月和12月，共9个月，统计其开花特性。数据表明，在7月、8月和9月的高温条件下，‘迎春一号’表现出无须低温春化即可开花的特征，而同期播种的春性甘蓝型油菜、普通早花半冬性甘蓝型油菜及冬性甘蓝型油菜均无法正常开花，说明‘迎春一号’开花没有低温需求。

比较‘迎春一号’在15个不同播种时期开花特征，发现该品种在本试验涉及的1—3月，7—12月，这些完全不同的阶段播种，均可以实现开花。其中，在气温高的7月初至9月底，以及气温逐渐回升的2月中旬至3月底播种，‘迎春一号’的营养生长期短，可以在较短时间内开花，随着温度的降低，营养生长时间逐渐增加[45]。

2. 新型特早花突变体——‘迎春一号’

开花是植物由营养生长向生殖生长转变的重要标志，是作物重要的农艺性状。油菜不同的开花时间决定了不同的生育期时间。为适应不同种植区显著差异的气候环境，油菜分化出了3种不同的生态类型，分别为冬性、半冬性和春性。冬性油菜需要长时间的低温，一般需要经历1个月以上的低温春化才能顺利开花，半冬性油菜对春化过程的需求弱于冬性油菜，一般15~20 d的低温春化即可顺利开花，而春性油菜则对春化过程的需求更弱[46]。通常来讲，油菜抗寒性与品种感温性有密切关系，因此，一般春性油菜的抗寒性最弱，冬性油菜的抗寒性最强。余华胜等[45]研究发现的特早花‘迎春一号’品种，其耐寒性强于普通春性油菜，在半冬性气候环境的长江下游区域依然可以顺利越冬，且农艺性状并未受到明显抑制。同时，该材料对低温春化的需求更弱于春性油菜，在7月高温环境下仍然可以顺利开花，而同期播种的春性油菜无法顺利开花。由此可知，‘迎春一号’油菜是新型的特早花突变材料，该材料可在全年不同季节播种，并顺利完成开花，进入生殖生长。甘蓝型油菜驯化历史短，导致遗传基础狭隘，优良资源较为缺乏。优良种质资源是品种选育的前提和基础，因此早熟油菜品种的选育首先要广泛创制和收集优异的早熟油菜种质资源。该新型的油菜特早花资源材料因其较优异的耐寒性和特早花特性，无论在双季稻种植区域还是单季稻种植区域，都可以产生更充裕的茬口时间，便于应对突发天气状况，保证后茬作物正常种植，具有广阔的应用前景，并且对于拓宽甘蓝型油菜的变异类型具有重要价值。

3. ‘迎春一号’特早花候选基因预测

甘蓝型油菜的基因组是模式植物拟南芥基因组六倍化过程的产物。拟南芥开花调控途径及其分子机理为‘迎春一号’特早花性状的遗传研究提供了参考。余华胜等[45]研究中的基因表达结果显示，特早花甘蓝型油菜‘迎春一号’中开花调控关键基因 *BnaFLC* 出现了多拷贝同步下调，暗示了 *BnaFLC* 上游调控基因可能产生了变异。根据‘迎春一号’特异的开花基因 *SNPs* 和 *InDels* 以及这些基因与 *BnaFLC* 的遗传调控关系，共预测得到 11 个潜在候选基因。在开花调控网络中，这些基因对 *BnaFLC* 基因的表达具有正向调控作用。

## （六）早熟冬油菜品种施肥及栽培管理措施建议

常规熟期品种的干物质及养分累积规律及其相应的施肥技术研究已取得了很好的进展，形成了较成熟的油菜施肥技术理论和应用技术体系[47]。油菜各器官干物质和养分积累高峰，早熟品种较常规熟期品种出现不同程度的延后。因此，引用目前常规熟期品种普遍应用的基肥+追肥的施肥措施时，早熟品种的追肥比例可适当增加，但增加比例及其不同养分的差异还有待用更多早熟品种进一步研究，而油菜冬前生长对产量形成仍然是非常重要的。因此，如何进一步促进播期已晚的三熟制油菜冬前生长，是今后研究的课题。缓控释肥作为新型肥料，在劳动力日益短缺的当代农业中迅速发展起来，其一次施用即可满足作物生长需求，且在作物生育后期持续性供肥的特征契合早熟品种需肥高峰期迟的特性。在缓控释肥基础上发展的油菜专用肥与长效缓释型油菜配方肥对早熟品种的适用优势更加明显，而以上肥料应用于早熟油菜生产时，也应考虑适当增加缓控释肥的后期养分释放比例。

南方三熟区油菜生长季低温阴雨天气相对多，降水量大，易造成肥料养分流失和油菜根系活力下降，渍害导致的减产比较严重；苗期渍水胁迫导致冬前弱苗，养分吸收量低，花期渍水胁迫明显减少油菜产量和影响产量结构，最终减产[48]，而早熟品种的播期较晚，冬前苗情相对弱，会加重渍害引起的危害。因此，在早熟油菜栽培过程中，需更加重视及时清沟排渍。机械起垄栽培是解决以上问题的重要耕作方法之一，通过起垄可以开沟排湿，增加耕作层厚度，降低渍害的影响，还有利于通风透光，显著提高油菜抗逆性，从而促进油菜的高产稳产。此外，机械起垄栽培可将灭茬、旋耕、开沟、起垄、施肥、播种一体化实施，并结合飞防和机械化收割[35]，且早熟品种可实行机械栽培和机械化收割。

### （七）早熟油菜品种生产应用现状和前景

双季稻区是我国油菜面积潜力资源最大的区域，双季稻冬闲田油菜面积潜力达4 600万亩，占我国油菜面积总潜力近80%。但是，双季稻收后因缺乏迟播（10月中下旬播种）早收（4月中下旬收获）的油菜品种，油菜与早稻生产季节矛盾，不少农民放弃种植油菜，导致出现大量冬闲田。选育和推广特早熟油菜品种，可以充分利用这4 600多万亩的冬闲田。截至目前，通过两年早熟油菜品种区域试验的品系有：来自青海的‘青杂10号’和‘青杂12号’；来自湖北的‘华12崇42’‘阳光131’‘中油杂24’‘圣光127’‘中油735’‘大地69’‘华油杂701’；来自湖南的‘C868’‘湘油420’‘沣油320’‘沣油586’；来自四川的‘S0013’。这些品种可作为适合南方双季稻区冬闲田种植的特早熟甘蓝型油菜品种。尽管以上品系通过了早熟组区域试验，但是至今仍未有品种在双季稻产区大面积推广应用。例如，江西有3 000万亩左右的双季稻种植区域，其中仅有200万亩左右的冬闲田种植了油菜（其中10%左右为白菜型油菜，其余油菜品种以‘沣油730’为主，大部分田块仍然为冬闲田，未能加以利用。究其原因，随着目前直播早稻的推广，要求油菜品种的成熟期更提前（4月10日之前成熟），但是目前的早熟油菜品种中，仍然缺乏兼顾产量性状又同时满足生育期要求的优良品种。在单季稻区域，也出现了中稻生育期延长、晚稻面积增加等现象，尤其是在推广水稻直播栽培的形式下，早熟油菜品种的需求也日渐扩大。在单季稻区域，早熟油菜品种可以产生更充裕的茬口时间，便于应对突发天气状况，保证后茬作物正常种植。生产应用表明，早熟油菜品种也更受种植户喜爱，推广面积正逐渐扩大。例如，油菜品种‘沣油737’不仅在产量、品质上具有明显的优势，还融合了早熟特性，该品种生育期偏早2~3 d，更适合目前对油菜品种的需求，所以该品种得到了大面积的推广应用。综合来看，无论在双季稻种植区域还是单季稻种植区域，早熟油菜品种都有着广阔的应用前景[39]。

## （八）我国三熟制早熟油菜品种产量构成特点及育种对策

1. 早熟油菜与中熟油菜产量构成差异分析

在早熟和中熟油菜中，种植密度和菌核病发病率对产量的影响都较大，说明在三熟制地区种植耐密植和抗菌核病的油菜能获得高产。另外，单株有效角果数对中熟油菜产量也有较大贡献，同时还可通过密度对产量有正效应，且单株有效角果数和密度相关系数为正，说明中熟油菜中这两产量性状还有提高的空间。生育期对中熟油菜为负作用，可适当选择生育期较短的油菜品种。中熟油菜中株高和有效分枝数可分别通过密度和单株有效角果数影响产量，可以选择较矮且有效分枝数多的品种，但株高和有效分枝数之间为正相关，因此要协调两者之间的关系，在保证有效分枝数的基础上选择较矮品种。在早熟油菜中，有效分枝数对产量的直接通径系数和相关系数很大，株高、单株有效角果数和每角粒数通过有效分枝数对产量产生正效应[49]。

2. 早熟油菜育种对策

（1）三熟制地区油菜育种应注重提高有效分枝数及抗逆能力

油菜生长易受环境条件干扰，气温、昼夜温差、品种、肥力、水分、病虫害防控等对油菜产量的形成有显著影响。昼夜温差越大，越有利于油菜增产。毛鑫结构方程模型分析得出在保证单株有效角果数和单株产量的情况下增加密度，同时提高植株的抗逆性，能有效提高单产，因此在选育高产油菜过程中，要增强品种的耐密植性，增加有效分枝数和角果数及抗逆能力[50-51]。钟丽[52]认为在广西生态区产量构成的关键性状是千粒重和有效分枝数，也有研究发现产量构成的最关键因素为每角粒数，其次为角果数和千粒重[53]，赵培森等[49]研究发现，角果数和分枝数可直接或间接对产量产生影响，而千粒重与产量无显著关系。早熟油菜中千粒重对产量有一定正效应，但通过有效分枝数对产量有负效应，从而掩盖了其正效应，相关系数不显著；中熟油菜增加分枝数可间接提高单株有效角果数，从而增加产量。单株有效角果数和其他性状无显著负相关，说明有效分枝数和单株有效角果数还有提升空间。通过增加有效分枝数可以有效地增加中熟油菜的产量。

（2）三熟制地区油菜育种应关注油菜耐密植性

早熟和中熟油菜品种，各农艺性状有显著的差异。在一定的土壤肥力范围内，油菜产量随着植物密度的增加而增加[54]。赵培森等[49]研究中发现种植密度对中熟和早熟油菜产量都有较大影响。油菜密度的增加影响田间通风，空气湿度升高从而增加菌核病发病率，影响油菜产量，所以宜选育适合高密度种植且菌核病抗性高的油菜品种。三熟区应适当早播，利用前期较高的温度，使油菜出苗快、叶片多，利于物质积累，同时可以减少后期气温升高对籽粒形成的影响[55-56]。花期多雨是引起菌核病的原因，应注意田间排水通风，适量施加硅肥以减少菌核病的发生[57]。三熟制地区早熟和中熟油菜都应加强耐密植和抗病油菜选育。中熟油菜应尽力提高单株有效角果数，缩短生育期，同时选育较矮品种和增加有效分枝数。早熟油菜优先增加有效分枝数，并适当增加株高、单株有效角果数和每角粒数。

## 三、稻稻油三熟制对稻油产量的影响

### （一）稻稻油改良土壤结构显著促进水稻产量

由表5-21可以看出，不同轮作条件下水稻对氮、磷、钾元素的总积累量均无显著差异。相对DDF轮作，DDY轮作提高氮肥利用率2%左右，且DDY轮作能显著提高水稻产量，早稻、晚稻分别提高产量7%、5%，年均增产6.3%。因此，长期DDY轮作制度能提高氮肥利用率及水稻产量[58]。

**表5-21 不同轮作水稻养分元素总积累量及产量**

| 轮作方式 | 早稻 | | | | | 晚稻 | | | | | 总产量（kg/hm²） |
|---|---|---|---|---|---|---|---|---|---|---|---|
| | 元素总积累量 | | | 氮肥利用率（%） | 总产量（kg/hm²） | 元素总积累量 | | | 氮肥利用率（%） | 产量（kg/hm²） | |
| | N | P | K | | | N | P | K | | | |
| DDY | 83.2 a | 17.2 a | 58.2 a | 46.2 a | 7 577 a | 95.0 a | 24.0 a | 71.3 a | 52.7 a | 7 677 a | 15 254 a |
| DDF | 79.8 a | 16.7 a | 52.4 a | 44.3 a | 7 056 b | 90.4 a | 23.6 a | 69.7 a | 50.2 a | 7 290 b | 14 346 b |

注：小写字母为相同指标不同轮作条件下显著性分析。

### （二）油稻稻三熟制冬油菜机械喷播免耕栽培模式对油菜产量的影响

1. 三熟制冬油菜机械喷播免耕种植模式的优点

免耕、机械喷播、无人机喷播、机械开沟、肥料一次施用，油菜生产轻简化，省时省力，降低成本，提高农民种植积极性；播种后稻草覆盖，同时开沟将碎土均匀抛洒，土壤保墒效果更好；稻草覆盖还田，有效解决秸秆问题，同时对土壤培肥有一定效果；适用范围广，覆盖面积大，拥有极大推广潜力[59]。

2. 三熟制冬油菜机械喷播免耕种植模式的增产效果

2018—2019年，湖南省郴州市安仁县渡口乡建立“油稻稻三熟区冬油菜机械喷播免耕栽培模式"示范样板，核心示范面积400亩，以点带面辐射推动该县油稻稻三熟区冬油菜机械喷播免耕栽培生产技术发展。种植模式示范结果表明，核心示范片平均单产114 kg/亩，比非示范区增产12.0%~17.8%。2019年4月23日成熟期田间调查显示，采用示范模式每亩平均有效株数2.9万株，单株角果数70个，角粒数14.3粒，千粒重4.07 g。与农民习惯栽培模式相比有效株数、角粒数和千粒重基本持平，单株角果数增加30%[59]。

3. 三熟制冬油菜机械喷播免耕种植模式的经济效益

该技术模式下，化肥减施21.0%，农药减施39.5%，亩均用工可降至0.5个工，劳动力成本大幅下降。亩均物化投入369元，按照油菜籽平均6元/kg收购价计算，亩均产值525元，亩用工作价75元，亩均效益525元，实现"油稻稻三熟制冬油菜机械喷播免耕栽培模式"生产增效增收目标[59]。

4. 生态效益

本项技术通过种子处理、无人机飞防等技术，可有效预防菌核病、减少杂草18.8%~62.9%，减少39.5%的农药使用量；通过专用缓控释肥与复合肥一次性基施，可减施化肥21.0%，化肥偏生产力平均提高46.1%；通过秸秆覆盖还田，减少露地焚烧导致的二氧化碳和有机粉尘的排放，符合绿色发展要求，生态效益显著[59]。

5. 种植模式应用前景

稻稻油三熟制冬油菜机械喷播免耕栽培模式与传统种植模式相比，体现出成本目标、产量目标和效益目标统一的优势，即技术集成、绿色生产，保证劳动强度下降、生产成本降低、种植效益提高。发展该模式有助于促进农业绿色发展、增加农民收入，比较优势明显，可在适宜种植地区大力推广[59]。

## 四、不同轮作模式下直播早熟油菜的产量形成特点

### （一）不同种植模式中油菜的产量形成的差异

2013—2014年现代油稻稻三熟处理和油稻二熟处理的油菜产量较高，且两者间差异不显著，而农民传统稻稻油三熟处理的油菜产量较低。现代油稻稻三熟和油稻二熟处理的单位面积角果数比农民传统油稻稻三熟高，每角粒数和千粒重在处理间没有差异，因此产量主要由单位面积角果数决定。长沙和宜春两地结果趋势表现一致。2014—2015年宜春现代油稻稻三熟处理

的油菜实际产量最高，但与另 2 个处理没有显著差异（表 5-22）。从产量构成因子来看，现代稻稻油三熟和油稻二熟处理的单位面积角果数比农民传统油稻稻三熟高，每角粒数在处理间没有差异，千粒重是现代油稻稻三熟处理稍大。因此若考察理论产量，应该还是现代油稻稻三熟处理和油稻二熟处理的油菜产量较高，理论产量主要还是由单位面积角果数决定[60]（表 5-23、表 5-24）。

**表 5-22　综合油稻轮作模式处理中油菜设置差异**

| 种植模式 | 品种 | 直播移栽 | 密度 ($10^4/hm^2$) | 氮肥 ($kg/hm^2$) |
|---|---|---|---|---|
| 油稻二熟 | ‘中油杂 15 号’ | 直播 | 37.5 | 278 |
| 农民传统油稻稻三熟 | ‘中油杂 12 号’ | 移栽 | 9.0 | 155 |
| 现代油稻稻三熟 | ‘大地 95’（早熟） | 直播 | 45.0 | 278 |

**表 5-23　2013—2014 年油菜产量和产量构成因子**

| 地点 | 处理 | 单株角果数 | 单位面积角果数 | 每角果粒数 | 千粒重 (g) | 产量 ($kg/hm^2$) |
|---|---|---|---|---|---|---|
| 长沙 | 油稻二熟 | 258.1 a | 8 129 a | 22.83 a | 4.037 a | 3 259 a |
| | 农民传统稻稻油三熟 | 263.8 a | 3 166 b | 23.38 a | 3.835 a | 1 957 b |
| | 现代稻稻油三熟 | 144.1 b | 7 025 a | 20.27 a | 3.894 a | 3 470 a |
| 宜春 | 油稻二熟 | 364.8 a | 13 678 a | 21.08 a | 4.478 a | 3 915 a |
| | 农民传统稻稻油三熟 | 415.4 a | 3 739 c | 22.15 a | 4.475 a | 1 983 b |
| | 现代稻稻油三熟 | 238.8 b | 10 746 b | 20.50 b | 5.048 a | 3 288 a |

**表 5-24　2014—2015 年油菜产量和产量构成因子**

| 地点 | 处理 | 单株角果数 | 单位面积角果数 | 每角果粒数 | 千粒重 (g) | 产量 ($kg/hm^2$) |
|---|---|---|---|---|---|---|
| 宜春 | 油稻二熟 | 243.8 b | 9 142 a | 21.87 a | 4.608 b | 2 232 a |
| | 农民传统稻稻油三熟 | 348.0 a | 3 132 b | 20.70 a | 4.674 b | 2 297 a |
| | 现代稻稻油三熟 | 216.5 b | 9 743 a | 22.54 a | 5.223 a | 2 519 a |

另在陈畅等[60]的研究结果中还发现，油稻二熟处理油菜苗期叶面积指数最大，现代油稻稻三熟制与农民传统油稻稻三熟制相比，湖南长沙表现为现代油稻稻三熟油菜冬前叶面积指数较大，而之后的油菜种植模式下油菜叶面积指数都相差不大，而江西宜春表现为全生育期现代油稻稻三熟油菜叶面积指数均较大。油稻二熟处理通过中晚熟油菜品种直播可以获得最佳的群体叶面积指数，现代油稻稻三熟用早熟油菜品种在迟播条件下通过直播密植也可以得到不错的群体叶面积指数，与农民传统油稻稻三熟处理中传统移栽油菜相比表现还较好。

## （二）不同种植模式中油稻周年产量形成的差异

陈畅通过试验比较了2013—2014年湖南长沙和江西宜春各处理的油菜产量、水稻产量（早晚稻所用数据为两季总产量）以及油稻的周年产量，发现湖南长沙和江西宜春表现趋势基本一致。以江西宜春为例，油菜产量：现代稻稻油三熟=油稻二熟>农民传统油稻稻三熟；水稻产量：现代油稻稻三熟=农民传统稻稻油三熟>油稻二熟；油稻周年产量：现代油稻稻三熟>农民传统油稻稻三熟>油稻二熟。最终现代稻稻油三熟处理得到最优的周年产量，这得益于其在油菜季通过早熟油菜直播密植得到不差的油菜产量，同时为水稻季争取了更多时间来安排早晚稻荐口，在水稻季通过早晚两季水稻实现比一季中稻更高的产量，从而最终获得最高的油稻周年产量[60]。

另外发现，农民传统油稻稻三熟处理的周年生育期最长，其次是现代油稻稻三熟处理，最后的油稻二熟处理。农民传统稻稻油三熟处理在油菜季使用中晚熟品种直播，生育期最长，在水稻季种植早晚稻两季水稻，生育期比一季中稻长。现代稻稻油三熟处理在油菜季使用早熟品种迟播直播，生育期最短，水稻季与农民传统稻稻油三熟处理相同。油稻二熟处理在油菜是中晚熟品种移栽，生育期较长，而水稻季一季中稻相比早晚稻，生育期短得多。三熟制明显比二熟制生育期长[60]。

日产量，湖南长沙和江西宜春表现趋势基本一致。油菜日产量：现代稻稻油三熟=油稻二熟>农民传统稻稻油三熟；水稻日产量：现代稻稻油三熟=农民传统稻稻油三熟>油稻二熟；油稻周年产量：现代稻稻油三熟>农民传统稻稻油三熟>油稻二熟。整体表现与产量基本相同，只是水稻日产量早晚稻与中稻相差不多。现代稻稻油三熟处理中，油菜由于产量较高而生育期较短，日产量优势更大，从而进一步拉高了周年日产量[60]。

# 第三节　新型轮作模式高产高效栽培

## 一、冬季种植油菜绿肥对水稻产量的影响

我国南方稻区水、热资源丰富，多数地区适宜水稻复种冬季作物。据农业农村部统计，目前我国南方可利用的冬闲田约 $9.3\times10^6\ hm^2$，其中 $6.7\times10^6\ hm^2$ 较容易开发利用。绿肥是南方稻田重要的有机肥源。中国传统农业生产就是通过施用有机肥来培肥地力和提高农作物产量。有研究均表明，施用绿肥能提高土壤养分特别是有机质、速效钾、速效磷和碱解氮，进而提高作物的产量和品质，同时对防止水土流失、改善生态环境和节能降耗方面也有良好作用。

### （一）绿肥混作的优势

作为肥料，绿肥的主要作用是改良土壤，以及为后季作物提供一定的养分，混作对农田基本不增加投入，可有效地多种类发展绿肥，即可解决单一种类种子供应不足的问题，也可防范种子供应的政策风险，还可利用复合群体抵抗不良环境及各种自然灾害，减少养分损失、活化土壤中养分、提高绿肥面积和产量、改善绿肥品质和效果等。总而言之，绿肥混作在生产中可提高土地利用效率、农田系统生产力及经济效益，实现农田持续高产稳产。

绿肥混作更有利于平衡绿肥的营养比例，众多研究表明，紫云英和蚕豆等豆科绿肥，具有固定空气中氮的作用，是含氮素较多的有机肥料。而油菜、满园花等十字花科绿肥，由于根系能够分泌较多的根酸，对于土壤中难溶性磷的吸收能力强，是含磷素较多的有机肥料。据调查，红花草籽、油菜、满园花混作比红花草籽单播可使 $P_2O_5$ 增加 32%，$K_2O$ 增加 49%。可见，绿肥混作不仅提高了绿肥的单产，还平衡了绿肥的氮、磷、钾等营养元素的比例，有利于后季作物的高产丰收。

### （二）长期冬种油菜绿肥对后作水稻产量的影响

1. 冬种绿肥后水稻产量的年际变化

杨滨娟等人分析了紫云英—稻—稻、油菜—稻—稻和黑麦草—稻—稻 3 种轮作模式下水稻平均产量的年际间增产效果，发现 2004—2011 年各处理

产量呈现先上升再下降的趋势，2004—2005 年上升 4.42%，从 2005 年开始逐年下降，下降范围为 0.62%~8.80%，但不能因此说明长期冬种绿肥有导致水稻产量降低的趋势。随着种植年份的推移，冬种绿肥的增产效果会有所降低，是众多因素共同作用的结果，如气候条件、土壤状况、研究阶段、田间管理等；其次 3 种不同冬季绿肥的增产效果虽然在不同年份产量或增加或减少，但与冬闲对照相比较，稻田连续 8 年冬种绿肥期间，3 个冬种绿肥模式的水稻平均产量均高于冬闲对照，只是不同种类的增产效果有所不同。与冬闲对照相比，紫云英—稻—稻增产效果最好，为 10.48%，其次是油菜—稻—稻，为7.31%，黑麦草—稻—稻在这 3 种冬季绿肥中，与空闲对照相比增产效果最差，仅为 5.76%[61]。

2. 绿肥的种植，显著提高了水稻产量

杨滨娟等通过研究分析了 1982—2008 年冬种绿肥对水稻年产量的影响，发现在 1982—2008 年各种植模式下水稻年平均产量分别为稻—稻（肥）10.8 $t/hm^2$，稻—稻（油）10.2 $t/hm^2$，稻稻（麦）10.0 $t/hm^2$，稻—稻（冬闲）8.5 $t/hm^2$。种植绿肥的各处理水稻平均产量显著高于冬闲处理（$P<0.01$），由于气候、品种等原因，水稻产量年际变化大，1982—2008 年种植绿肥作物各处理水稻平均产量未达到显著差异水平。在试验前期各处理水稻产量波动大，处理之间差异不明显；随着试验年限增加，各处理之间水稻产量呈现明显的高低排列次序，分别为稻—稻（肥）高于稻—稻（油），高于稻—稻（麦），高于稻—稻（冬闲）。但从杨滨娟的统计分析结果中发现，试验前 11 年（1982—1993 年）水稻平均产量为种植绿肥作物显著高于冬闲（$P<0.05$），前三者之间无显著差异。试验开展 11 年后（1994—2008 年），各处理水稻产量存在显著差异，冬季种植紫云英绿肥水稻年产量显著高于种植油菜和黑麦草（$P<0.05$），绿肥作物油菜处理水稻年平均产量高于黑麦草处理，但未达到显著差异水平。

### （三）油菜绿肥还田对双季稻产量形成的影响

随着化学肥料的普及和大量施用，制约作物生长的主要因子由氮素缺乏转化为因化肥过量施用和土地掠夺式利用导致的土壤结构改变、有机质含量下降及病虫害滋生等。尽管油菜不能固氮，但与豆科绿肥相比，其具有自身的明显优势。油菜具有较强的适应性和抗逆性，播期宽松，生物量大、易腐解，种植成本低，根系分泌物能溶解土壤中固定态养分[5-7]，硫甙具一定的土壤杀虫消毒功效[8]，在改土培肥方面的优势逐渐显露。在长江流域许多地区种植油菜绿肥可有效衔接晚稻收割茬口，种植过程中还可同时兼顾菜用和饲用，提升经济效应。甘蓝型油菜的胡萝卜素、维生素 A 和钙含量丰富，高于多数冬季常用蔬菜品种，春节前后可作绿叶菜食用，开春后还可摘取 15~20 cm 菜薹作鲜食蔬菜。此外，油菜鲜草产量高，在作绿肥压青前可割取一部分用作鲜草饲料或者与合适干基混合后青贮[62]。

**表 5-25　油菜压青还田对后茬水稻产量的影响**

| 处理 | 理论产量 | 小区测产 |
| --- | --- | --- |
| CK | 8.7 b | 8.6 a |
| T1 | 8.6 b | 8.7 a |
| T2 | 8.7 b | 8.9 a |
| T3 | 9.1 a | 8.8 a |

注：CK，无绿肥还田；T1，油菜 7.5 t/hm$^2$ 还田量；T2，油菜 15.0 t/hm$^2$ 还田量；T3，油菜 22.5 t/hm$^2$ 还田量。

表中数据为平均值，同列数据后不同小写字母表示在 0.05 水平下差异显著。

由表 5-25 可见，相比于无绿肥还田处理（CK），处理 T3 和 T2 水稻产量增加，其中处理 T3 的理论产量增加达显著水平。小区测产结果显示，处理 T3 比处理 CK 增产 2.3%，处理 T2 增产 3.1%，差异均不显著[62]。

## 二、超级稻油菜模式高产高效栽培

### （一）稻油两熟制下免耕直播超级杂交稻的产量形成特点

超级杂交稻免耕直播栽培与传统栽培翻耕移栽的产量、单位面积颖花数、结实率和粒重均无显著差异。与翻耕移栽相比，免耕直播具有单位面积穗数多而每穗颖花数少、抽穗前地上部干物质生产少而抽穗后干物质积累多的特点。相关性分析显示，超级杂交稻单位面积穗数与单位面积最高分蘖数呈显著正相关关系，而与成穗率成显著负相关关系每穗颖花数与颖花生产效率呈显著正相关关系产量与成熟期生物量呈显著正相关关系，而与齐穗期生物量无显著相关关系。免耕直播超级杂交稻‘两优培九’和‘Y 两优 1 号’的产量在品种和年际间存在显著差异。2009 年‘Y 两优 1 号’的产量比‘两优培九’高 0.49 t/hm$^2$，2010 年两个品种的产量相当；两个品种在 2009 年的产量均显著高于 2010 年。‘Y 两优 1 号’2009 年产量高与其较好的籽粒灌浆（结实率和粒重）和较高的生物量有关[24]。

## （二）超级稻油菜轮作的优点

超级稻再生稻油菜栽培模式能充分利用长江流域地区光热资源和农田资源，解决在这些地区种植水稻一季有余、两季不足的矛盾，以及缓解人多地少和山区农村劳力少的矛盾。

提高水稻单产，增加粮油总产，解决贫困山区农民粮食短缺问题。超级稻可以较大幅度增加产量；超级稻蓄留再生稻，一种两收，省工、省钱，增加产量，而且再生稻米质比头季稻好。

引进超级稻新品种，优化水稻品种结构，集成“超级稻—再生稻—油菜”模式高产稳产综合技术，形成有效的“超级稻—再生稻—油菜”栽培技术体系，为大面积提高水稻单产做好技术准备。

用冬闲田种植油菜，一可以增加收入，解决食用油；二可以改良土壤，增加肥力；三是稻菜轮作，可以相互促进作物生长[24]。

## （三）超级稻再生稻油菜模式中油菜高产栽培技术

按超级稻再生稻油菜栽培模式生产，油菜应在 9 月底至 10 月上旬播种，育苗移栽。每亩大田需油菜种子 100～200 g。播种前精选去杂，晴天晒种 3～4 h。播种前，可用 10%～15%的食盐水浸泡种子 2～3 min，取下层饱满种子用清水洗净，晒干表水后播种。苗床选择土壤肥沃、上茬未种过十字花科作物的壤土或砂壤土地作苗床，苗床与大田按 1∶5 的比例备足苗床。播种前 7 d 左右，将苗床耕整 2～3 次，按厢面宽度 1.2～1.5 m 起厢。厢沟宽 25～40 cm、深 15～20 cm，围沟、腰沟稍宽、深。播种前 1～2 d，结合耕整，厢面每平方米均匀施腐熟农家肥 2.5～3.0 kg、45%三元复合肥 50～75 g、过磷酸钙 45 g 左右、硼砂 0.75～1.0 g，并用 50%辛硫磷 2.5～3.0 g 以毒土法撒施。苗床表面撒上一层薄薄细土覆盖种子，可用扫弗特等除草剂喷雾苗床进行芽前封闭除草；可在厢面上覆盖一层无病稻草等覆盖物，出苗后移走。在 3 叶期间苗后，可用 0.3%的尿素溶液或沼气液或人粪尿兑水稀释后烧施“断奶肥”，并在移栽前 3～5 d，追施 0.3%的尿素溶液作“送嫁肥”。播种出苗后、移栽前据土壤墒情淋水，保持土壤湿润不干。油菜苗期病虫害主要防治猝倒病、极虫、跳甲虫、菜青虫、小菜蛾等。3 叶期视苗情，喷施 15%多效唑和 0.2%硼砂溶液，培育矮壮苗[63]。

在 1 叶 1 心时间苗，疏理窝堆、拥挤苗；3 叶 1 心时，拔除杂草，清理畸形苗、弱小苗、拥挤苗，按苗距 5～8 cm 定植正常苗。每亩大田栽植株

7 000~8 000 株，可按宽行窄株种植，行株距 40 cm×（20~24）cm。每亩施纯氮 10~15 kg、磷 4~5 kg、钾 10~15 kg、硼肥 1.0~1.5 kg。氮肥中，基肥、追肥用量各占总氮肥量的 50%左右磷肥整地时施放全部用作基肥。钾肥可全作为基肥施用，亦可基肥、追肥各一半。肥料在油菜收获前 30 d 不再追施。根据害虫生物学特性，可利用黄板等诱杀顿虫、潜叶贼等，也可安装振频灯、荧光灯等诱杀小菜蛾等趋光性害虫。在末花期后约 30 d，当全田 2/3 的角果呈黄绿色、主轴中部角果呈枇杷色、种皮呈黑褐色、籽粒呈固有颜色时，为油菜适宜收割期[63]。

### （四）超级稻再生稻油菜栽培模式水稻生产技术配套

1. 水稻育秧移栽

适时播种，培育壮秧。桂中北稻作区，早稻在 3 月中旬末至下旬初，早稻移植秧龄 20~25 d。采取塑盘育秧进行常规栽培的可选用 561 孔的塑盘，434 孔或 353 孔的塑盘可用于以免耕栽培方式栽培进行的育秧。育秧可配套使用多效唑或壮秧剂。壮秧剂每亩用量 0.5~1.0 kg，并与定量的细泥或泥装混合猝匀，铺满秧盘。采用编织布隔层育秧方法进行育秧。选择要透水、透气性好的编织布（规格为宽 40~50 cm、长 60~75 cm）铺在平整、土肥均匀、含水量充足的厢面。铺布时贴紧畦面、拉紧铺平，铺上厚度为 2 cm 左右的泥衆或肥泥。如用用壮秧剂或多效唑隔层育秧的要浸种催芽，旱育保姆隔层育秧的只浸种不催芽，把催芽露白或经旱育保姆包衣的种子均匀播撒。播种量 60~80 $g/m^2$，育秧秧龄时间长的秧苗应适当稀播。在播种时应使种子充分入泥，秧地除草可选用秧田一次净等品种。早稻种植使用农膜覆盖，防寒保温。在秧苗 2 叶 1 心时施起苗肥，可用清水洗苗。移栽起秧前将秧地绕透水，编织布分块掀起，卷成筒状运秧。移栽边分边抛。早稻 3.5~4.5 叶时移植抛栽。大田基肥抛秧前 1~2 d 施足，抛秧在田水自然落干或排干水后进行。按抛秧方式可参照《水稻抛秧栽培技术规程》《水稻免耕抛秧栽培技术规程》进行稻田处理[63]。

2. 水稻水气平衡栽培

稻田进行水气平衡栽培应选择水源充足、排灌方便、耕层深厚、田面平整、保肥保水能力强的稻田。品种选择应具有根系发达、分蘖力强、茎秆粗壮、抗逆性强等特点。按秧苗移栽大田，水稻全生育期间面不留水层为原则来管理水分。在水稻抛秧后分蘖够苗期间，田间保持湿润，表现为大厢面湿润，水不上面，并保持沟中有水。大田够苗晒田的时候，将沟中水排干进行晒田，大田晒到田面露出水稻白根。利用自然降水、人工沟灌补水的方式在水稻幼穗分化期间保持厢面湿润。以保持大田厢面湿润、沟中有水、水不上面贯穿整个抽穗灌装期。在水稻黄熟期大田的水分管理是自然落干沟中水，但注意不能让大田田面过早干裂[63]。

3. 配套施肥

大田抛秧前 1~2 d 每亩 20 kg 复合肥和 750~1 000 kg 的腐熟农家肥施用作基肥。整田开沟，沟里的水排水或落干到半沟水。追肥应在厢面无水层、湿润的状况下，分厢撒施肥料。在早稻抛后 5~7 d 施尿素及氯化钾各 5~8 kg/亩施水稻分蘖肥，第二次追肥在早稻抛后 15~20 d 进行，每亩施尿素和氯化钾各 7~10 kg。根据禾苗生长情况，可在拔节期施用促花肥，并在水稻剑叶露尖或者大胎裂期间用复合肥 5.0~7.5 kg/亩施保花肥。在水稻齐穗期，按水稻生长情况洒施 5 kg/亩复合肥或 2~3 kg/亩尿素用作壮尾肥。并在水稻齐穗后，根据水稻长势，用 250 g/亩尿素及 150 g/亩磷酸二氧钾配兑水 50 kg，喷施叶面[63]。

4. 水稻油菜重大病虫害防治

水稻、油菜病虫害防治应以农业防治为主、化学防治为辅为原则，并推广应用频振式诱虫灯进行物理防治。对稻瘟病、纹枯病、细菌性条斑病等病害和稻飞虱、三化螟、钻心虫等虫害进行综合防治，早准备，提早预防，特别注意对“两迁”害虫的防治。

### （五）超级稻再生稻油菜栽培模式中品种选择及播种

超级稻再生稻油菜栽培模式生产，超级稻品种应选择高产、优质、再生能力强的品种，以超级稻最佳的播种期播种，再生稻于 10 月下旬收获。油菜生长时间为 11 月中旬至翌年 4 月上旬共 180 d。在此模式下，油菜宜选择 190 d 左右的早熟品种，10 月上中旬播种，11 月上中旬移栽并育苗移栽。播种期对超级稻的头季稻及其再生稻的经济学、生物学性状有较大的影响。头季稻播种期每延后 5 d，其头季稻的基本苗、叶龄、有效穗数、最高苗数等性状值增加，而始穗期、齐穗期和头季稻的成熟期则向后推迟 1~4 d，头季稻的全生育期随之缩短 1~4 d，性状表现中穗粒数、实粒数、成穗率、产量等指标降低。播种期的推迟致使再生稻的生育期向后延迟，其各种性状都随着降低。播种以达到超级稻高产群体结构为宜，即在大田生产栽培中，头季稻的亩基本苗约在 1.8 万株、有效穗数 18 万穗左右[63]。

# 参考文献


[1] 吕伟生，肖国滨，叶川，等. 油—稻—稻三熟制下双季稻高产品种特征研究［J］. 中国农业科学，2018，51（1）：37-48.

[2] 王欢，张盛，蔡星星，等. 稻油轮作模式的优缺点及其栽培技术［J］. 现代农业科技，2018（3）：40.

[3] 王方，吴艳，郑慧，等. 双低油菜免耕撒播稻草覆盖不同栽培密度［J］. 农业科技通讯，2015（5）：136-138.

[4] 于建华，杜金平，周建玲，等. 稻油轮作高产高效栽培技术研究与应用［J］. 南方农机，2020，51（23）：26，41.

[5] 王柳霞，戴志春. 水稻种植技术的主要环节与病虫害防治要点探析［J］. 南方农机，2017，48（20）：65.

[6] 张勇健. 水稻秸秆还田下化肥减量对油菜产量及效益的影响［J］. 福建稻麦科技，2020，38（3）：30-32.

[7] 余启芝，陈正才，王关林，等. 稻油地区油菜高产高效栽培技术［J］. 现代农业科技，2018（24）：15.

[8] 黄怡兵，胡宇舟，吴旦霓. 咸宁市 2015 年油菜菌核病发生特点及防治对策［J］. 湖北植保，2015（6）：60-62.

[9] 刘雪基，陈震，朱志武，等. 稻茬免耕直播油菜高产栽培技术研究［J］. 湖北农业科学，2013，52（9）：1995-1997.

[10] 章勇国. 水稻—油菜轮作绿色优质高产栽培技术［J］. 现代农业科技，2020（1）：19+23.

[11] 黄华磊，石有明，谷名禹，等. 稻油轮作制中栽培方式对油菜产量和经济效益的影响［J］. 中国农学通报，2014，30（12）：229-233.

[12] 方立魁，隗冥，丛云飞，等. 稻油轮作机插秧水稻群体特征及产量形成机制研究［J］. 西南大学学报（自然科学版），2018，40（10）：33-39.

[13] 张维乐，戴志刚，任涛，等. 不同水旱轮作体系秸秆还田与氮肥运筹对作物产量及养分吸收利用的影响［J］. 中国农业科学，2016，49（7）：1254-1266.

[14] 刘禹池，曾祥忠，冯文强，等. 稻—油轮作下长期秸秆还田与施

肥对作物产量和土壤理化性状的影响［J］. 植物营养与肥料学报，2014，20（6）：1450-1459.

［15］ ZHAO Y L，GUO H B，XUE Z W，et al.. Effects of Tillage and Straw Returning on Biomass and Water Use Efficiency in a Winter Wheat and Summer Maize Rotation System［J］. Acta Agronomica Sinica，2014，40（10）：1797.

［16］ 周永进，吴文革，许有尊，等. 油菜秸秆还田培肥土壤的效应及对后作水稻产量的影响［J］. 扬州大学学报（农业与生命科学版），2015，36（1）：53-58.

［17］ 陈红琳，陈尚洪，王昌桃，等. 成都平原不同秸秆还田量对土壤水分及机播油菜生长的影响［J］. 江西农业大学学报，2015（2）：264-268.

［18］ 刘世平，陈后庆，陈文林，等. 稻麦两熟制不同耕作方式与秸秆还田对小麦产量和品质的影响［J］. 麦类作物学报，2007，27（5）：859-863.

［19］ 李小勇. 稻油轮作周年秸秆还田对作物产量形成影响机理研究［D］. 武汉：华中农业大学，2019.

［20］ 邓小强，李文雅，龚雪飞，等. 油菜秸秆还田对水稻产量、经济效益与土壤理化性状的影响［J］. 耕作与栽培，2017（4）：12-13.

［21］ 曾勇军，石庆华，潘晓华，等. 长江中下游双季稻高产株型特征初步研究［J］. 作物学报，2009，35（3）：546-551.

［22］ 袁小乐，潘晓华，石庆华，等. 超级早晚稻的产量与产量构成特点［J］. 江西农业大学学报，2009，31（1）：49-53.

［23］ 凌启鸿. 水稻精确定量栽培理论与技术［M］. 北京：中国农业出版社，2007.

［24］ 黄敏. 稻油两熟制下免耕直播超级杂交稻生理生态特性研究［D］. 长沙：湖南农业大学，2011.

［25］ L I Z K，SHANNON RMP，JAMES WS，et al.. Genetic dissection of the source-sink relationship affecting fecundity and yield in rice（shapeOryzasativaL.）［J］. Molecular Breeding，1998，4（5）：419-426.

［26］ 姚立生，高恒广，杨立彬，等. 江苏省五十年代以来中籼稻品种

产量及有关性状的演变［J］. 江苏农业学报，1990，6（3）：38-44.
［27］ 郎有忠，窦永秀，王美娥，等. 水稻生育期对籽粒产量及品质的影响［J］. 作物学报，2012，38（3）：528-534.
［28］ 陈秀斌. 不同熟期油菜品种在早晚播下生长发育及产量比较研究［D］. 武汉：华中农业大学，2013.
［29］ 官春云，陈社员，吴明亮. 南方双季稻区冬油菜早熟品种选育和机械栽培研究进展［J］. 中国工程科学，2010，12（2）：4-10.
［30］ 黄炳华，徐卫红，徐金仁，等. 三熟制稻田冬种油菜品比试验简报［J］. 中国种业，2007（9）：48-49.
［31］ 陈明，叶川，吕伟生，等. 稻稻油三熟制下油菜早熟高产品种的筛选［J］. 江苏农业科学，2018，46（17）：61-64.
［32］ 官春云，靳芙蓉，董国云，等. 冬油菜早熟品种生长发育特性研究［J］. 中国工程科学，2012，14（11）：4-12.
［33］ 王必庆，王国槐. 早熟油菜生理生化特性研究进展［J］. 作物研究，2011，25（3）：269-271.
［34］ 胡宇倩，周旋，资涛，等. 早熟冬油菜品种各器官干物质及养分积累特征［J］. 中国油料作物学报，2021，43（4）：690-699.
［35］ 徐晓楠，陈坤，冯小杰，等. 生物炭提高花生干物质与养分利用的优势研究［J］. 植物营养与肥料学报，2018，24（2）：444-453.
［36］ 秦晗，张文姗，王猛，等. 四个芸薹属物种硫苷含量与种类分析及特殊硫苷成分的种间导入［J］. 植物遗传资源学报，2020，21（1）：94-104.
［37］ 刘晓伟，鲁剑巍，李小坤，等. 冬油菜叶片的物质及养分积累与转移特性研究［J］. 植物营养与肥料学报，2011，17（4）：956-963.
［38］ 刘晓伟，鲁剑巍，李小坤，等. 直播冬油菜干物质积累及氮磷钾养分的吸收利用［J］. 中国农业科学，2011，44（23）：4823-4832.
［39］ 张尧锋，余华胜，曾孝元，等. 早熟甘蓝型油菜研究进展及其应用［J］. 植物遗传资源学报，2019，20（2）：258-266.
［40］ 白淑萍. 甘蓝型油菜早熟性状试管选择初探［J］. 甘肃农业大学

学报，1994（2）：193-194，192.

[41] RAMAN R，DIFFEY S，CARLING J，et al.. Quantitative genetic analysis of grain yield in an Australian Brassica napus doubled-haploid population［J］. Crop and Pasture Science，2016，67：298-304.

[42] AMIRI OH，FOTOKIAN MH，JAVIDFAR F，et al.. Genetic analysis of grain yield，days to flowering and maturity in oilseedrape（Brassica napusL.）using diallelcrosses［J］. International Journal of Plant Production，2009，3（2）：19-26.

[43] 邹晓芬，邹小云，宋来强，等. 甘蓝型油菜产量及其相关性状的配合力及遗传分析［J］. 江西农业学报，2007（2）：1-4.

[44] ZHOU Q H，HAN D P，MASON A S，et al.. Earlines straits in rapeseed（Brassicanapus）：SNP loc iand candidate genes identified by genome-wide association analysis［J］. DNA research an international journal for rapid publication of reports on genes and genomes，2018，25（3）：229-244

[45] 余华胜，张冬青，陈佳麒，等. 特早花甘蓝型油菜的开花特征及特早花候选基因鉴定［J］. 植物遗传资源学报，2021，22（1）：260-267.

[46] 张晓梅，姚艳梅，徐亮，等. 青藏高原早熟甘蓝型春油菜遗传资源研究［J］. 植物遗传资源学报，2011，12（3）：374-380.

[47] 鲁剑巍，任涛，丛日环，等. 我国油菜施肥状况及施肥技术研究展望［J］. 中国油料作物学报，2018，40（5）：712-720.

[48] 胡宇倩，资涛，熊廷浩，等. 早熟与常规熟期冬油菜品种养分吸收规律差异研究［J］. 作物杂志，2020（1）：117-123.

[49] 赵培森，张芳，苏海英，等. 我国三熟制早熟油菜品种产量构成特点及育种对策［J］. 中国油料作物学报，2022：1-7.

[50] 毛鑫，杨建利，周翔，等. 基于结构方程模型的油菜性状和产量关系研究［J］. 中国油料作物学报，2019，41（1）：33-39.

[51] 冷博峰，李先容，陈雪婷，等. 2008—2019年中国油菜生产性状变化趋势［J］. 中国油料作物学报，2021，43（2）：171-185.

[52] 钟丽. 油菜产量与主要性状的灰色关联度分析［J］. 南方农业学报，2012，43（4）：421-424.

[53] 张芳，赵永国，谷铁城，等. 2001-2010年国家审定冬油菜品种

的产量与主要性状分析［J］. 中国油料作物学报，2012，34（3）：239-244.

［54］ GAN Y T，HA K N，KUTCHER H R，et al.. Canola seed yield and phenological responses to plant density［J］. Canadian Journal of Plant Science，2016，96（1）：151-159.

［55］ 韩梅. 播期、密度对直播油菜生长发育、产量及品质的影响［D］. 重庆：西南大学，2016.

［56］ PELTONEN-SAINIO P，JAUHIAINEN L，TRNKA M，et al.. Co-incidence of variation in yield and climate in Europe［J］. Agric Ecosyst Environ，2010，139（4）：483-489.

［57］ 张永泰，李爱民，惠飞虎，等. 气候条件对油菜菌核病的影响及防治阈值［J］. 植物保护学报，1999（2）：125-128.

［58］ 卢胜，张振华. 长期稻油轮作改良土壤结构提高水稻产量［J］. 土壤通报，2018，49（2）：409-414.

［59］ 鲁艳红，袁哲明，聂军，等. 油—稻—稻三熟制冬油菜机械喷播免耕栽培模式技术要点及效益分析［J］. 中国农技推广，2019，35（S1）：11-12.

［60］ 陈畅，马霓，李俊，等. 长江流域油稻轮作中直播早熟油菜的产量形成特点及其对周年产量的影响［A］. 作物多熟种植与国家粮油安全高峰论坛论文集［C］，2015：208-214.

［61］ 杨滨娟，黄国勤，王超，等. 稻田冬种绿肥对水稻产量和土壤肥力的影响［J］. 中国生态农业学报，2013，21（10）：1209-1216.

［62］ 周德平，吴淑杭，褚长彬，等. 油菜绿肥还田对后茬水稻产量、稻田土壤理化性状及微生物的影响［J］. 上海农业学报，2020，36（5）：68-73.

［63］ 龚志宏. 柳州山区“超级稻—再生稻—油菜”栽培模式技术的研究和应用［D］. 南宁：广西大学，2012.

# 第六章　稻油轮作模式下副产物开发处理

## 第一节　稻油轮作模式下秸秆还田

农作物秸秆是农业生态系统中物质循环的重要组成部分，秸秆中含有供作物生长所需的氮、磷、钾等营养物质，是一种重要的生物资源[1]。秸秆还田能够改善土壤的理化性质，提高土壤肥力，从而促进作物对养分的吸收。近年来，油菜的种植面积逐渐扩大，在2011—2015年，全国油料油菜的年种植面积达到了1 385.5万$hm^2$，其中油菜的种植面积占所有油料作物的1/2，总产量占41.37%[2]。稻油轮作是指在同一田块上有序地在季节间轮换种植水稻和油菜作物的一种种植方式，是我国南方稻田水旱轮作区常见的轮作制度。主要分布在长江、淮海流域，涉及浙江、江苏、安徽、江西、湖北、湖南、四川、重庆、云南、贵州等10多个省（市），集中在北纬35°以下的平原和北纬28°以下的山地，已扩展到华北平原40°区域[3]。经过多年的研究示范与推广，秸秆还田技术在油稻种植区得到了有效的推广。研究表明，秸秆还田还能减少水分的径流量，增强土壤的蓄水能力，防止因长期化肥的施用导致的土壤板结等问题。

### 一、秸秆还田对土壤的影响

#### （一）秸秆还田对油菜秸秆腐解速率的影响

本试验设置4个处理，分别按照全量还田、2/3量还田、1/2量还田、1/3量还田的形式将油菜秸秆装入尼龙网袋中，埋入大田土中，埋深10 cm，从而探究不同还田量对油菜秸秆腐解速率的影响。结果表明，不同时段秸秆的腐解速率是不同的，且随着时间的延长，油菜秸秆的腐解速率呈降低的趋势。从图6-1可以看出，在还田后的前15 d，腐解速率最快，各处理的腐解速率每年都在 4. 43 g/g 以上。但是随着还田时间的延长，各处理的腐解速率都在逐渐减小，其中，1/3 量还田的秸秆腐解速率每年从最初的 5. 70 g/g 降低到了 1. 27 g/g 以下，这符合油菜秸秆进入土壤后，在前期腐解速率较快、后期腐解速率减慢的规律[4]。

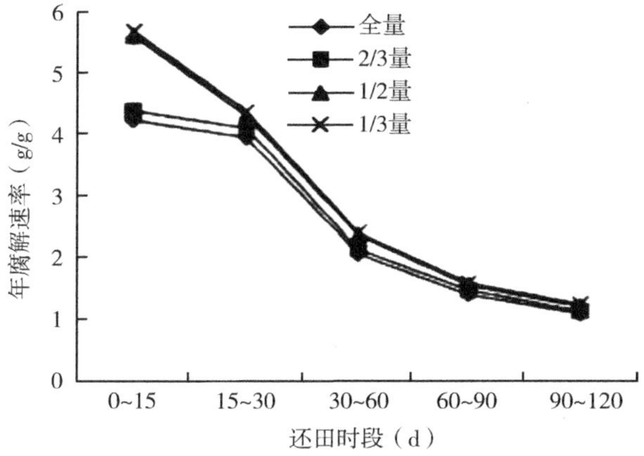


**图 6-1　不同量油菜秸秆 10 cm 埋深还田后的腐解速率**

图 6-1 也显示，虽然秸秆还田后各处理的腐解速率都呈一种相似的降低趋势，但是在各处理的秸秆腐解速率间也存在着一定的差异。另外还田量较大的处理秸秆的腐解速率一般低于还田量小的处理，即全量还田<2/3 量还田<1/2 量还田<1/3 量还田；且还田量大的处理秸秆的腐解速率随着时间的延长，变化的幅度相对较小，如 2/3 量还田的腐解速率在前 15 d 每年为 4. 22 g/g，而在 90~100 d 每年为 1. 11 g/g，降低了 3. 11 g/g，而对于还田量小的处理，秸秆的腐解速率随时间延长的变化相对较大，如 1/3 量还田的腐解速率在前 15 d 每年为 5. 70 g/g，而在 90~120 d 每年为 1. 27 g/g，减少了 4. 43 g/g[4]。

### （二）秸秆还田对水稻秸秆腐解速率的影响

王子阳等[5]以‘株两优 308’早稻品种、‘甬优 538’晚稻品种为供试材料，秸秆的腐解量采用尼龙网袋法进行测定，设置 L0、L10、Y0、Y10、J0、J10、Z0、Z10 8 个处理，每个处理 3 次重复，预埋 0 cm 和 10 cm 2 个深度，从而探究双季稻秸秆还田的腐解速率。结果表明，早稻秸秆的腐解速率慢于晚稻的腐解速率，常规籼稻腐解速率快于杂交籼稻，杂交籼稻快于杂交粳稻，深埋秸秆的腐解速率慢于浅埋秸秆的腐解速率，同时秸秆的腐解速率呈现一种前期较快、而中后期速率逐渐减慢的趋势。

## （三）秸秆还田对土壤物理性质的影响

### 1. 水稻秸秆还田对土壤物理性质的影响

本试验以北方超级粳稻‘沈农265’为材料，将供试秸秆粉碎并制成生物炭，试验共设置4个处理，分别为对照组CK、S、C1、C2，从而研究秸秆及生物炭对土壤物理性质的影响。结果发现[6]，试验组S、C2、C2的土壤容重明显低于对照组CK的土壤容重，可见秸秆和生物炭还田都能够显著降低水稻生育期土壤的容重，秸秆还田处理下S土壤的容重相较于CK降低了6.02%~11.86%，并且在生育后期降低幅度更大，少量的生物炭还田处理C1的土壤容重相较于对照组CK降低了2.69%~6.67%，而大量生物炭还田处理C2的土壤容重较CK降低了8.58%~11.32%，降低幅度更为明显（图6-2）。

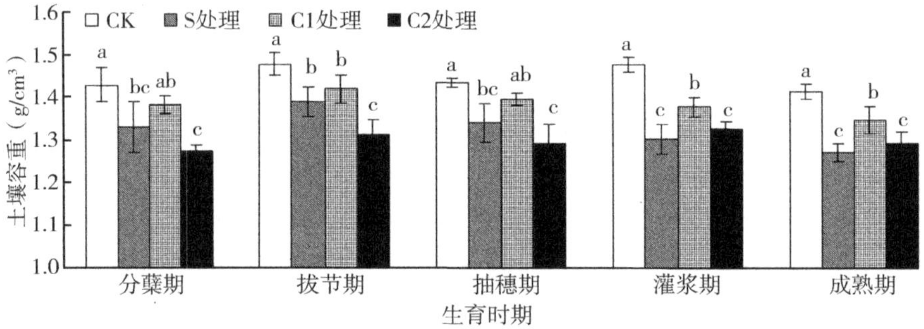


**图6-2　秸秆及生物炭还田对土壤容重的影响**

注：柱上标有不同的小写字母表示在同一生育时期各处理间显著差异（$P<0.05$）。

### 2. 油菜秸秆还田对土壤物理性质的影响

研究表明[7]，电导率和溶氧量是土壤的重要属性，并与土壤的养分供给、微生物活性及作物生长发育等都密切相关。秸秆还田措施能够改变土壤电导率与溶氧量，从而影响作物的生长。

为探究油菜秸秆翻埋还田对水稻秧苗生长土壤物理性质的影响，试验设置油菜秸秆翻埋还田（Residue incorpo，RI）、油菜秸秆覆盖还田（Residue mulch，RM）、秸秆不还田（Residue remove，RR）3个处理，RM与RR作为对照，结果表明[7]，土壤中水溶液电导率表现为秧苗移栽至晒田初期各处理整体呈上升趋势（图6-3A），晒田中期下降，不同处理间土壤水溶液电导率表现为 RI>RM>RR，秧苗移栽后两周内 RI 的电导率显著高于 RR 与 RM（$P<0.05$）。土壤水溶溶氧量表现为 RR 大于 RM>RI（图 6-3B），且在秧苗移栽后两周内 RI 处理显著低于 RR（$P<0.05$）。

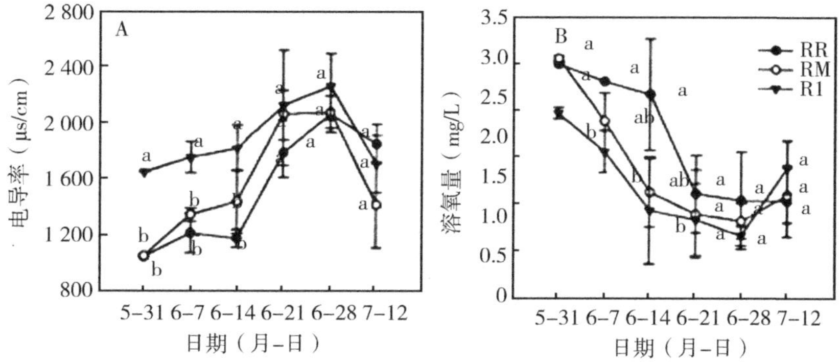


**图 6-3　油菜秸秆不同处理方式下稻田土壤水溶液电导率（A）及溶氧量（B）变化**

## （四）秸秆还田对土壤化学性质的影响

1. 水稻秸秆还田对土壤养分含量的影响

本试验在稻油轮作模式下，研究水稻秸秆还田对油菜不同生育期土壤养分含量的影响，试验设置 4 个处理，每个处理 3 次重复，分别为 CK、常规施肥（F）、秸秆还田与常规施肥（SF）、秸秆还田与常规施肥减量 20%（SFR）。结果表明[8]，秸秆还田能够有效降低土壤的 pH 值，SF 相对于 F 不同生育期依次降低了 0.26、0.37、0.77，并且在开花期和成熟期差异性显著（表 6-1）。

**表 6-1　秸秆还田对土壤养分含量的影响**

| 生育期 | 处理 | pH 值 | 有机质含量（g/kg） | 碱解氮含量（mg/kg） | 速效磷含量（mg/kg） |
|---|---|---|---|---|---|
| 蕾薹期 | CK | 6.41±0.07 a | 31.83±0.80 c | 138.21±0.99 c | 13.18±0.22 d |
| | F | 5.95±0.13 bc | 33.88±0.67 b | 146.11±0.62 b | 32.03±0.31 b |
| | SF | 5.69±0.07 c | 36.15±0.14 a | 154.95±0.49 a | 36.64±0.26 a |
| | SFR | 6.20±0.25 b | 35.71±0.49 a | 157.40±1.97 a | 27.09±0.79 c |
| 开花期 | CK | 6.55±0.08 a | 30.38±0.12 c | 131.15±0.98 d | 12.09±0.36 d |
| | F | 6.15±0.13 b | 31.64±0.54 b | 138.40±0.77 c | 29.58±0.37 b |
| | SF | 5.78±0.05 c | 33.72±0.05 a | 151.10±0.00 b | 34.40±0.15 a |
| | SFR | 6.20±0.21 b | 33.24±0.61 a | 157.58±0.88 a | 27.39±0.19 c |

（续表）

| 生育期 | 处理 | pH 值 | 有机质含量（g/kg） | 碱解氮含量（mg/kg） | 速效磷含量（mg/kg） |
|---|---|---|---|---|---|
| | CK | 7.00±0.35 a | 26.94±0.39 c | 122.63±1.41 d | 10.94±0.82 c |
| 成 | F | 6.45±0.17 b | 30.36±0.07 b | 135.58±1.99 c | 29.26±0.55 b |
| 熟 | SF | 5.68±0.19 c | 33.00±0.22 a | 150.95±0.28 b | 35.23±0.06 a |
| 期 | SFR | 6.17±0.15 c | 32.31±0.33 a | 159.66±0.55 a | 35.77±0.39 a |

注：表中不同小写字母表示各处理之间差异显著（$P<0.05$）。

有机质在土壤中的含量是评价土壤肥力的重要指标，是土壤的重要组成部分，由表 6-1 可知，相较于 F，SF 和 SFR 有机质的含量都有显著提高，分别提高了 6.57%~8.70%和 5.06%~6.42%，由此可知，秸秆还田能够有效提高土壤有机质的含量。而对于碱解氮和速效磷，相较于 F，SF 也提高了 6.05%~11.34%和 14.39%~20.40%（表 6-1）。

2. 油菜秸秆还田对土壤养分含量的影响

（1）土壤 pH 值

试验[9]采用油菜秸秆还田与不还田 2 种方式，配施氮肥（尿素、碳酸氢铵、硫酸铵）探究氮肥种类和油菜秸秆还田对土壤养分含量的影响，结果表明，氮肥种类和油菜秸秆影响了水稻生长过程中土壤 pH 值，在 15 d 时，相比秸秆不还田，尿素和碳酸氢铵处理下油菜秸秆还田提高了土壤 pH 值，硫酸铵处理下无明显差异；29 d 时，相比秸秆不还田，碳酸氢铵处理下油菜秸秆还田提高了土壤 pH 值；57 d 时，相比秸秆不还田，油菜秸秆还田显著提高了尿素处理下土壤的 pH 值，但显著降低了硫酸铵处理下的土壤 pH 值。71 d 时，相比秸秆不还田，油菜秸秆还田显著提高了施用碳酸氢铵的土壤 pH 值（图 6-4）。

经过双因素方差分析表明（表 6-2），氮肥种类在所有时期都影响了土壤的 pH 值，油菜秸秆还田仅在水稻刚移栽时（15d）显著影响了土壤 pH 值。在油菜秸秆还田条件下施用碳酸氢铵有利于实现较高的土壤 pH 值[9]。

**表 6-2　土壤 pH 值的双因素方差分析**

| 培养时间（d） | *F* 值 | | |
|---|---|---|---|
| | C | N | C×N |
| 15 | 13.90** | 61.80** | 2.78 |
| 29 | 1.33 | 5.41* | 3.65 |
| 43 | 0.05 | 28.63** | 3.96* |

（续表）

| 培养时间（d） | F值 | | |
|---|---|---|---|
| | C | N | C×N |
| 57 | 1.02 | 466.90** | 42.92** |
| 71 | 1.40 | 97.41** | 23.81** |

注：C表示油菜杆；N表示氮肥种类；C×N表示油菜杆和氮肥种类的交互作用。**、*分别表示在0.01、0.05水平上差异显著。

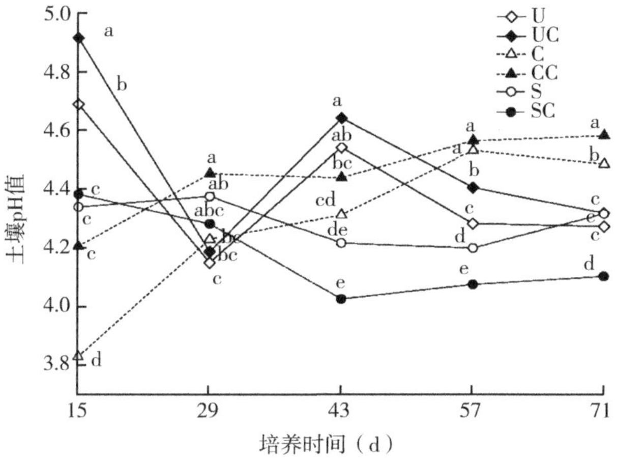


**图6-4　氮肥种类和油菜秸秆还田对土壤pH值的影响**

注：图中U、UC、C、CC、S、SC分别表示尿素（U）、尿素+油菜杆（UC）、碳酸氢铵（C）、碳酸氢铵+油菜杆（CC）、硫酸铵（S）、硫酸铵+油菜杆（SC）处理。不同小写字母表示不同处理相同生育期有显著差异（$P<0.05$）。

（2）土壤有机质

由图6-5可知[9]，土壤有机质的含量随着秸秆翻压时间的增加有降低的趋势，添加油菜秆有利于提高土壤有机质含量。在油菜秸秆还田15 d时，相同氮肥种类条件下，添加油菜秆显著提高了土壤有机质含量。油菜秸秆还田29 d时，施用相同氮肥种类条件下，施用碳酸氢铵和硫酸铵下添加油菜秆均显著提高了土壤有机质含量。油菜秸秆还田43 d时，在施用相同氮肥种类下，相比不添加油菜秆，添加油菜秆能够显著增加施用硫酸铵和尿素的土壤有机质含量。71 d时，相同氮肥种类下，相比不添加油菜秆，添加油菜秆仅在施用碳酸氢铵条件下土壤有机质有所增加。

经双因素方差分析（表6-3）结果表明，秸秆还田显著影响了土壤有机质的含量，氮肥种类仅在水稻生长57 d时对土壤有机质有影响。秸秆还

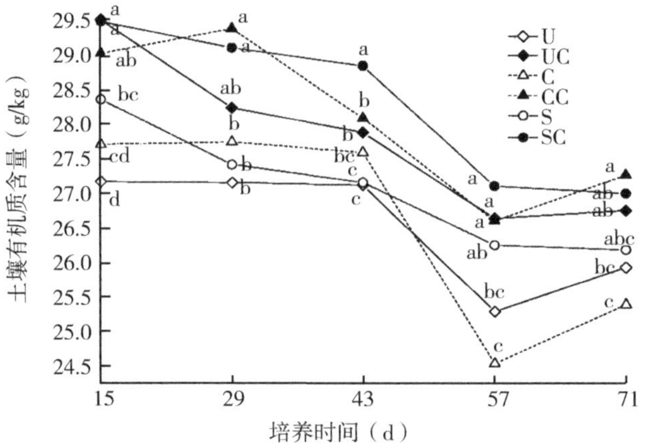


**图 6-5　氮肥种类和油菜秸秆还田对土壤有机质含量的影响**

注：图中 U、UC、C、CC、S、SC 分别表示尿素（U）、尿素+油菜秆（UC）、碳酸氢铵（C）、碳酸氢铵+油菜秆（CC）、硫酸铵（S）、硫酸铵+油菜秆（SC）处理。不同小写字母表示不同处理相同生育期有显著差异（$P<0.05$）。

田条件下添加等量氮的硫酸铵较尿素有利于保持土壤有机质的含量。

**表 6-3　土壤有机质的双因素方差分析**

| 培养时间（d） | F 值 | | |
|---|---|---|---|
| | C | N | C×N |
| 15 | 59.83** | 3.41 | 3.35 |
| 29 | 22.95** | 2.72 | 0.40 |
| 43 | 38.01** | 3.45 | 5.10* |
| 57 | 20.99** | 4.39* | 1.28 |
| 71 | 13.43** | 0.29 | 1.21 |

注：C 表示油菜杆；N 表示氮肥种类；C×N 表示油菜杆和氮肥种类的交互作用。** 、* 分别表示在 0.01、0.05 水平上差异显著。

（3）土壤可溶性有机碳

试验[10]共设 5 个处理：秸秆不还田（NS）、秸秆粉碎覆盖（SC）、秸秆粉碎翻埋（SB）、秸秆粉碎覆盖加腐熟剂（SDC）和秸秆粉碎翻埋加腐熟剂（SDB），其中油菜秸秆采用的是全量秸秆还田方式，从而探究 2018—2019 年不同水稻生育期稻田土壤 DOC 含量的影响。结果如图 6-6 所示，两年整体变化趋势基本一致，都是先增加后降低，在水稻分蘖期达到最大，在水稻成熟期含量最低。2018 年稻田土壤 DOC 变化范围 201.70～674.56 mg/kg，在水稻分蘖期时 SDC 处理的 DOC 含量最大，水稻成熟期 NS 处理的含量最低。除水稻苗期之外，在其他生育期中 NS 处理中土壤 DOC 含量都要低于其他处理。在水稻成熟期，秸秆翻埋处理（SB 和 SDB 处理）土壤 DOC 含量

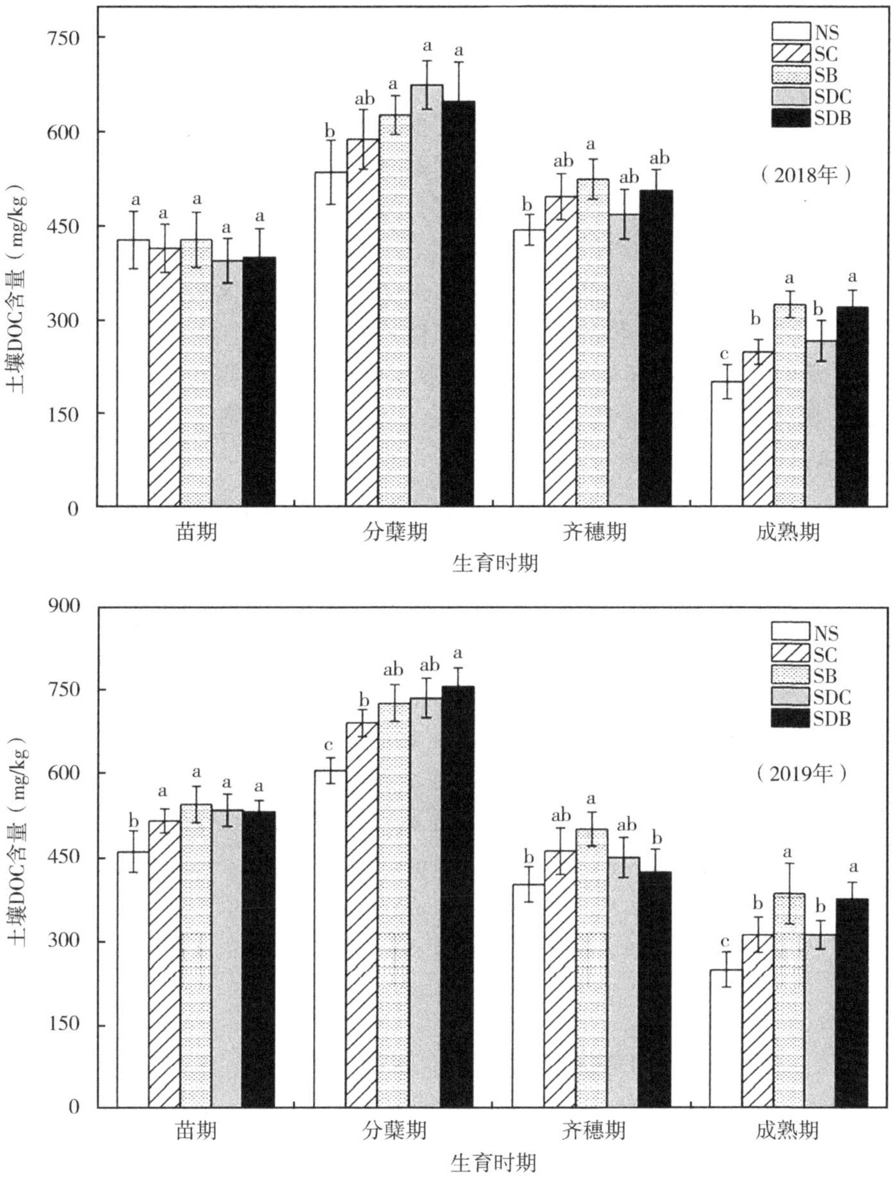


**图 6-6　2018 年和 2019 年稻季不同处理各时期土壤 DOC 含量**

要显著高于 NS 处理。2019 年稻田土壤 DOC 含量变化范围为 250.14~756.25 mg/kg，最大值为水稻分蘖期的 SDB 处理，要显著高于 NS 处理，最小值为水稻成熟期的 NS 处理。在不同水稻生长时期中，移除秸秆处理中的土壤 DOC 含量均低于其他处理。

3. 秸秆还田对土壤微生物的影响

土壤中的微生物是土壤生态系统的重要组成部分，在从有机质分解到最后的营养元素吸收的整个过程中都发挥着重要的作用。秸秆的腐解转化等主要依靠土壤中的微生物参与完成，秸秆还田后，使土壤理化性质发生改变，从而使土壤微生物的种群结构发生重大改变。谭周进等[11]研究发现，秸秆还田后，水层中含氧量较低，霉菌和放线菌大量增生，细菌的数量增加，并且能够提高土壤中微生物的活性。对于秸秆还田下土壤中细菌等微生物数量的研究发现[12]，秸秆还田提高了土壤中细菌活性，使得土壤中细菌的数量较不还田有明显的提高。秸秆还田还增加了土壤中放线菌的数量（表 6-4）。

**表 6-4　秸秆还田对主要土壤微生物数量的影响**

| | 处理 | V3 | V6 | V12 | VT | R3 | R6 |
|---|---|---|---|---|---|---|---|
| 细菌（$\times10^9$） | DZT | 3.2±0.2 d | 5.0±0.8 d | 5.9±0.4 e | 7.4±0.6 d | 6.1±0.5 d | 8.6±0.2 d |
| | BMT | 3.3±0.6 c | 6.8±0.8 c | 7.1±0.5 c | 7.5±0.2 c | 6.6±0.3 d | 10.2±0.6 c |
| | SMT | 3.4±0.7 c | 5.5±0.2 d | 6.8±0.5 d | 10.6±0.9 c | 9.9±0.1 c | 12.7±1.7 b |
| 真菌（$\times10^7$） | DZT | 6.7±0.4 a | 9.4±0.1 a | 16.8±0.2 a | 17.4±0.4 a | 16.5±0.2 a | 14.9±0.3 a |
| | BMT | 5.8±0.4 b | 6.5±0.6 c | 10.6±1.3 c | 15.3±0.8 b | 14.9±1.0 a | 13.8±0.8 a |
| | SBT | 5.1±0.7 b | 7.6±0.5 b | 13.5±1.1 b | 14.6±1.0 b | 12.3±1.0 b | 11.2±0.4 b |
| 放线菌（$\times10^8$） | DZT | 5.1±0.4 c | 7.3±0.2 c | 8.0±0.6 c | 8.3±0.1 c | 7.8±0.8 c | 8.6±0.1 c |
| | BMT | 5.6±0.3 a | 7.2±0.1 c | 8.6±1.0 c | 8.4±0.1 c | 7.6±0.1 c | 8.4±0.3 c |
| | SMT | 5.1±0.2 c | 8.6±0.2 a | 12.8±0.2 b | 13.6±0.1 b | 11.6±0.2 b | 11.8±0.8 b |

## 二、秸秆还田的效益分析

### （一）秸秆还田的生态效益

1. 秸秆还田对土壤环境的影响

近年来，由于农户过多的将秸秆焚烧，导致土壤水分挥发，土壤含水量降低，土壤有机质含量降低和保肥能力也降低；秸秆焚烧还能显著降低 0~5 cm 土层中微生物数量和土壤酶的活性，不利于作物生长，直接影响农作物产量和质量，影响农业收益。秸秆还田对土壤的环境有明显的改良效果。通过秸秆还田，能够增加土壤的孔隙度，降低土壤容重，从而增强土壤的保水固堤的能力，改善土壤的生态环境，对促进作物生长和产量具有很好的效益。

王越等[13]通过研究秸秆粉碎和焚烧还田对耕层土壤的影响，结果表明，（秸秆粉碎还田）$RMW_{shred}$ 和（秸秆焚烧还田）$RMW_{burn}$ 耕层土壤容重较（秸秆不还田）RMW0 分别低 11.7%和 20.0%，土壤总孔隙度分别高 14.1%和 24.5%（表 6-5）。

**表 6-5　秸秆还田方式掉耕层土壤容重、总孔隙度和大孔隙度的影响**

| 处理 | 容重（$g/cm^3$） | 总孔隙度（%） | 大孔隙度（%） |
|---|---|---|---|
| $RMW_0$ | 1.45±0.06 a | 45.3±0.98 b | 13.4 |
| $RMW_{shred}$ | 1.28±0.07 b | 51.7±0.97 a | 7.0 |
| $RMW_{burn}$ | 1.16±0.06 b | 56.4±2.20 a | 18.8 |

注：本试验以水稻秸秆和油菜为材料[14]，共设 7 个处理，其中处理①~③为无油菜处理组，且在整个试验过程中不浇水；④~⑦为有油菜处理组，为保障油菜的正常生长，定期每 7d 浇水 1 次，浇水量为 500 mL。研究不同处理下土壤含水量的变化（表 6-6）。结果表明[14]，在相同时间下，无油菜种植处理中（图 6-7），相同取样时间 1/2 量平铺处理（处理③）的土壤含水量明显比其他 2 个处理（处理①、②）高，有油菜种植处理下（图 6-8），处理⑥的土壤含水量最高，其次为全量混合处理⑦和 1/2 量混合处理⑤，空白对照（处理④）的土壤含水量则相对最少。

**表 6-6　不同试验处理设计**

| 处理编号 | 处理名称 | 处理方法 |
|---|---|---|
| ① | 空白对照（CK） | 不进行任何处理 |
| ② | 1/2 量混合 | 称取 1/2 量的秸秆均匀地混合到土壤中 |
| ③ | 1/2 量平铺 | 称取 1/2 量的秸秆平铺在土壤表面 |
| ④ | 空白对照（CK） | 不进行任何处理，直接种植油菜 |
| ⑤ | 1/2 量混合 | 称取 1/2 量的秸秆均匀地混合到土壤中，并种植油菜 |
| ⑥ | 1/2 量平铺 | 称取 1/2 量的秸秆平铺在土壤表面，并种植油菜 |
| ⑦ | 全量混合 | 称取全量的秸秆均匀地混合到土壤中，并种植油菜 |

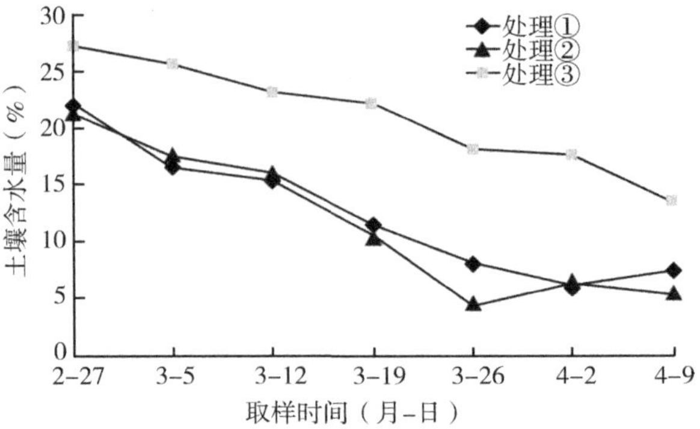


**图 6-7　有油菜种植含水量比较**

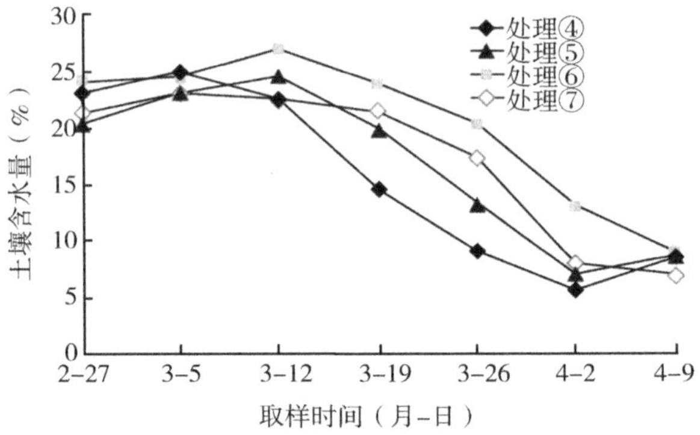


**图 6-8　无油菜种植含水量比较**

2. 水稻秸秆还田对大气环境的影响

秸秆还田对大气环境的影响，主要是对农田 $CO_2$、$N_2O$ 等主要温室气体排放产生的影响。近年来，由于人类活动的影响，大气中的 $CO_2$、$N_2O$ 的浓度正在逐渐增加，大气中 $CO_2$ 含量的增加，既能引起温室效应而导致全球气候变暖，又能通过 $CO_2$ 施肥效益而影响植物的生长。秸秆还田是一种重要的农田管理措施，对于维护土壤的环境极其重要，并且秸秆还田还能够有效减少农田中 $CO_2$、$N_2O$ 的排放。

黄耀等[15]研究显示，施用秸秆堆肥有利于减少稻麦轮作农田的 $N_2O$ 排放量。张艳波等[16]在 XR 和 QF 2 种条件下，研究水稻秸秆还田对稻田土壤 $NO_2$ 排放的影响。试验分别设置水稻秸秆（S）、水稻秸秆+尿素（S+U）和对照组 CK 3 种处理与淹水和土壤充水孔隙度为 80%的 2 种水分条件。结果表明，XR 淹水条件下 CK、S 和 S+U 期间 $NO_2$ 的排放量分别为 1.80 mg/kg、0.15 mg/kg 和 0.42 mg/kg。QF 淹水条件下 CK、S 和 S+U 期间 $NO_2$ 的排放量分别为 3.42 mg/kg、0.09 mg/kg 和 0.22 mg/kg。XR 非淹水条件下 CK、S 和 S+U 期间 $NO_2$ 的排放量分别为 0.065 mg/kg、0.040 mg/kg 和 0.160 mg/kg。QF 非淹水条件下 CK、S 和 S+U 期间 $NO_2$ 的排放量分别为 4.58 mg/kg、1.55 mg/kg 和 5.28 mg/kg。

3. 油菜秸秆还田对大气环境的影响

王雷[10]经过 2 年的试验研究表明，油菜秸秆还田对稻田甲烷的影响在 2018 年主要在水稻移栽之后到中期排水阶段，中期排水到成熟收获时的 $CH_4$ 的排放量相对较少。各处理在水稻移栽两周达到了排放峰值，SDB 处理的 $CH_4$ 排放量最大为 102.31 mg/(m$^2$ · h)，其次 SB 处理为 90.59 mg/(m$^2$ · h)。2019 年的 $CH_4$ 排放量在水稻生长前期较大。$CH_4$ 排放通量最大值为 SDB 处理［113.79 mg/(m$^2$ · h)］，其次为 SB 处理［104 mg/(m$^2$ · h)］，最低的则为 SDC 处理［83.48 mg/(m$^2$ · h)］。

## （二）秸秆还田的经济效益

本试验[17]共设 CK（无秸秆不施肥）、S（秸秆全量覆土还田不施肥）、F（无秸秆常规施肥）、SF（秸秆全量覆土还田+常规施肥）、SDF（秸秆全量覆土还田+常规施肥减 15%）5 个处理，研究在油菜秸秆还田和化肥配施条件下水稻的经济效益。结果表明（表 6-7），不同处理下水稻总产值及纯收益的顺序为 SF>F>SDF>S>CK，除处理 S 外，其他 4 个处理的总产值及收益较 CK 显著增加。经计算可知，处理 S 较 CK 总产值增加了 3.07%。不同处理的产投比的高低顺序为 F>SF>SDF、CK>S，与 CK 相比，除了处理 S 外，其他各个处理的产投比都有所增加，达到显著（$P<0.05$）。

**表 6-7　不同处理较水稻经济效益的影响**

| | 产量 (kg/hm$^2$) | 总产值 (元/hm$^2$) | 总投入（元/hm$^2$） | | | | | | | 惠农补贴 (元/hm$^2$) | 纯收益 (元/hm$^2$) | 产投比 |
|---|---|---|---|---|---|---|---|---|---|---|---|---|
| | | | 基肥 | 追肥 | 秸秆粉碎 | 农药 | 种子 | 机械 | 其他费用 | | | |
| CK | 7 829.47 | 17 224.83 b | 0 | 0 | 0 | 1 200 | 2 250 | 1 200 | 3 150 | 1 200 | 10 624.83 b | 2.21 b |
| S | 8 069.59 | 17 753.09 b | 0 | 0 | 300 | 1 200 | 2 250 | 1 200 | 3 150 | 1 200 | 10 853.09 b | 2.19 b |
| F | 10 692.01 | 23 522.42 a | 1 260 | 165 | 0 | 1 200 | 2 250 | 1 200 | 3 150 | 1 200 | 15 497.42 a | 2.55 a |
| SF | 10 935.47 | 24 058.02 a | 1 260 | 165 | 300 | 1 200 | 2 250 | 1 200 | 3 150 | 1 200 | 15 733.02 a | 2.53 a |
| SDF | 10 432.99 | 22 952.58 a | 1 071 | 140.25 | 300 | 1 200 | 2 250 | 1 200 | 3 150 | 1 200 | 14 841.33 a | 2.47 a |

研究表明[18]，以水稻秸秆还田替代30%磷钾肥的产量最高，比常规施肥处理的产值增加了0.6%，纯收入相比常规施肥增加了1.2%。说明水稻秸秆还田替代30%磷钾肥可以获得最高的经济效益。吴玉红等[19]研究发现，在稻油轮作体系下，与秸秆不还田相比，S+NPK、SD+NPK、SD+85%NPK、SD+70%NPK处理的产值和周年经济效益在两年内平均增幅为7.43%、8.47%、-4.22%、-9.17%和24.02%、23.91%、5.06%、-0.57%。秸秆还田与常规施肥增加的效益高达23.91%以上（表6-7）。

水稻秸秆是一种很好的有机肥资源，经过秸秆还田可以明显改善土壤环境，减少化肥的施用。为研究水稻秸秆还田下化肥减施对油菜产量以及经济效益的影响[20]，试验设置5个处理，分别为①100%化肥（无水稻秸秆还田，CK）；②水稻秸秆还田+100%化肥；③水稻秸秆还田+化肥减施10%；④水稻秸秆还田+化肥减施20%；⑤水稻秸秆还田+30%。结果表明，在产量方面，经过水稻秸秆还田的处理②、③、④、⑤都比对照组CK实现了增产，且差异显著。各水稻秸秆还田的处理中，处理③水稻秸秆还田+化肥减施10%的产量最高，每667m$^2$产油菜籽69.67kg，相比于CK增产了27.4%。处理②、④、⑤也都比CK各增产了25.6%、18.9%、11.6%。从而表明了在秸秆还田下种植油菜可替代10%~30%的化肥，其中以减施10%化肥的增产效果最好（表6-8）。

**表6-8　不同处理油菜产量表现**

| 处理 | 小区产量（kg） | | | | 折667m$^2$产量（kg） | 与CK比增产率（%） | 差异显著性 | |
|---|---|---|---|---|---|---|---|---|
| | Ⅰ | Ⅱ | Ⅲ | 平均 | | | 5% | 1% |
| ①（CK） | 1.52 | 1.74 | 1.66 | 1.64 | 54.67 | — | d | C |
| ② | 2.08 | 1.84 | 2.26 | 2.06 | 68.67 | 25.6 | ab | A |
| ③ | 2.04 | 1.86 | 2.38 | 2.09 | 69.67 | 27.4 | a | A |
| ④ | 1.90 | 2.24 | 1.72 | 1.95 | 65.00 | 18.9 | b | AB |
| ⑤ | 1.90 | 2.04 | 1.56 | 1.83 | 61.00 | 11.6 | c | B |

在效益方面，经过对各处理的效益分析，结果显示，所有经过水稻秸秆还田处理的都比处理①（CK）的效益高，每亩分别增加收益112.00元、140.71元、123.26元、111.00元，表明在油菜种植前进行水稻秸秆还田处理，能够明显提高油菜的种植效益，其中在各处理中，以处理③化肥减施10%的效益最高，其他各处理也都有明显的效益增加（表6-9）。

**表 6-9　不同处理油菜种植效益**

| 处理 | 产量（kg） | 产值（元） | 肥料成本（元） | 扣除肥料成本效益（元） | 与 CK 比较效益（元） |
|---|---|---|---|---|---|
| ①（CK） | 54.67 | 437.36 | 198.28 | 239.08 | — |
| ② | 68.67 | 549.36 | 198.28 | 351.08 | +112.00 |
| ③ | 69.78 | 558.24 | 178.45 | 379.79 | +140.71 |
| ④ | 65.12 | 520.96 | 158.62 | 362.34 | +123.26 |
| ⑤ | 61.11 | 488.88 | 138.80 | 350.08 | +111.00 |

## 第二节　稻油轮作模式下油菜饲用

油菜属于十字花科芸薹属植物，是我国的主要油料作物之一，种植面积稳居世界第一。油菜秸秆是一类粗蛋白含量高、营养丰富的饲料资源。2017年，殷雨洋等对‘浙油 50’油菜品种的茎叶进行营养成分分析后得出，油菜的茎叶中含有丰富的营养成分，其中在初花期油菜茎叶粗蛋白含量19.82%。刘彦培等研究发现，油菜秸秆在结实期的饲用价值最高，可作为饲料进行开发利用[21]。

### 一、饲料油菜及其发展情况

饲料油菜又称为双低油菜，是科研工作者在传统油菜的基础上培育出的油饲两用的品种，其属于十字花科芸薹属牧草，具有生长快，产量高，品质好，适口性好等优点。饲料油菜的秸秆含有丰富的营养成分，粗蛋白、粗脂肪、粗纤维等的含量分别为 25.6%、2.4%、16%，可以看出，饲料油菜属于高蛋白型油菜，其粗蛋白的含量接近豆科饲草，是一种优质的饲草来源[22]。柴君秀等[23]利用饲料油菜‘华协 11 号’饲喂肉羊，结果表明，用鲜油菜喂养肉羊，适口性较好。牛菊兰等[24]报道，混合青贮饲料油菜占比50%饲喂羊的增重效果比饲料油菜占比 20%的增重效果好。

20 世纪初，有学者认为，从英格兰等地引进的油菜适合种植在美国并能够用作饲料。20 世纪 60 年代，苏联开始了饲料油菜的种植研究，认为在西伯利亚的自然条件下，最适合种植的饲料作物和油料作物是春播羊油菜[25]。我国油菜秸秆的饲用最早见于 20 世纪 70 年代，当时认为油菜秸秆经过粉碎能够作为猪饲料。20 世纪 80 年代，傅廷栋院士在湖北进行饲料油菜的种植试验，获得了成功。20 世纪 90 年代，华中农业大学团队首次培育出双低饲料油菜品种，取得了很好的成效，饲料油菜重新受到关注[26]。

## 二、饲料油菜的选育

### （一）‘饲油 1 号’油菜的选育

1. 亲本组合

‘饲油 1 号’是以‘P9A×P14B’为母本，‘Sv02002R’为父本配制的三交杂种。

2. ‘饲油 1 号’特征特性

在甘肃省麦后复种的情况下，出苗后 5~6 叶期之前日生长量平均为 0.8 cm，5~6 叶期进行追肥之后，生长发育加快，之后一直到抽薹现蕾之前，日均生长量为 1.2 cm，12 片叶时，开始进入抽薹现蕾期（出苗抽薹约 50 d 左右），此期对温度条件要求不高，抗霜冻性较强，即使在-5 ℃时也能生长，受低温影响不大。到 10 月中旬或下旬收获时株高可达 60~72 cm，此时叶片数一般在 12 片左右，单株鲜重 37.5~41 g，叶色浓绿，茎粗 0.3~1.0 cm。2006 年月 11 月古浪县取样风干全株，粗蛋白质 23.46%、粗脂肪 4.03%、粗纤维 11.65%、粗灰分 17.00%、无氮浸出物 43.86%、钙 1.79%、磷 0.464%。经湖南省农业科学研究院植物保护研究所鉴定，在苗期和成株期均未见菌核病、霜霉病病害发生。

### （二）‘饲油 2 号’油菜的选育

‘饲油 2 号’是一种耐重度盐碱并具经济价值的饲料油菜品种，也是双低油菜，其油有利于人体健康，饼粕无毒适合直接用作家畜饲料，因本身有机物含量较高，它还能充当“肥料”作物。该品种曾在盐碱浓度约 0.3%~0.4%的荒地大面积示范，亩产青饲料 4~5 t，生长期仅需 60~70 d；在浙江、苍南盐碱浓度为 0.6%~1.0%的填海荒地仍能正常生长，被农业农村部列为主推品种，为精准扶贫事业作出了重要贡献。

1. 亲本组合

‘饲油 2 号’是由华中农业大学傅廷栋院士培育出的饲料油菜新品种。该品种为‘2063A’和‘13-P25’杂交而成。

2. ‘饲油 2 号’特性特征

食用油类型品种，甘蓝型，生育期 120 d，杂交种。苗期生长半直立，叶片中等绿色，长度中，宽度中；有裂片，裂片数量 4；叶柄长度中；主茎蜡粉多，花青甙显色弱；开花期中，果身短，角果姿态上举；籽粒黑褐色；株高约 170 cm，分枝部位高度约 58 cm，有效分枝数 5 个，单株有效角果数 220 个，每角粒数 22 粒，千粒重 3.8 g。芥酸含量 0.828%，硫甙含量 19.72 μmol/g，含油量 37.08%。低抗菌核病，中抗病毒病，抗倒性强，抗冻性强，耐湿性强，耐盐碱性强。第 1 生长周期亩产 4 379.5 kg，比对照 13-P25 增产 67.5%；第 2 生长周期亩产 5 299.0 kg，比对照 13-P25 增产 35.9%。

## 三、饲用油菜

随着人们生活水平的不断提高，人们对肉食量的需求不断上升，从而导致了当前饲料的需求量也发生了相应的改变，因此，越来越多的粮食已经被当作饲料利用。油菜是我国最大的油料作物，种植面积在 1 亿亩以上[27]。此外，油菜中富含胡萝卜素、维生素，油菜薹可作为人们日常生活中的新鲜蔬菜食用，摘薹后余下的秸秆可鲜饲、青贮等，从而实现菜饲两用[28]。

### （一）油菜饲用

1. 饲料油菜的营养价值

摘薹后的油菜秸秆可作饲用，张林等[29]通过研究饲料油菜‘牲饲 1 号’‘牲饲 2 号’等 5 个油菜品种与对照组‘冬牧 70’黑麦草进行营养组分的测定，结果表明，‘牲饲 1 号’‘牲饲 2 号’的粗蛋白含量分别为 25.86%和 26.92%，比“冬牧 70”黑麦草高出 7%~10%，且粗脂肪、粗纤维等营养组分都配比均衡，优于黑麦草（表 6-10）。

**表 6-10　不同时期各牧草营养组分测定结果**

| 材料名称 | 时期 | 粗蛋白（%） | 粗脂肪（%） | 粗纤维（%） |
|---|---|---|---|---|
| ‘牲饲 1 号’ | 抽薹期 | 25.86 | 5.4 | 13.7 |
| | 初花期 | 20.56 | 4.3 | 20.3 |
| ‘牲饲 2 号’ | 抽薹期 | 26.92 | 5.4 | 12.5 |
| | 初花期 | 21.04 | 5.4 | 16.3 |
| ‘牲饲 3 号’ | 抽薹期 | 17.19 | 4.5 | 9.8 |
| | 初花期 | 11.69 | 3.8 | 21.1 |
| 黑麦草（CK） | 抽薹期 | 13.54 | 4.3 | 15.1 |
| | 初花期 | 16.00 | 4.9 | 19.4 |

饲料油菜蛋白质含量与豆科牧草相当，但在麦后复种条件下（气温不

断下降)，饲料油菜产量比豆科牧草高 1 倍左右，甚至 2 倍，亩产蛋白质显著高于豆科牧草，且适口性好。牛菊兰等通过对双低油菜品种‘华协 11 号’与 3 种豆科饲草的营养成分的研究，结果表明[30]，10 月 6 号前，3 种豆科牧草的粗蛋白质含量均高于油菜，在 9 月 26 号时油菜的粗蛋白质含量达到 25.64%，与箭舌豌豆（26.62%）和毛苕子、草木樨的粗蛋白质含量接近，但是随着植株的生长，山中豆科饲草的干物质中的粗蛋白质含量迅速下降，在 10 月 15 日、10 月 25 日，草木樨、箭舌豌豆的粗蛋白质含量已经低于油菜的粗蛋白质含量，而谷草的粗蛋白质含量只有 8%，明显低于油菜。(表 6-11)

在粗脂肪方面，油菜的粗脂肪含量最高，其次是 3 种豆科饲草，其中草木樨最高，毛苕子次之，最低是谷草，只有 0.9%~1.55%。

**表 6-11　双低饲料油菜‘华协 11 号’与几种豆科饲草的营养成分含量的动态变化**

| 取样日期 | 作物 | 粗蛋白质（%） | 粗脂肪（%） | 粗纤维（%） | 无氮浸出物 | 粗灰分 | 钙（%） | 磷（%） |
|---|---|---|---|---|---|---|---|---|
| 9月7日 | 毛苕子 | 27.78 | 2.91 | 17.76 | 39.23 | 12.72 | 1.71 | 0.44 |
| | 草木樨 | 28.52 | 3.12 | 14.02 | 40.43 | 13.91 | 1.96 | 0.38 |
| | 箭舌豌豆 | 12.85 | 1.98 | 20.62 | 41.23 | 13.11 | 1.75 | 0.49 |
| | 油菜 | 24.15 | 3.15 | 14.19 | 54.67 | 15.14 | 2.64 | 0.52 |
| 9月17日 | 毛苕子 | 30.72 | 3.01 | 19.17 | 33.10 | 14.00 | 1.92 | 0.44 |
| | 草木樨 | 29.84 | 3.14 | 14.82 | 38.26 | 13.92 | 2.29 | 0.40 |
| | 箭舌豌豆 | 27.08 | 1.74 | 21.90 | 34.62 | 13.06 | 1.72 | 0.48 |
| | 油菜 | 21.96 | 3.06 | 14.24 | 42.61 | 17.17 | 2.89 | 0.49 |
| 9月26日 | 毛苕子 | 29.86 | 2.65 | 20.02 | 35.35 | 12.12 | 1.62 | 0.47 |
| | 草木樨 | 28.44 | 3.01 | 16.02 | 39.83 | 12.70 | 1.90 | 0.42 |
| | 箭舌豌豆 | 26.62 | 1.83 | 21.91 | 37.80 | 11.84 | 1.56 | 0.45 |
| | 油菜 | 25.62 | 3.23 | 15.10 | 40.04 | 16.85 | 2.79 | 0.42 |
| 10月6日 | 毛苕子 | 24.07 | 2.54 | 18.00 | 42.70 | 12.69 | 1.36 | 0.38 |
| | 草木樨 | 24.16 | 3.43 | 17.00 | 45.32 | 12.35 | 1.94 | 0.33 |
| | 箭舌豌豆 | 23.96 | 1.64 | 23.48 | 41.97 | 11.81 | 1.62 | 0.37 |
| | 油菜 | 21.63 | 2.75 | 15.20 | 47.33 | 14.86 | 2.30 | 0.30 |
| 10月15日 | 毛苕子 | 24.74 | 2.38 | 19.69 | 39.87 | 13.32 | 1.43 | 0.35 |
| | 草木樨 | 19.52 | 2.63 | 17.08 | 49.19 | 11.58 | 1.88 | 0.29 |
| | 箭舌豌豆 | 21.97 | 1.25 | 23.77 | 37.89 | 15.12 | 1.53 | 0.32 |
| | 油菜 | 20.44 | 2.62 | 15.93 | 47.10 | 13.29 | 2.11 | 0.30 |
| 10月25日 | 毛苕子 | 24.34 | 2.55 | 18.60 | 43.97 | 10.54 | 1.25 | 0.29 |
| | 草木樨 | 18.90 | 3.00 | 17.93 | 54.95 | 9.22 | 2.10 | 0.24 |
| | 箭舌豌豆 | 19.52 | 1.35 | 24.42 | 45.63 | 9.08 | 1.42 | 0.24 |
| | 油菜 | 19.96 | 2.39 | 16.55 | 48.20 | 11.80 | 2.43 | 0.19 |

2. 饲料油菜青贮加工品质对猪饲喂效果的影响

为明确饲料油菜青贮加工品质及对猪饲喂效果的影响，刘明等[31]收割饲料油菜茎叶后粉碎，按照不同比例与玉米混合青贮，设置① 65%饲料油菜+30%玉米秸秆+5%发酵菌；② 45%饲料油菜+50%玉米秸秆+5%发酵菌；③ 95%饲料油菜+5%发酵菌；④ 95%带芯玉米粉碎+5%发酵菌，4 个处理，结果表明，用添加饲料油菜的饲料中，③号和④料喂养的民猪日增重比较明显，且肉料比最高，饲料利用率相对较高。而且，用③号料喂养的民猪背膘最厚，熟肉率最高，系水力较高，pH 值正常，而且瘦肉率、含水量、肌内脂肪含量均接近④号料喂养的民猪（表 6-12）。

**表 6-12　不同配合饲料对民猪肉质的影响**

| 贮存方式 | 日增重（g） | 肉料比 | 背膘厚（mm） | 瘦肉率（%） | pH 值 | 含水量（%） | 系水力（%） | 熟肉率（%） | 剪切力（N） | 肌肉脂肪（%） |
|---|---|---|---|---|---|---|---|---|---|---|
| ① | 431 | 1：5.0 | 45.26 | 48.37 | 5.82 | 75.24 | 54.23 | 81.41 | 34.12 | 4.25 |
| ② | 439 | 1：4.8 | 43.72 | 49.32 | 5.81 | 74.93 | 49.34 | 81.30 | 40.64 | 4.33 |
| ③ | 445 | 1：5.1 | 47.68 | 49.52 | 5.80 | 75.43 | 53.89 | 81.86 | 43.57 | 4.45 |
| ④ | 445 | 1：4.8 | 45.34 | 50.51 | 5.91 | 75.62 | 48.43 | 81.72 | 34.77 | 4.47 |

3. 播种量对饲料油菜产量的影响

施凤雪等[32]以‘浙油杂 1 号’为试验材料，研究不同播种量对油菜产量的影响，试验设置 4 个处理，分别为 3.00 $kg/hm^2$、3.75 $kg/hm^2$、4.50 $kg/hm^2$、5.25 $kg/hm^2$，试验结果表明，随着播种密度的增加，产量表现为先增后减的趋势，在播种量为 4.50 $kg/hm^2$ 时的产量最高，达到 2 166 $kg/hm^2$，相比播种 3.00 $kg/hm^2$ 和 5.25 $kg/hm^2$ 分别增加了 33.1%、13.2%。对其产量进行方差分析后，结果表明，各处理之间的差异达到显著水平，播种 3.00 $kg/hm^2$ 的与剩下处理间的差异都达到了极显著水平；播种量为 4.50 $kg/hm^2$ 的与播种量为 3.75 $kg/hm^2$ 的差异不显著；播种量为 4.50 $kg/hm^2$ 的与播种量为 5.25 $kg/hm^2$ 的差异显著；播种量为 3.75 $kg/hm^2$ 的和 5.25 $kg/hm^2$ 的差异不显著（表 6-13）。

**表 6-13　浙油杂 1 号不同播种量的产量**

| 播种量（$kg/hm^2$） | 产量（$kg/hm^2$） | 差异显著性 | |
|---|---|---|---|
| | | 0.05 | 0.01 |
| 3.00 | 1 624.5 | c | B |

（续表）

| 播种量（kg/hm²） | 产量（kg/hm²） | 差异显著性 | |
|---|---|---|---|
| | | 0.05 | 0.01 |
| 3.75 | 2 016.0 | ab | A |
| 4.50 | 2 166.0 | a | A |
| 5.25 | 1 914.0 | b | A |

4. 播种量和收获期对饲料油菜品质的影响

为探究播种量和收获期对饲料油菜品质的影响[33]，试验设置5个水平的播种量，分别为 $D_1$（5 997.00 g/hm²）、$D_2$（8 245.88 g/hm²）、$D_3$（10 494.75 g/hm²）、$D_4$（12 743.63 g/hm²）、$D_5$（14 992.50 g/hm²）；收获期共设3个时间处理，分别为Ⅰ（9月30日）、Ⅱ（10月10日）、Ⅲ（10月20日）；共设置4次重复，试验结果如下。

（1）对粗灰分含量的影响

由表6-14可知，在收获期Ⅰ时，随着播种量的增大，粗灰分的含量逐渐减小，其中处理 $D_1$ 的粗灰分含量最大，比 $D_5$ 高出3.76%，与其他处理间的差异性显著；在收获期Ⅱ，处理 $D_1$ 的粗灰分含量比含量最小的处理 $D_4$ 高出4.12%，除了 $D_2$，处理 $D_1$ 与其他处理间的差异均达到了显著水平；收获期Ⅲ期间，处理 $D_1$ 的粗灰分含量最大，相比含量最低的 $D_4$ 高出9.09%。综上所述，播种量和收获期对粗灰分的含量具有一定的影响，粗灰分随着播种量的增大而减小，随着收获期的推迟而减小。

**表6-14　播种量和收获期对粗灰分含量的影响**

| 处理 | 粗灰分含量（%） | | | |
|---|---|---|---|---|
| | 收获期Ⅰ | 收获期Ⅱ | 收获期Ⅲ | 平均 |
| $D_1$ | 15.72±0.01 a | 14.92±0.06 a | 13.92±0.01 a | 14.85 |
| $D_2$ | 15.39±0.04 b | 14.69±0.06 ab | 13.87±0.02 a | 14.65 |
| $D_3$ | 15.32±0.08 bc | 14.19±0.06 cd | 13.10±0.04 b | 14.20 |
| $D_4$ | 15.18±0.03 cd | 14.06±0.14 d | 12.76±0.09 c | 14.00 |
| $D_5$ | 15.15±0.06 d | 14.40±0.09 bc | 12.86±0.02 c | 14.14 |

注：同列数据后不同小写字母表示在0.05水平上差异显著，下表同。

（2）对粗纤维含量的影响

由表6-15可知，播种量与收获期对粗纤维有一定的影响，在各个收获期粗纤维的含量也有明显的差异。在收获期Ⅰ，播种量 $D_5$ 的粗纤维含量是最高的，除了 $D_4$，与其他个处理间差异性显著；在收获期Ⅱ，油菜植株的粗纤维含量随着播种量的增大而增大，在 $D_5$ 达到最高，但是只与处理 $D_1$ 差异性显著；在收获期Ⅲ，粗纤维的含量随着播种量的增大而增大，且粗纤维含量增长趋势变得更为明显，处理 $D_1$、$D_2$、$D_3$、$D_4$、$D_5$ 的粗纤维含量分别比收获期Ⅱ增加了 7.99%、10.86%、10.07%、18.60%、17.43%，除了 $D_4$，处理 $D_5$ 与其他各处理差异性显著。

**表 6-15　播种量和收获期对粗纤维含量的影响[33]**

| 处理 | 粗纤维含量 | | | |
|---|---|---|---|---|
| | 收获期Ⅰ | 收获期Ⅱ | 收获期Ⅲ | 平均 |
| $D_1$ | 8.39±0.03 c | 9.01±0.02 b | 9.73±0.07 c | 9.04 |
| $D_2$ | 9.29±0.06 b | 9.67±0.08 a | 10.72±0.08 b | 9.89 |
| $D_3$ | 9.30±0.03 b | 9.93±0.06 a | 10.93±0.05 b | 10.06 |
| $D_4$ | 9.66±0.04 a | 10.00±0.22 a | 11.86±0.07 a | 10.51 |
| $D_5$ | 9.69±0.07 a | 10.21±0.28 a | 11.99±0.17 a | 10.63 |

（3）对粗蛋白含量的影响

由表 6-16 可知，随着播种量的逐渐增大，粗蛋白含量呈现一种降低趋势。在收获期Ⅰ，$D_1$ 的粗蛋白含量最高，并且与其他各个处理的差异性显著，相比粗蛋白含量最低的 $D_5$，粗蛋白含量高出了 13.75%；在收获期Ⅱ，各个播种量之间的粗蛋白含量差异明显增大，$D_1$ 的粗蛋白含量比 $D_5$ 增加了 17.43%，除了 $D_2$，$D_1$ 与其他各处理间差异性显著；在收获期Ⅲ，处理 $D_1$ 的含量最大，比 $D_5$ 高 10.54%，并与除处理 $D_2$ 外的其他处理的差异性显著，与收获期Ⅱ相比各处理间的差异相对减小[33]。

**表 6-16　播种量和收获期对粗蛋白含量的影响**

| 处理 | 粗蛋白含量（%） | | | |
|---|---|---|---|---|
| | 收获期Ⅰ | 收获期Ⅱ | 收获期Ⅲ | 平均 |
| $D_1$ | 18.36±0.03 a | 18.19±0.02 a | 15.83±0.01 a | 17.46 |
| $D_2$ | 18.12±0.03 b | 18.05±0.02 a | 15.80±0.05 a | 17.32 |
| $D_3$ | 17.91±0.02 c | 17.67±0.11 b | 15.54±0.04 b | 17.04 |
| $D_4$ | 17.11±0.05 d | 16.67±0.05 c | 15.03±0.03 c | 16.27 |
| $D_5$ | 16.14±0.06 e | 15.49±0.11 d | 14.32±0.07 d | 15.32 |

## 四、菜饼饲用

### （一）菜籽饼粕的应用现状

中国作为世界第一畜牧大国和世界第二饲料生产大国，工业饲料的产量一直保持在 1 亿吨以上。其中蛋白质饲料原料主要依靠的是进口，菜籽饼是一种蛋白质饲料原料，在世界蛋白质饲料贸易中位居第 2。我国作为菜籽饼第一生产大国，平均每年的菜籽饼粕的产量高达 700 万 t[34]。菜籽饼粕内含有丰富的蛋白质，是一种重要的动物饲料，选用蛋白质含量高而纤维素含量较低的油菜饼粕饲养动物，具有很高的饲养效果。但是，由于菜籽饼中天然存在一种抗营养物质，从而限制了动物对菜籽饼中蛋白质的吸收，如单宁、植酸和硫代葡萄糖苷等物质影响了菜饼的饲用价值[35]。

### （二）菜籽饼粕的饲用价值

大豆饼粕是主要的植物蛋白质来源，就饼粕而言[36]，油菜籽饼粕的产量仅次于大豆，油菜饼粕中含有丰富的蛋白，是一种潜在的动物饲料。动物本身不能自主合成赖氨酸、甲硫氨酸等必需的氨基酸，必须通过饮食才能补充，所以，饲料中氨基酸的成分配比极其重要，菜籽饼中的蛋白质的各种必需氨基酸含量丰富，其含量足以与大豆饼粕相媲美，并且配比恰当（表 6-17）。

**表 6-17　菜籽饼粕与大豆饼粕蛋白质中氨基酸含量（g/100g 粗蛋白）**

| 氨基酸 | 菜籽饼粕 | 大豆饼粕 | 世界卫生组织推荐值 |
|---|---|---|---|
| 苏氨酸 | 4.7 | 3.8~4.3 | 4.0 |
| 甘氨酸 | 5.4 | 3.9~4.7 | — |
| 缬氨酸 | 5.6 | 4.7~5.6 | 5.0 |
| 胱氨酸 | 2.0 | 1.3~1.6 | — |
| 蛋氨酸 | 2.2 | 0.9~1.5 | 3.5 |
| 异亮氨酸 | 4.4 | 4.2~5.2 | 4.0 |
| 亮氨酸 | 7.9 | 7.4~8.4 | 7.0 |
| 酪氨酸 | 3.2 | 3.4~4.0 | — |
| 苯丙氨酸 | 3.8 | 5.1~6.0 | 6.0 |
| 赖氨酸 | 6.7 | 6.0~6.9 | 5.5 |
| 组氨酸 | 1.5 | 2.1~3.4 | — |

（续表）

| 氨基酸 | 菜籽饼粕 | 大豆饼粕 | 世界卫生组织推荐值 |
|---|---|---|---|
| 精氨酸 | 7.2 | 7.1~8.5 | — |
| 色氨酸 | 1.6 | 1.9 | 1.0 |

## （三）发酵菜籽饼饲用营养价值

微生物在发酵过程中能够提高菜籽饼中活性小肽、氨基酸等小分子营养物质的含量，从而进一步提高养分的利用率。吴东等[37]将发酵菜籽饼用作肥育猪饲料，从而探究发酵菜籽饼的养分在动物体内消化利用的效果，结果表明，发酵菜籽饼的干物质和粗蛋白在猪的体内消化率比普通菜籽饼提高了7.67%和13.66%，消化能和代谢能力比普通菜籽饼提高了20.02%和21.44%（表6-18）。

**表6-18　菜籽饼和发酵菜籽饼养分表现消化率及消化代谢能（干物质基础）**

| 组别 | 样本数（头） | 干物质消化率（%） | 蛋白质消化率（%） | 消化能（MJ/kg） | 代谢能（MJ/kg） |
|---|---|---|---|---|---|
| 普通菜籽饼组 | 3 | 80.15±1.33 a | 72.31±2.21 a | 10.09±0.27 a | 9.05±0.16 a |
| 发酵菜籽饼组 | 3 | 86.30±1.99 b | 82.19±1.27 b | 12.11±0.24 b | 10.99±0.34 b |

试验[38]选择10日龄断奶仔猪，随机分为3组，分别饲喂1号饲粮（对照）、2号饲粮（发酵菜粕）、3号饲粮（发酵菜粕）研究仔猪的生长性能，结果表明（表6-19），仔猪平均日增重试验2、3组分别高于对照组13.04%、4.35%，但差异不显著，饲喂2号料的组平均增重效果最好。

在料肉比方面，试验组与对照组相比，料肉比分别降低了13.15%、10.53%，且差异显著（$P<0.05$），这说明发酵菜籽饼粕替代饲粮能够明显降低料肉比。

**表6-19　饲喂发酵菜粕对仔猪生产性能的影响**

| 项目 | 初始均重（kg/头） | 结束均重（kg/头） | 平均日增重［kg/（头·日）］ | 料肉比 |
|---|---|---|---|---|
| 1组 | 5.39±3.5 | 12.59±1.54 | 0.23±2.33 a | 1.9±0.14 a |
| 2组 | 5.83±6.51 | 14.08±0.84 | 0.26±0.35 a | 1.65±0.21 b |
| 3组 | 5.63±1.45 | 13.73±1.12 | 0.24±0.21 a | 1.7±0.42 b |

注：同列不同字母表示差异显著（$P<0.05$），相同字母表示差异不显著（$P>0.05$）。

# 第三节 稻油轮作模式下油菜肥用

20 世纪以来，随着我国化肥工业的发展，我国粮食产业发展迅速，粮食的产量不断增加。然而由于化肥的大量施用，造成了养分大量流失、土壤退化、土壤板结耕地质量差等一系列问题[39]。绿肥富含有机质，营养均衡，还含有大量的微量元素，是一种重要的有机肥来源。能够有效改善土壤理化性质、提高土壤肥力、增强土壤中有机质的含量和土壤微生物的数量。

绿肥油菜作为近几年兴起的有机肥，其种植面积广泛，适应性较强。与其他绿肥作物相比，油菜能够活化土壤中的矿质态磷，补充土壤中磷的含量[40]，并且油菜绿肥的种植成本较低，鲜草含量高、肥效好、对土壤肥力要求低、适应性强等，能够改善土壤质量，促进后茬作物高质量生长，从而提高农民的经济效益，具有广阔的发展前景[41]。

## 一、绿肥油菜品种选育

### （一）‘春云肥油一号’的选育

1. 亲本来源

‘春云肥油一号’为湖南春云农业科技股份有限公司选育而成。该品种来源于‘湘油 13 号’×‘湘油 11 号’的后代，通过 4 代对早熟性，冬发性，抗性和品质进行系统选育而成。

2. 世代和特性描述

2010 年用‘湘油 13 号’与‘湘油 11 号’杂交，2011 年连续按育种目标自交选择，2014 年在第四代选择出符合目标性状，且性状稳定的 D9 系。2015 年冬，D9 系参加品比试验，结果表现综合性状好，比对照生物量增加 11.32%，将该系正式定名为‘春云肥油一号’。

2016 年冬参加了湖南肥油品种联合测试，结果生物产量居参试组合第 1 位，平均生物量亩产 2 445.52 kg，比对照生物量增加 9.08%。2017 年冬参加了品种联合测试，平均生物量亩产 2 456.52 kg，产量居参试组合第 1 位，比对照生物量增加 9.34%。两年平均增产 9.21%。

3. ‘春云肥油一号’特征特性

叶绿色，裂叶 2~3 对，叶缘小锯齿状，叶有蜡粉，主茎有蜡粉，绿色，花瓣黄色，瓣不重叠，翻收时，植株高 0.96cm，一次分枝 4.85 个，最大叶长 39. 80cm，叶宽 19. 55cm。在湖南 9 月下旬播种，次年 3 月中翻收，全生育期 174. 50 d 左右。

### （二）‘金田肥油 1 号’的选育

1. 亲本来源

‘金田肥油一号’为该品种来源于‘沣油 520’×‘阳光 2009’的后代，通过 5 代对早熟性，冬发性，抗性和品质进行系统选育而成。

2. 世代和特性描述

2011 年用‘沣油 520’与‘阳光 2009’杂交，2012 年连续按育种目标自交选择，2017 年在第 5 代选择出符合目标性状，且性状稳定的自交系 JT03。2017 年冬，自交系 JT03 参加品比试验，结果表现综合性状好，比对照生物量增加 12. 15%，将该自交系定名为‘金田肥油 1 号’。

2018 年冬参加了湖南肥油品种联合测试，结果生物产量居参试组合第 1 位，平均生物量亩产 2 528. 32 kg，比对照生物量增加 12. 77%。2019 年冬参加了品种联合测试，平均生物量亩产 2 484. 52 kg，产量居参试组合第 1 位，比对照生物量增加 10. 59%。两年平均增产 11. 68%。

3. ‘金田肥油 1 号’特征特性

叶绿色，裂叶 2~3 对，叶缘小锯齿状，叶有蜡粉，主茎有蜡粉，绿色，花瓣黄色，瓣不重叠，翻收时，植株高 0. 90 cm，一次分枝 4. 85 个，最大叶长 39. 60 cm，叶宽 19. 55 cm。在湖南 9 月下旬播种，次年 3 月上旬翻收，全生育期 168 d 左右。

## 二、薹肥两用油菜

油菜是我国南方重要的冬季作物，随着双低油菜的普及应用，油菜已经突破了传统的菜籽榨油的用途，称为一种油、菜、饲、肥等兼用的多用途油菜。油菜薹中富含各种营养元素，如维生素 C、维生素 $B_1$、维生素 $B_2$ 等人体必需的微量元素，且与常规油菜相比，苦、涩味都以去除，逐渐成为人们喜爱的事物。油菜抽薹后，其秸秆可作绿肥，经过翻压还田，能够有效改善土壤质量，提高土壤肥力。并且抽薹后油菜主茎会变得粗壮，根系长度也会有所增加[42]。

惠荣奎等[43]用‘油肥 1 号’采用育苗移栽和直播 2 种方式，设置苗龄 20d 移栽，密度 3 000 株/667$m^2$（处理 A）和 5 000 株/667$m^2$（处理 B）2 个处理，设置直播：18 000 株/667$m^2$（处理 C）和 36 000 株/667$m^2$（处理

D）2 个处理，共 4 个处理，研究不同栽培方式、密度对摘薹后油菜生物量的影响，结果表明，油菜抽薹后，随着生育期的延长，油菜的主茎会变得粗壮，根系长度增加明显；随着密度的增加，压青时植株根长、单株重和主茎粗等指标明显下降（表 6-20）。

**表 6-20　不同栽培方式、密度对摘薹后压青生物量的影响**

| 处理 | 根长（cm） | 主茎粗（cm） | 株高（cm） | 单株重（g） | 生育期（d） | 生物量（$kg/667m^2$） |
|---|---|---|---|---|---|---|
| A | 25.2 | 4.2 | 146.7 | 1 048 | 123 | 3 144 |
| B | 21.3 | 3.7 | 143.6 | 658 | 93 | 3 290 |
| C | 19.3 | 1.6 | 125.1 | 186 | 95 | 3 348 |
| D | 14.6 | 0.8 | 96.4 | 87 | 63 | 3 132 |

## 三、绿肥油菜

绿肥作为重要的农业有机肥源，在改良土壤培肥、化肥减施增效、作物增产和保护生态环境方面具有良好的效果。油菜作为绿肥，其适应性强，能够因地制宜进行播种。播期和播种量是重要的种植技术，对作物的生育期、出苗速率、养分吸收和生长指标等方面具有显著的影响，因此，明确油菜的最佳播期和播种量对绿肥油菜具有十分重要的意义。

### （一）播种量和播种期对绿肥油菜生物产量和养分积累的影响

1. 播种量

以‘沪油 17’为试验材料[44]，共设 6 个不同播种量处理，通过田间试验研究在不同播种量下绿肥油菜生物产量和养分的影响，结果表明，当播种量较小时，油菜鲜样产量随播种量的增加而增加，当播种量增加到一定程度时，油菜的鲜样产量将趋于稳定。当播种量为 6.00 $kg/hm^2$ 和 8.25 $kg/hm^2$ 时各处理间油菜鲜样产量的差异不显著，播种量为 10.50～15.00 $kg/hm^2$ 时，鲜样产量都显著高于播种量 1，且与播种量 1 差异显著（表 6-21）。

**表 6-21　同播种量对油菜生物产量的影响**　　单位：$kg/hm^2$

| 处理 | 播种量 | 鲜样产量 | 干物质产量 |
|---|---|---|---|
| 播种量 1 | 3.75 | 22 488.44 b | 3 969.21 b |
| 播种量 2 | 6.00 | 26 398.47 ab | 4 677.81 ab |

（续表）

| 处理 | 播种量 | 鲜样产量 | 干物质产量 |
| --- | --- | --- | --- |
| 播种量 3 | 8.25 | 26 205.13 ab | 4 426.05 ab |
| 播种量 4 | 10.50 | 27 573.47 a | 4 814.33 a |
| 播种量 5 | 12.75 | 27 378.47 a | 4 755.64 ab |
| 播种量 6 | 15.00 | 27 965.14 a | 4 672.98 ab |

注：同列数据后不同小写字母表示处理间差异显著（$P<0.05$）。

在油菜养分积累量方面，由图 6-9 所示，油菜氮元素的积累量随着播种量的增加总体呈现先增高后降低的趋势，在播种量 2 的处理下达到最高值 81.11 kg/hm$^2$，各处理间差异性显著。磷元素积累量在播种量 5 处理时达到最高值 13.89 kg/hm$^2$，钾元素积累量在播种量 2 处理时达到最高值 67.59 kg/hm$^2$，但各处理间差异不显著。可见，以 3 种主要营养元素积累量为衡量标准时，播种量 6.00 kg/hm$^2$（播种量 2）较为合适[44]。

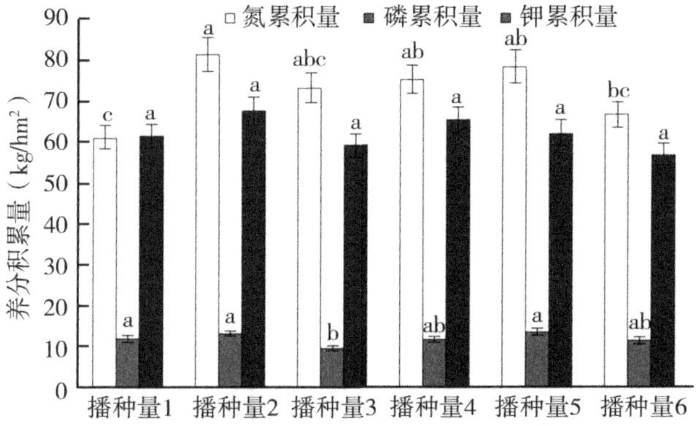


**图 6-9　不同播种量对油菜养分积累量的影响**

2. 播种期

研究表明[44]，不同播种时期对油菜生物产量影响明显，10 月 23 日，油菜鲜样产量和干物质产量都达到最大，播种期 11 月 6 日和 11 月 13 日处理间差异不显著随着播种期的推迟，油菜的生物产量明显的减少（表 6-22）。

**表 6-22　不同播种期对油菜生物产量的影响**

| 处理 | 播种期 | 鲜样产量 | 差异显著性 | | 干物质产量 | 差异显著性 | |
| --- | --- | --- | --- | --- | --- | --- | --- |
| | | | 5% | 1% | | 5% | 1% |
| 播种期 1 | 10 月 23 日 | 26 986.80 | a | A | 4 784.76 | a | A |

（续表）

| 处理 | 播种期 | 鲜样产量 | 差异显著性 | | 干物质产量 | 差异显著性 | |
|---|---|---|---|---|---|---|---|
| | | | 5% | 1% | | 5% | 1% |
| 播种期 2 | 10 月 30 日 | 18 381.76 | b | B | 3 214.97 | b | B |
| 播种期 3 | 11 月 6 日 | 8 018.37 | c | C | 1 372.75 | c | C |
| 播种期 4 | 11 月 13 日 | 7 821.71 | c | C | 1 322.65 | c | C |
| 播种期 5 | 11 月 20 日 | 3 633.35 | d | D | 599.14 | d | D |
| 播种期 6 | 11 月 27 日 | 2 105.01 | d | D | 359.12 | d | D |

在油菜养分积累量方面（图 6-10），随着播种期的推迟，氮、磷、钾的积累量逐渐降低。当播种期在 11 月 13 日之前，油菜的养分积累相对较高，各个处理氮、磷间的差异性显著，其中，在播种期 1 时各营养元素积累量最高。11 月 20 日以后，氮、磷、钾的含量相对较低，各处理间氮、钾积累量差异不显著，磷元素积累量差异性显著。氮、磷、钾积累量在 10 月 23 日播种最高[44]。

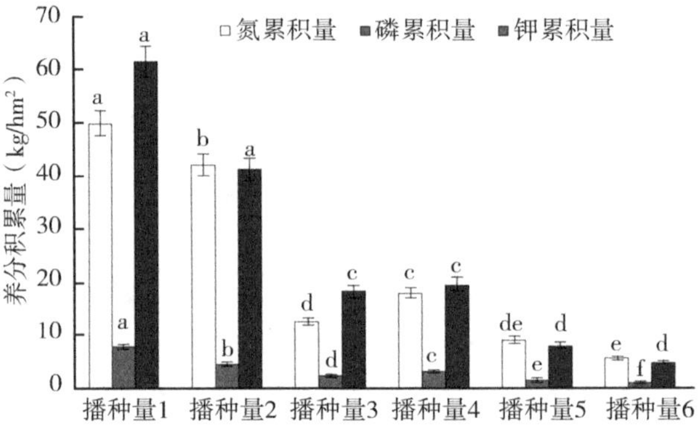


**图 6-10　不同播种期对油菜养分积累量的影响**

## （二）施肥量对绿肥油菜生物量和养分积累的影响

1. 施肥量对油菜生物量的影响

研究表明[45]，与不施肥相比，施肥量在 225～450 kg/hm² 时，随着施肥量的不断增加，油菜的鲜重明显增加，约为 1.52～10.7 倍，施肥量为 675 kg/hm² 时，油菜的鲜重达到最大值；施肥量在 225～450 kg/hm² 时，油菜的干重变化与鲜重一致，施肥量>450 kg/hm² 时，各处理间差异性不显著。

2. 施肥量对油菜养分含量的影响

由表6-23可知[45]，随着施肥量的增加，绿肥油菜各养分的含量呈现不断增加的趋势。施肥量对油菜的碳、磷含量影响较小，施肥量>375 kg/hm² 时，各处理碳、磷含量无明显差异；但是，不同施肥量对氮、钾的含量影响比较大，当施肥量>600 kg/hm² 时，氮、钾含量的增加幅度减小，处理间差异不显著。

**表6-23 施肥量对油菜养分含量的影响**

| 施肥量（kg/hm²） | 碳含量（%） | 氮含量（%） | 磷含量（%） | 钾含量（%） |
|---|---|---|---|---|
| 0 | 40.3 d | 1.16 d | 0.29 b | 1.96 d |
| 220 | 41.7 cd | 1.21 d | 0.29 b | 2.28 c |
| 300 | 42.5 bc | 1.26 cd | 0.31 ab | 2.50 bc |
| 375 | 43.8 ab | 1.29 cd | 0.31 ab | 2.49 bc |
| 450 | 43.3 ab | 1.43 bc | 0.32 ab | 2.45 bc |
| 525 | 44.1 a | 1.49 b | 0.34 ab | 2.48 bc |
| 600 | 44.5 a | 1.59 ab | 0.36 a | 2.71 ab |
| 675 | 44.2 a | 1.70 a | 0.36 a | 2.80 a |

注：同一列数据后不同小写字母表示处理间差异显著（$P<0.05$）。

研究表明[45]，施肥可以有效提高油菜中碳、氮、磷、钾等元素的积累量。在225～525 kg/hm² 时，各处理间油菜碳、磷的积累量增幅度为1.65%～10.4倍，当施肥量>525 kg/hm² 时，氮、磷各处理间差异不显著，增幅量减小；施肥量在450～675 kg/hm² 时，各处理间油菜碳、氮、磷、钾养分积累量均显著高于其他处理。总体来说，绿肥油菜适宜施肥量为450～525 kg/hm²（表6-24）。

**表6-24 施肥量对油菜养分积累量的影响**

| 施肥量（kg/hm²） | 碳积累量（kg/hm²） | 氮积累量（kg/hm²） | 磷积累量（kg/hm²） | 钾积累量（kg/hm²） |
|---|---|---|---|---|
| 0 | 148 e | 4.27 g | 1.05 e | 7.19 e |
| 225 | 391 d | 11.42 f | 2.72 de | 21.47 e |
| 300 | 665 c | 19.63 e | 4.93 d | 38.96 d |
| 375 | 1 109 b | 32.58 d | 7.79 c | 63.06 c |
| 450 | 1 559 a | 51.09 c | 11.47 b | 88.28 b |
| 525 | 1 681 a | 56.37 b | 12.93 ab | 94.95 ab |
| 600 | 1 767 a | 63.24 a | 14.16 a | 107.54 a |

### （三）绿肥油菜对土壤的影响

邓力超等[46]研究表明，经过绿肥油菜翻压还田后，土壤的 pH 值从 4.7 增加到了 5.1，说明种植绿肥对于缓解土壤的酸化有一定的作用。在土壤容重方面，经过绿肥油菜翻压还田，土壤容重相对于 CK 从 1.987 $g/cm^3$ 降到了 1.539 $g/cm^3$，由此说明，经过种植绿肥后，土壤的团粒结构得到了很大的改善，土壤的通气性增强（表 6-25）。

在土壤养分方面，经过油菜翻压还田，土壤中有效钾和有机质的含量分别提高了 12.99%和 25.45%，碱解氮含量也有一定量的提升，相对于 CK 增加了 9.94 mg/kg；因此，绿肥的施用对增加土壤有机质、改善土壤结构效果明显（表 6-25）。

**表 6-25　绿肥油菜对土壤理化性状的影响**

| 年份 | 处理 | pH 值 | 土壤容重（$g/cm^3$） | 碱解氮（mg/kg） | 有效磷（mg/kg） | 有效钾（mg/kg） | 有机质（g/kg） |
|---|---|---|---|---|---|---|---|
| 2014 | 基础土样 | 5.1 | 1.987 | 125.38 | 97.29 | 103.41 | 21.61 |
| 2015 | 1（CK） | 5.0 | 1.916 | 128.33 | 96.42 | 99.62 | 20.03 |
| | 2 | 5.2 | 1.735 | 130.46 | 97.38 | 107.58 | 24.84 |
| 2016 | 1（CK） | 4.7 | 1.927 | 129.47 | 96.51 | 97.32 | 18.35 |
| | 2 | 5.0 | 1.539 | 135.32 | 98.72 | 116.84 | 27.11 |

何文寿等以翻压绿肥油菜为处理组，以未翻压绿肥油菜为对照，经过两年的试验，结果表明，翻压绿肥油菜可使土壤碱解氮、速效钾、≥0.25mm%水稳性团聚体含量明显增加，分别增长 58%、29%、22%，土壤有机质含量提高 7.8%，土壤容重下降 8.3%，全盐含量下降 13.9%，具有改良土壤、增加土壤有效氮、钾含量的效果（表 6-26）[47]。

**表 6-26　翻压绿肥油菜对土壤性质的影响**

| 处理 | 容重（$g/cm^3$） | 全氮（g/kg） | 全磷（g/kg） | 碱解氮（mg/kg） | 速效磷（mg/kg） | 速效钾（mg/kg） | 有机质（g/kg） | pH 值 | 全盐（g/kg） | 碱性磷酸酶（mL/g） | 脲酶（mg/g） | ≥0.25 mm%水稳性团聚体 |
|---|---|---|---|---|---|---|---|---|---|---|---|---|
| 对照 | 1.56 | 1.01 | 1.24 | 58.80 | 19.33 | 100.58 | 15.21 | 8.37 | 0.66 | 0.45 | 0.39 | 2.57 |
| 油菜 | 1.43 | 1.01 | 1.44 | 92.84 | 17.52 | 130.39 | 16.40 | 8.55 | 0.57 | 0.51 | 0.39 | 3.14 |
| ±% | 8.33 | 0.00 | 16.47 | 57.89 | -9.37 | 29.64 | 7.81 | 2.21 | -13.92 | 13.44 | 0.49 | 2.18 |

## （四）绿肥油菜还田对后茬作物的影响

### 1. 绿肥油菜还田对后茬水稻产量的影响

油菜具有较强的适应性和抗逆性，播期比较宽松，生物量大，秸秆易腐解，且根系的分泌物能够溶解土壤中固定态养分。试验采用‘沪油 17’号绿肥油菜还田[48]，探究绿肥还田对后茬作物的影响，共设 4 个处理，分别为无绿肥还田（CK）、绿肥油菜 7.5 $t/hm^2$ 还田量（T1），绿肥油菜 15.05 $t/hm^2$ 还田量（T2）、22.55 $t/hm^2$ 还田量（T3），结果由表 6-25 所示，试验组 T2 和 T3 的水稻产量相对于对照组 CK 有所增加，其中试验组 T3 的理论产量增加达到显著水平，经测量结果显示，试验组 T2 比对照组 CK 增产 3.1%，T3 增产 2.3%，其他均不显著（6-27）。

**表 6-27　绿肥油菜压青还田对后茬水稻产量的影响**

| 处理 | 理论产量 | 小区测产 |
|---|---|---|
| CK | 8.7 b | 8.6 a |
| T1 | 8.6 b | 8.7 a |
| T2 | 8.7 b | 8.9 a |
| T3 | 9.1 a | 8.8 a |

### 2. 绿肥油菜对后茬稻田土壤的理化性状的影响

由表 6-28 所示，经过绿肥油菜压青还田后，稻田的土壤 pH 值上升了 0.2 左右，有机质的变化也比较明显，试验组 T2 土壤中氮、磷、钾的含量分别相比 CK 增加了 16.1%、55.0%、11.1%，T3 土壤中的氮、磷的含量也增加了 7.5%和 27.5%[48]。

**表 6-28　绿肥油菜还田对后茬稻田土壤理化性状的影响**

| 处理 | pH 值 | 有机质（%） | 碱解氮（mg/kg） | 速效 P（mg/kg） |
|---|---|---|---|---|
| CK | 7.5 a | 3.1 a | 101.5 b | 13.1 b |
| T1 | 7.7 a | 3.0 a | 95.1 b | 15.6 ab |
| T2 | 7.7 a | 3.1 a | 117.8 a | 20.3 a |
| T3 | 7.6 a | 3.1 a | 109.1 ab | 16.7 ab |

### 3. 绿肥油菜还田对稻田土壤可培养微生物的影响

土壤中的微生物是土壤生态系统的重要组成部分，在从有机质分解到最后的营养元素吸收的整个过程中都发挥着重要的作用。秸秆的腐解转化等主要依靠土壤中的微生物参与完成，绿肥还田后，使土壤理化性质发生改变，从而使土壤微生物的种群结构发生重大改变，进而影响作物的生长。绿肥油菜还田后，稻田的土壤中细菌的数量增加，依次为 T3>T1>T2>CK；而放线菌的数量则有所减少；真菌的数量除了处理 T2 降低外，其他处理组均高于 CK；可培养微生物的数量依次为 T3>CK>T1>T2[48]。

### 四、观赏油菜肥用

观赏油菜是指在种植收获油菜（籽）的同时，在油菜的开花期，能够配合旅游观光，增加了以观赏油菜花期开花景观为另一目的的油菜。也就是说，观赏油菜，栽培目的是在收获籽粒榨油的同时，更注重欣赏油菜开花形成的美丽景观[49]。

章秀福等报道，盛花期油菜和紫云英的碳氮比分别为 20～(25：1）和（13～16）：1，故在盛花期油菜更有利于被土壤微生物分解，并且盛花期油菜的磷、钾含量都显著高于紫云英。王丹英等研究表明，盛花期油菜翻压还田使水稻产量较冬闲对照显著增加 5. 70%～14. 55%，盛花期翻压的增产效果也显著高于收货后秸秆焚烧还田。因此，在油菜盛花期后还田作绿肥，碳氮比更利于植株被分解，养分更有利于被植株吸收[50-51]。但是，关于观赏油菜作绿肥的相关研究目前还较少，此用法仅作为一个研究方向作为参考。

## 第四节　稻油轮作模式下油菜薹用

油菜在我国的种植面积非常广泛，传统的油菜多以榨取菜籽油为主。近年来，油菜的多功能利用越来越受到了人们的关注，油菜薹的利用便是其中之一。油菜薹口感清脆，风味独特，且含有丰富的胡萝卜素、维生素以及人体所需的各种微量元素，深受人们的喜爱。

### 一、薹用油菜品种选育

#### （一）‘春云油苔一号’的选育

1. 亲本来源

甘蓝型化学杀雄两系杂交油菜新组合春云油苔一号（261×E133)，由湖南省春云农业科技股份有限公司种业研究院选育而成。该品种由‘261’×

‘E133’配组而成。母本‘261’来源于‘湘油 15 号’变异株；父本‘E133’来源于‘湘油 13 号’与‘中双 9 号’的杂交后代，2 个亲本在 2014 年定型配组。

2. 世代和特性描述

母本‘261’的选育始于 2011 年，对 10 个‘湘油 15 号’优良的自交系进行化学杀雄敏感性和产量试验，结果筛选出对化学杀雄较敏感同时产量高的自交系‘261’，刚现蕾时喷药 2 次，整个花期达到 98%的不育效果。

父本‘E133’的选育始于 2009 年，来源于‘湘油 15 号’与‘中双 9 号’的杂交后代，通过该组合后代的连续选择，在第 4 代，选出稳定的优系‘E133’。

‘261’×‘E133’的选育始于 2014 年，利用‘261’与 10 个自交系配制 10 个杂交组合，进行了 2 个点组合比较试验，2015 年春从这 10 个组合中筛选出新组合‘261’×‘E133’，其表现早熟，综合性状好，比对照增产 6.5%。

2016 年冬，该组合参加了 6 个组合 5 个点的联合品比试验，结果（摘薹后）亩产 164.58 kg，居参试组合第 2 位，比对照增产 4.4%，每亩菜籽加菜苔产值达到 2 346.66 元，除去施肥和摘薹 500 元费用，比对照油菜品种每亩增收 900.82 元。2017 年冬参加了 6 个组合 5 个点的联合品比试验，亩产 157.30 kg，居参试组合第 2 位，比对照增产 1.72%，每亩菜籽加菜苔产值达 2 578.86 元，除去施肥和摘薹 500 元费用比对照油菜品种每亩增收 1 163.02 元。两年平均亩产 160.94 kg，比对照增产 3.05%，二年菜籽加菜薹平均净产值 1 031.92 元/亩，居第 2 位。

3. ‘春云油苔一号’（‘261’×‘E133’）特征特性

植株生长习性半直立，叶中等绿色，无裂片，叶翅 2~3 对，叶缘弱，两年测试平均，最大叶长 27.4cm（中），最大叶宽 9.8cm（中），叶柄长度中，刺毛无，叶弯曲程度弱，开花期中，花粉量多，主茎蜡粉无或极少，植株花青苷显色弱，花瓣中等黄色，花瓣长度中，花瓣宽度中，花瓣相对位置侧叠，植株总长度 160.7 cm（短），一次分枝部位 58.5 cm，一次有效分枝 7 个，单株果数 188.5 个，果身长度 8.3 cm（中），果喙长度 1.2 cm（中），角果姿态上举，籽粒黑褐色，千粒重 4.01 g（中）。该组合在湖南两年多点试验结果表明，在湖南 9 月下旬播种，翌年 4 月下旬成熟，全生育期 205.5 d。

芥酸 0%，硫苷 21.0 μmol/g，含油为 46.0%，测试结果均符合国家标准，含油量高；菜薹维生素 10.55 mg/100g，维生素 C 57.10 mg/100g，蛋白质 1.48 g/100g，品质高于对照高于梅花红菜薹。菌核病平均发病株率为 5%，中抗菌核病；病毒病的平均发病株率为 2.5%，高抗病毒病。经转基因成分检测，不含任何转基因成分。

## （二）‘金田油苔 1 号’的选育

1. 亲本来源

甘蓝型化学杀雄两系薹油两用杂交油菜新组合“金田油苔 1 号”（‘J258’×‘T04’），由湖南省长沙市金田种业有限公司选育而成。该品种由‘J258’×‘T04’配组而成。母本‘J258’来源于‘湘油 15 号’自交系；父本 T04 来源于‘湘油 15 号’与‘中双 11 号’的杂交后代，两个亲本在 2017 年定型配组。

2. 世代和特性描述

‘金田油苔 1 号’的配组始于 2017 年，利用“J258”与 10 个自交系配制 10 个杂交组合，进行了 2 个点组合比较试验，2018 年春从这 10 个组合中筛选出新组合‘J258’×‘T04’，其表现综合性状好，比对照增产 5.2%。

2018 年冬，该组合参加了 6 个组合 5 个点的联合品比试验，亩产 167.18 kg，比对照增产 6.09%，每亩菜籽加菜薹产值达到 2 699.26 元，除去施肥和摘薹 600 元费用，比对照油菜品种每亩增收 1 311.26 元，居参试组合第 1 位。2019 年冬参加了 6 个组合 5 个点的联合品比试验，亩产量 165.1 kg，比对照增产 6.76%，每亩菜籽加菜薹产值达到 3 005.58 元，除去施肥和摘薹 600 元费用，比对照油菜品种每亩增收 1 632.38 元，居参试组合第 1 位。两年平均亩产 166.14 kg，比对照增产 6.42%，两年菜籽加菜薹平均净增收 1 471.82 元/亩，居第 1 位。

3. ‘金田油苔 1 号’（‘J258’×‘T04’）特征特性

植株生长习性半直立，叶中等绿色，无裂片，叶翅 2~3 对，叶缘弱，二年测试平均，最大叶长 27.4 cm（中），最大叶宽 9.8 cm（中），叶柄长度中，刺毛无，叶弯曲程度弱，开花期中，花粉量多，主茎蜡粉无或极少，植株花青苷显色弱，花瓣中等黄色，花瓣长度中，花瓣宽度中，花瓣相对位置侧叠，植株总长度 160.7 cm（短），一次分枝部位 58.5 cm，一次有效分枝 7 个，单株果数 188.5 个，果身长度 8.3 cm（中），果喙长度 1.2 cm（中），角果姿态上举，籽粒黑褐色，千粒重 4.01 g（中）。该组合在湖南两年多点试验结果表明，在湖南 9 月下旬播种，翌年 4 月下旬成熟，全生育期 205. 5 d。

芥酸 0%，硫苷 21. 0μmol/g，含油为 46. 0%，测试结果均符合国家标准，含油量高；菜苔维生素 10. 55mg/100g，维生素 C 57. 10mg/100g，蛋白质 1. 48g/100g，品质高于对照高于梅花红菜苔。菌核病平均发病株率为 5%，中抗菌核病；病毒病的平均发病株率为 2. 5%，高抗病毒病。经转基因成分检测，不含任何转基因成分。

### （三）‘帆鸣 3 号’油菜的选育

1. 亲本来源

甘蓝型化学杀雄两系薹油两用杂交油菜新组合‘帆鸣 3 号’（‘261’×‘C112’），由湖南农业大学油料所选育而成。该品种由‘261’×‘C112’配组而成。母本‘261’来源于‘湘油 15 号’变异株；父本‘C112’来源于‘湘油 15 号’与‘中双 11 号’的杂交后代，两个亲本在 2014 年定型配组。

2. 世代和特性描述

母本‘261’的选育始于 2011 年，对 10 个‘湘油 15 号’优良的自交系进行化学杀雄敏感性和产量试验，结果筛选出对化学杀雄较敏感同时产量高的自交系‘261’，刚现蕾时喷药 2 次，整个花期达到 98%的不育效果。

父本‘C112’的选育始于 2009 年，来源于‘湘油 15 号’与‘中双 11 号’的杂交后代，通过该组合后代的连续选择，在第 4 代，选出稳定的优系‘C112’。

‘261’×‘C112’的选育始于 2014 年，利用‘261’与 10 个自交系配制 10 个杂交组合，进行了 2 个点组合比较试验，2015 年春从这 10 个组合中筛选出新组合‘261’×‘C112’，其表现综合性状好，比对照增产 5. 2%。

2016 年冬，该组合参加了 6 个组合 5 个点的联合品比试验，结果亩产 166. 42 kg，每亩菜籽加菜薹产值达到 2 453. 46 元，除去施肥和摘薹 500 元费用，比对照油菜品种每亩增收 1 007. 62 元，居参试组合第 1 位，比对照增产 5. 57%。2017 年冬参加了 6 个组合 5 个点的联合品比试验，亩产量 163. 06 kg，每亩菜籽加菜苔产值达到 2 579. 40 元，除去施肥和摘薹 500 元费用，比对照油菜品种每亩增收 1 163. 86 元，居参试组合第 1 位，比对照增产 5. 44%。两年平均亩产 163. 74 kg，比对照增产 5. 51%，两年菜籽加菜薹平均净增收 1 085. 74 元/亩，居第 1 位。

3. ‘帆鸣 3 号’（‘261’ × ‘C112’）特征特性

植株生长习性半直立，叶中等绿色，无裂片，叶翅 2~3 对，叶缘弱，二年测试平均，最大叶长 30.0 cm（中），最大叶宽 12.9 cm（中），叶柄长度中，刺毛无，叶弯曲程度弱，开花期中，花粉量多，主茎蜡粉无或极少，植株花青苷显色弱，花瓣中等黄色，花瓣长度中，花瓣宽度中，花瓣相对位置侧叠，植株总长度 165 cm（短），一次分枝部位 61.4 cm，一次有效分枝 6.26 个，单株果数 174.2 个，果身长度 7.9 cm（中），果喙长度 1.2 cm（中），角果姿态上举，籽粒黑褐色，千粒重 3.98 g（中）。该组合在湖南两年多点试验结果表明，在湖南 9 月下旬播种，翌年 4 月下旬成熟，全生育期 205.6 d。

芥酸 0%，硫苷 21.0mol/g，含油为 44.0%，油酸含量 80.63%，测试结果均符合国家标准；菜薹维生素 10.65 mg/100g，维生素 C 70.10 mg/100g，蛋白质 1.31 g/100g，品质高于对照高于梅花红菜苔。菌核病平均发病株率为 5.8%，中抗菌核病；病毒病的平均发病株率为 4.0%，高抗病毒病。经转基因成分检测，不含任何转基因成分。

## 二、油菜薹用

### （一）不同采摘期对油菜薹水分含量和营养品质的影响

试验[52]采用‘苏油 1 号’作为试验材料，油菜薹在不同采摘时期水分和营养品质的相关问题，结果表明，在油菜薹的生长高度达到 30cm 时，油菜薹的水分含量是最高的，但是随着生长期的不断延长，油菜薹高度的不断增高，油菜薹中的水分含量呈现逐渐下降的趋势，说明随着油菜的不断生长，油菜植株内干物质的含量也在不断增加。

在营养品质方面，如表 6-29 所示，在油菜植株高度在 30~70 cm 的生长阶段中，叶绿素和维生素 C 的含量呈现下降趋势，还原糖和可溶性固形物的变化相对不显著。变化最明显的是维生素 C，其次就是硝酸盐，在 30 cm、50 cm、70 cm 时，维生素含量分别为每 100 克 90.74 mg、79.06 mg、50.20 mg，随着植株的生长，维生素 C 的含量下降了 45%，硝酸盐的含量从 0.80 g/kg 增长至 1.07 g/kg，增加了 34%。综上所述，随着油菜薹采摘时期的推出，油菜薹的营养品质也在逐渐下降，在油菜薹高度 30 cm 时，所得的油菜薹营养价值是最高的，为 0.82±0.095。

**表 6-29　不同采摘时期油菜薹的营养品质**

| 油菜薹高度（cm） | 叶绿素含量（mg/g） | 还原糖含量（g/100g） | 可溶性固形物含量（%） | 硝酸盐含量（g/kg） | 维生素 C 含量（mg/100g） | 营养综合评分 |
|---|---|---|---|---|---|---|
| 30 | 0.68±0.018 a | 5.21±0.022 a | 7.92±0.15 b | 0.80±0.082 c | 90.74±0.058 a | 0.82±0.095 a |
| 50 | 0.62±0.021 b | 5.17±0.026 a | 7.81±0.28 b | 0.87±0.071 b | 79.06±0.061 b | 0.52±0.085 b |
| 70 | 0.54±0.017 c | 5.06±0.034 b | 8.69±0.16 a | 1.07±0.073 a | 50.20±0.062 c | 0.22±0.041 c |

注：表中同列所标注不同字母表示差异显著（$P<0.05$）。

## （二）甘蓝型双低菜薹与白菜型红菜薹营养指标

营养指标结果如表 6-30 所示[53]，甘蓝型油菜薹的维生素 C、钙、硒、锌等微量元素的含量明显高于白菜型红菜薹，分别高出 85.6%、35.1%、31.4%、10.8%；可溶性糖和粗纤维的含量与白菜型红菜薹相当。甘蓝型油菜薹中 Fe 的含量相比白菜型红菜薹低了 37.7%。结果表明，甘蓝型双低油菜薹是一种营养丰富的蔬菜。

**表 6-30　甘蓝型双低菜薹与白菜型红菜薹的营养指标**

| 类型与比较 | 维生素 C（mg/100g） | 可溶性总糖（%） | 粗纤维（%） | 微量元素（mg/kg） | | | |
|---|---|---|---|---|---|---|---|
| | | | | Ca | Fe | Zn | Se |
| 甘蓝型油菜薹 | 87.4 | 1.95 | 1.12 | $5.0\times10^{2}$ | 9.6 | 7.2 | $9.2\times10^{-3}$ |
| ±CK% | 85.6 | 2.6 | 7.7 | 35.1 | -37.7 | 10.8 | 31.4 |
| 白菜型红菜薹（CK） | 47.1 | 1.90 | 1.04 | $3.7\times10^{2}$ | 15.4 | 6.5 | $7.0\times10^{-3}$ |

## （三）采摘次数对菜薹品质及产量的影响

不同品种摘薹后油菜薹的品质和产量间存在着明显的差异[54]，如图 6-17 所示，在参试品种中，SLYC-2 的单薹鲜重最大，单薹干重最大的为 CT-1，其次为 SLYC2。SLYC-2 和 SLYC-1 的薹粗明显高于其他品种；在产量方面，小区产量最高的品种为 SLYC-2；SLYC-2 品种的可溶性糖的含量也明显高于其他品种；各油菜品种间的纤维素含量没有明显的差异；SLYC-1 和 SLYC-2 菜薹中木质素的含量也明显高于其他品种；在第一次采摘时，油蔬两用甘蓝型油菜的菜薹粗蛋白含量明显低于 RY-18，在第 2 次采摘时品种间的粗蛋白含量没有显著差异。

不同的采摘次数能够显著影响油菜薹的品质和产量，相比于第 1 次摘薹，第2次摘薹明显降低了油菜菜薹的品质和产量，油菜薹的鲜重、干重、薹粗和小区菜薹产量分别降低了89.1%～93.6%、82.5%～90.4%、52.0%～57.3%和64.5%～88%；可溶性糖的含量明显增加了15.7%～47.1%；纤维素和木质素的含量分别降低了4.6%～26.6%和5.1%～26.4%；RY-18的粗蛋白含量显著降低了17.1%，其他品种则无明显变化。

## 参考文献


[1] 黄婷苗，郑险峰，侯仰毅，等．秸秆还田对冬小麦产量和氮、磷、钾吸收利用的影响［J］．植物营养与肥料学报，2015，21（4）：853-863.

[2] 殷尧翥，郭长春，孙永健，等．稻油轮作下油菜秸秆还田与水氮管理对杂交稻群体质量和产量的影响［J］．中国水稻科学，2019，33（3）：257-268.

[3] 范明生，江荣风，张福锁，等．水旱轮作系统作物养分管理策略［J］．应用生态学报，2008，19（2）：424-432.

[4] 胡宏祥，程燕，马友华，等．油菜秸秆还田腐解变化特征及其培肥土壤的作用［J］．中国生态农业学报，2012，20（3）：297-302.

[5] 王子阳，陈婉华，袁伟，等．双季稻地区不同类型水稻秸秆与还田深度对还田秸秆腐解进程的影响［J］．中国土壤与肥料，2022（2）：170-174.

[6] 崔月峰，孙国才，郭奥楠，等．秸秆和生物炭还田对冷凉稻区土壤物理性质及pH值的影响［J］．江苏农业科学，2020，48（21）：255-260.

[7] 黄晶，王学春，王红妮，等．油菜秸秆翻埋还田对水稻秧苗生长及土壤性状的影响［J］．西南农业学报，2016，29（8）：1908-1912.

[8] 高梦瑶，靳玉婷，缪杰杰，等．秸秆还田对土壤养分及酶活性的影响［J］．红河学院学报，2021，19（2）：138-141.

[9] 陈忠平，龙昌智，朱树伟，等．油菜秆还田和氮肥种类对水稻生长过程中土壤养分的影响［J］．江苏农业科学，2021，49（21）：73-81.

[10] 王雷．不同油菜秸秆还田方式对稻田温室气体排放和水稻产量的影响［D］．武汉：华中农业大学，2020.
[11] 谭周进，汤海涛，余崇祥．秸秆还田栽培晚稻土壤微生物动态研究［J］．湖南农业科学，2001（4）：30-31，33.
[12] 潘晶，杨墨，黄琳丽，等．秸秆还田对土壤主要微生物数量、酶活性及细菌群落结构、多样性的影响［J］．沈阳师范大学学报（自然科学版），2021，39（3）：266-271.
[13] 王越，况福虹，马胜兰，等．秸秆粉碎和焚烧还田对石灰性紫色土耕层土壤孔隙和有机碳的影响［J］．农业环境科学学报，2022，41（3）：526-536.
[14] 曹若梅．水稻秸秆还田对土壤含水量的影响［J］．安徽农业科学，2019，47（18）：85-87.
[15] 黄耀，焦燕，宗良纲，等．土壤理化特性对麦田 $N_2O$ 排放影响的研究［J］．环境科学学报，2002，22（5）：598-602.
[16] 彭其安．水稻秸秆还田对稻田土壤 $N_2O$ 排放的影响［J］．湖北农业科学，2016，55（10）：2539-2543，2554.
[17] 何如海，薛中俊，汪玉芳，等．油菜秸秆还田及化肥配施的水稻经济环境效益分析［J］．中国农业资源与区划，2021，42（6）：42-49.
[18] 郑仁兵，李敏，韩上，等．秸秆还田替代磷钾肥对水稻产量和经济效益的影响［J］．安徽农业科学，2017，45（18）：34-35，38.
[19] 吴玉红，陈浩，郝兴顺，等．秸秆还田与化肥配施对油菜—水稻产量构成因素及经济效益的影响［J］．西南农业学报，2020，33（9）：2007-2012.
[20] 张勇健．水稻秸秆还田下化肥减量对油菜产量及效益的影响［J］．福建稻麦科技，2020，38（03）：30-32.
[21] 张玉雯，匡崇义，黄必志．油菜的饲用价值和利用展望［J］．草学，2019（2）：7-11.
[22] 王洪超，刘大森，刘春龙，等．饲料油菜及其饲用价值研究进展［J］．土壤与作物，2016，5（1）：60-64.
[23] 柴君秀，李颖康，马小明，等．高产饲料油菜喂羊效果试验［J］．畜牧与饲料科学，2011，（11）：19-20.

[24] 牛菊兰，杨祁峰，滕怀渊，等．双低油菜华协 1 号青饲效果的研究［J］．草业学报，2003，12（1）：90-93.

[25] 汪波，宋丽君，王宗凯，等．我国饲料油菜种植及应用技术研究进展［J］．中国油料作物学报，2018，40（5）：695-701.

[26] 郭松，丁文文，冶倩．等．和田地区核桃林下间作饲料油菜高产栽培技术［J］．绿色科技，2021，23（13）：178-180.

[27] 姜成红，周元委，向欣，等．秋玉米套种菜饲两用油菜与规模羊场种养结合技术［J］．中国农技推广，2021，37（11）：45-46，66.

[28] 汪波，蒯婕，刘芳，等．菜饲两用油菜栽培技术［J］．长江蔬菜，2019（24）：27-29.

[29] 张林，陈燕萍，王婧泽，等．饲料油菜与牧草的优势比较研究［J］．耕作与栽培，2021，41（5）：27-31.

[30] 傅廷栋，涂金星，张毅，陈常兵，杨祁峰，滕怀渊，牛菊兰，尹经章．在我国西北部地区麦后复种饲料油菜的研究与利用［J］．中国西部科技，2004（6）：4-7.

[31] 刘明，毕影东，何鑫淼，等．饲料油菜青贮加工品质及民猪的饲喂效果研究［J］．饲料研究，2019，42（9）：51-54.

[32] 施凤雪，薛占奎，房玉伟．播种量对油菜浙油杂 1 号产量及其构成因子的影响［J］．浙江农业科学，2012（2）：153-154.

[33] 俞晓红，何文寿，贾彪，等．播种量和收获期对饲料油菜产量和品质的影响［J］．江苏农业科学，2017，45（13）：69-72.

[34] 钮琰星，黄凤洪，倪光远，等．菜籽饼粕的饲用现状分析［A］．中国作物学会油料作物专业委员会第六次代表大会暨学术年会论文集［C］．2008：502-504.

[35] 王加武，吴平山，周砥平．菜籽饼粕的饲用价值［J］．江西畜牧兽医杂志，2005（3）：17-18.

[36] 徐龙鑫，何光中，刘镜，等．菜籽饼粕在肉牛生产中的应用［J］．山地农业生物学报，2014（4）：76-78.

[37] 吴东，钱坤，徐鑫，等．发酵菜籽饼用作肥育猪饲料的营养价值评定［J］．养猪，2015（3）：10-13.

[38] 吴明文，张立娟，闵林刚，等．发酵菜粕对仔猪生产性能影响的试验研究［J］．饲料广角，2010（2）：23-24.

[39] 王晓丹，马花，官梅，等．绿肥油菜种质筛选与评价［J］．核农学报，2022，36（6）：1127-1136.
[40] 王鑫芯，李巧云，关欣．油菜作绿肥和蔬菜利用研究进展［J］．作物研究，2015（5）：555-557.
[41] 董章辉，张艳丽，王虎，等．我国绿肥油菜研究进展及发展前景展望［J］．河北农业科学，2021，25（4）：67-70，87.
[42] 邢烈火，刘波，吴海亚，等．摘薹前后追施氮肥对“一菜两用”油菜产量及氮肥利用率的影响［J］．湖北农业科学，2018，57（8）：47-50.
[43] 惠荣奎，邓力超，范连益，等．油肥 1 号薹—肥两用技术研究初探［J］．湖南农业科学，2016（12）：29-31.
[44] 蒋美艳，李秋红，李延莉，等．播种量和播种期对上海绿肥油菜生物产量及养分积累的影响［J］．上海农业学报，2021，37（1）：35-38.
[45] 胡敏，周江霞，李小坤，等．施肥量对油菜绿肥生物量及养分累积的影响［J］．湖北农业科学，2017，56（11）：2028-2030.
[46] 邓力超，李莓，范连益，等．绿肥油菜翻压还田对土壤肥力及水稻产量的影响［J］．湖南农业科学，2018（2）：18-20.
[47] 杨旭燕，何玲，何文寿．绿肥油菜翻压还田对土壤肥力及玉米产量的影响试验［J］．吉林农业，2019（3）：56-57.
[48] 周德平，吴淑杭，褚长彬，等．油菜绿肥还田对后茬水稻产量、稻田土壤理化性状及微生物的影响［J］．上海农业学报，2020，36（5）：68-73.
[49] 朱培贤，王周玉，宋文亮．关中西部观赏油菜品种利用［J］．种子世界，2017（12）：45-47.
[50] 张树杰，陈灿，张红升，等．绿肥油菜研究进展［J］．安徽农业科学，2020，48（15）：24-27.
[51] 顾炽明，李银水，谢立华，等．浅析油菜作为绿肥的应用优势［J］．中国土壤与肥料，2019（1）：180-183.
[52] 孙灵湘，孙华，王毓宁，等．油蔬两用型油菜不同采摘期下油菜薹的品质变化研究［J］．农产品质量与安全，2021（2）：74-79.
[53] 石有明，张丕辉，石华娟，等．甘蓝型双低油菜油蔬两用栽培

的产量、效益及菜薹营养研究初报［J］. 中国农学通报，2009，25（23）：224-227.

［54］郑本川，李浩杰，张锦芳，等．采摘次数对油蔬两用甘蓝型油菜菜薹和菜籽品质及产量的影响［J］. 中国农学通报，2022，38（22）：1-7.